"十三五"全国统计规划教材

概率统计基础

颜素容
崔红新　主编

U0318903

中国统计出版社
China Statistics Press

图书在版编目（CIP）数据

概率统计基础 / 颜素容，崔红新主编. —— 北京：
中国统计出版社，2019.12
"十三五"全国统计规划教材
ISBN 978－7－5037－9062－1

Ⅰ．①概… Ⅱ．①颜… ②崔… Ⅲ．①概率论－高等学校－教材②数理统计
－高等学校－教材 Ⅳ．①O21

中国版本图书馆 CIP 数据核字（2019）第 252189 号

概率统计基础

作　　者/颜素容　崔红新
责任编辑/姜　洋　熊丹书
封面设计/张　冰
责任印制/王建生
出版发行/中国统计出版社
通信地址/北京市丰台区西三环南路甲 6 号　邮政编码/100073
电　　话/邮购(010)63376909　书店(010)68783171
网　　址/http://www.zgtjcbs.com
印　　刷/三河市双峰印刷装订有限公司
经　　销/新华书店
开　　本/710×1000mm　1/16
字　　数/290 千字
印　　张/17.25
印　　数/1—2000 册
版　　别/2019 年 12 月第 1 版
版　　次/2019 年 12 月第 1 次印刷
定　　价/49.00 元

《概率统计基础》
编委会

出　版　说　明

　　全国统计教材编审委员会成立于1988年，是国家统计局领导下的全国统计教材建设工作的最高指导机构和咨询机构。自编审委员会成立以来，分别制定并实施了"七五"至"十三五"全国统计教材建设规划，共组织编写和出版了"七五"至"十二五"六轮"全国统计教材编审委员会规划教材"，这些规划教材被全国各院校师生广泛使用，对中国的统计和教育事业作出了积极贡献。自本轮规划教材起，"全国统计教材编审委员会规划教材"更名为"全国统计规划教材"，将以全新的面貌和更积极的精神，继续服务全国院校师生。

　　《国家教育事业发展"十三五"规划》指出，要实行产学研用协同育人，探索通识教育和专业教育相结合的人才培养方式，推动高校针对不同层次、不同类型人才培养的特点，改进专业培养方案，构建科学的课程体系和学习支持体系。强化课程研发、教材编写、教学成果推广，及时将最新科研成果、企业先进技术等转化为教学内容。加快培养能够解决一线实际问题、宽口径的高层次复合型人才。提高应用型、技术技能型和复合型人才培养比重。

　　《"十三五"时期统计改革发展规划纲要》指出，"十三五"时期，统计改革发展的总体目标是：形成依靠创新驱动、坚持依法治统、更加公开透明的统计工作格局，逐步实现统计调查的科学规范，统计管理的严谨高效，统计服务的普惠优质，统计运作效率、数据质量和服务水平明显提升，建立适应全面建成小康社会要求的现代统计调查体系，保障统计数据真实准确完整及时，为实现统计现代化打下坚实基础。

　　围绕新时代中国特色社会主义教育事业和统计事业新特点，全国统计教材编审委员会将组织编写和出版适应新时代特色、高质量、高水平的优秀统计规划教材，以培养出应用型、复合型、高素质、创新型的统计人才。

2015 年 9 月，经李克强总理签批，国务院印发了《促进大数据发展行动纲要》系统部署大数据发展工作，我国各项工作进入大数据时代，拉开了统计教育和统计教材建设的大数据新时代。因此，在完成以往传统统计专业规划教材的编写和出版外，本轮规划教材要把编写大数据内容统计规划教材作为重点工作，以培养新一代适应大数据时代需要的统计人才。

为了适应新时代对统计人才的需要，组织编写出版高质量、高水平教材，本轮规划教材在组织编写和出版中，将坚持以下原则：

1. 坚持质量第一的原则。本轮规划教材将从内容编写、装帧设计、排版印刷等各环节把好质量关，组织编写和出版高质量的统计规划教材。

2. 坚持高水平原则。本轮规划教材将在作者选定、选题编写内容确定、编辑加工等环节上严格把关，确保规划教材在专业内容和写作水平等各方面高水平高标准，坚决杜绝在低水平上重复编写。

3. 坚持创新的原则。无论是对以往规划教材进行修订改版，还是组织编写新编教材，本轮规划教材将把统计工作、统计科研、统计教学以及教学方法、方式的新内容融合在教材中，从规划教材的内容和传播方式上，实行创新。

4. 坚持多层次、多样性规划的原则。本轮规划教材将组织编写出版专科类、本科类、研究生和职业教育类等不同层次的统计教材，并可以考虑根据需要组织编写社会培训类教材；对于同一门课程，鼓励教师编写若干不同风格和适应不同专业培养对象的教材。

5. 坚持教材编写与教材研讨并重的原则。本轮规划教材将注重帮助院校师生学习和使用这些教材，使他们对教材中一些重要概念进一步理解，使教材内容的安排与学生的认知规律相符，发挥教材对统计教学的指导作用，进一步加强统计教材研讨工作，对教材进行分课程的研讨，以促进统计教材的向前发展。

6. 坚持创品牌、出精品、育经典的原则。本轮规划教材将继续修订改版已经出版的优秀规划教材，使它们成为精品，乃至经典，与此同时，将有意识地培养优秀的新作者和新内容规划教材，为以后培养新的精品教材打下基础，把"全国统计规划教材"打造成国内具有巨大影响力的统计教材品牌。

7. 坚持向国际优秀统计教材学习和看齐的原则。不论是修订改版教材还是新编教材，本轮规划教材将坚持与国际接轨，积极吸收国内外统计科学的新成果和统计教学改革的新成就，把这些优秀内容融进去。

8. 坚持积极利用新的教学方式和教学科技成果的原则。本轮规划教材将积极利用数据和互联网发展成果，适应院校教学方式、教学方法以及教材编写方式的重大变化，立体发展纸介质和利用数据、互联网传播方式的统计规划教材内容，适应新时代发展需要。

总之，全国统计教材编审委员会将不忘初心，牢记使命，积极组织各院校统计专家学者参与编写和评审本轮规划教材，虚心听取读者的积极建议，努力组织编写出版好本轮规划教材，使本轮规划教材能够在以往的基础上，百尺竿头，更进一步，为我国的统计和教育事业作出更大贡献。

国家统计局
全国统计教材编审委员会

前　言

高等教育不再以掌握理论知识的多少作为衡量教学效果的唯一标准，而是将重心转移到以学生为主体、以教师为指导的教学过程。将知识重心从单纯的知识和技能的学习，转移到学生对知识应用能力及创新能力的培养，深化学生对统计思维和应用价值的理解，培养学生自主学习意识，提升学生自主学习能力。本教材编写旨在体现以学生发展为中心的教学改革的经验与成果，夯实与专业需求紧密联系的基础、经典的统计内容，注重统计思维的培养，突出统计方法的应用，强化统计软件技能，深化统计思维和方法，让学生建立起严谨、系统、灵活的科学研究思路与方法，激发学生从跟随学习和知识积累转向自主学习和知识创新。

全书共分 11 部分，包括：绪论、第 1 章随机事件及其概率、第 2 章随机变量及其分布、第 3 章随机样本及抽样分布、第 4 章参数估计、第 5 章假设检验、第 6 章方差分析、第 7 章列联表的 χ^2 独立性检验、第 8 章相关与回归、第 9 章正交设计和第 10 章 SPSS 软件的应用。教材编写的主要特色：

（1）内容编写的主导思想。拟以专业实际问题为导向，建立专业需求驱动的统计学主线；强调统计思维，弱化数学理论，强化方法的应用条件，弱化方法中的推导计算，强化软件应用，减少手工计算。

（2）在选择内容时，既注重统计的基本概念、基本方法，强调基本的统计思想及原理，又注重统计思想及原理的延伸，为学生今后学习和工作开拓必要的空间。

（3）对于概率论和统计中的理论性和难度较强的部分内容，重点编写与统计方法原理密切相关的必备知识，减弱其理论性和难度。而与统计学中密切相关的内容、结论及相关证明，以"附"的形式加以介绍，突出课程的关键内容，做到兼顾不同层次学生的需求；目录中带 * 号的内容，虽然不是最基本的教学内容，但对启迪学生的统计思维使其更深入地理解统计学是很有帮助的。

（4）针对统计学的每章内容，以医药专业实际应用的相关实例导入，增强统计方法的实用性；注重强调统计方法的适用条件、应注意的问题、结果分析和解释，以提高学生应用统计方法分析解决问题的能力。

（5）增加统计方法的 SPSS 软件实现方法，减少手工计算，以增强学生应用统计学方法解决问题的能力。

（6）每章后面编写与统计学相关的阅读内容或拓展内容，以扩大学生的知识面，提高学生学习兴趣，引导学生实现医药专业与统计方法的有机融合。阅读材料由编者根据相关文献和资料整理而成，在此感谢各类资料的原作者，无法一一列举敬请见谅。

本教材主要用于高等院校医药类等各专业的本科学生，以及对统计的基本思想、方法及其应用感兴趣的相关人员。这本书的出版能够帮助他们理解统计学概念、熟悉统计语言、掌握统计计算，能够欣赏到数据是如何被转化为比数字本身更为复杂的知识，并知道如何评估统计结果。对于想研究统计学的读者，此书将是这条乐趣无穷道路上的一个起点。

本教材的编写得到了北京中医药大学、河南中医药大学、山西中医药大学、陕西中医药大学、辽宁中医药大学、福建中医药大学、广西中医药大学、贵州中医药大学、黑龙江中医药大学、云南中医药大学、河北中医学院共 11 所中医药院校的骨干教师及参编单位各级领导的关心与支持。中国统计出版社对本教材的编写也给出了合理的意见和建议。在本书编写过程中，全体参编者结合各学校的实际教学和应用的情况，群策群力进行教材的编写，同时也借鉴和吸收了国内外相关的文献和科研资料。在此，我们对参编人员及出版社的大力支持与帮助表示最衷心的感谢。

虽然我们为此书的出版尽力所为，然教材中难免仍会存在不足之处，诚恳广大师生及读者提出宝贵的修改意见，给予更多的指导。

编者

2019 年 10 月

目　录

绪　论

概率论与统计学旨在研究随机现象的统计规律性,是两个密切联系的学科。统计学主要研究怎样有效地收集、整理和分析带有随机性的数据,对所考察的问题作出推断或预测,为采取一定的决策和行动提供依据和建议。鉴于统计学所考察的数据的随机性(偶然性)造成的不确定性,借助概率论的概念和方法则成为必要。

0.1　统计学的含义

0.1.1　什么是统计学

统计学随着科学技术中的众多问题的出现而应运而生,并在人类关注的许多问题上起着重要作用。"Statistics"这个词,最早被应用于政府部门对人们出生和死亡信息的记录,它至今在世界上各个层次的政府机构中不可或缺。在统计学中,统计学家们探索、开创各种数据收集和分析的方法,用数学表达式统计设计出新的功能,并通过实践来检验理论模型。

简而言之,统计学是以收集数据、分析数据、由数据而得出结论的一系列概念、原则和方法。统计学可以分成统计描述和统计推断两大类。

1.统计描述

信息的收集、提炼和展示通常被认为是统计描述。从本质上说,统计描述是通过有目的的、有意义的数据的收集和整理,使人们能够洞察到事物的本质特征。一般情况下,统计描述包括以下内容:

(1)将收集到的数据绘制成图像。

(2)把大量数据提炼成更容易理解的形式(例如表格)。

(3)归纳一套简单的度量方法来简单描述相当复杂的信息。例如,平均值可以用在一系列数据中提炼出的一个典型数值。

2.统计推断

统计推断是统计学的核心问题,其理论和方法构成了统计学的主要内容。它提供了分析数据的科学方法,而这些数据是通过统计描述得到的。统计推断涉及

的范围很广,主要包含:

(1)决定某一情况的任一显然特性是否成立,或还有其他结果。

(2)对未知数进行估计,并决定这些估计值的可靠性。

(3)利用过去发生的事情来尝试预测未来。

利用统计推断技术,统计学家可能调查的问题类型的例子:

(1)某些疾病或病害与任意特定因素之间是否存在关系?

(2)男人和女人在他们的数学智力上是否存在差距?

(3)参加课堂学习是否真的影响期末考试的分数?

(4)广告花费与销售数量密切程度如何?

(5)气温和海拔高度是否影响运动成绩?

(6)第一胎的小孩是否比第二胎的小孩聪明?

(7)制造商关于产品的主张是否是正确的?

(8)民意测验和调查是否是民意的准确反映?

(9)做科学度量的某种技术是否比另外一种好?

(10)抽烟和肺癌是否存在某种关联?

(11)某种药物是否真正治疗某种精神病?

(12)使用无铅汽油真的可以极大地有助于减少空气污染吗?

这些问题能够用适当的统计检验技术来解答,当然统计学家们有很多这样的检验技术来选择。但有一些情况很难正确的决定哪一种统计学检验是最恰当的。在第5~7章会介绍一些统计检验方法。

0.1.2 统计学的主要思想

1.统计是一项对随机性中的规律性的研究

当不能预测一件事情的结果时,这件事就有了随机性。例如,当掷硬币时,并不能确定硬币将是正面朝上,还是背面朝上;外出旅游时,也不能确定是否会发生意外。但当把这些随机事件放在一起时,它们会表现出令人惊奇的规律性。如果将同样的硬币掷100次,你会知道它大概有50次正面朝上,50次背面朝上。与之类似,尽管某一车祸发生的可能性很小,但发生可能性的比率仍有一稳定的值与之对应。

统计思想的基础知识有助于归纳随机事件可能的规律性,它帮助人们理解随机性和规律性的重要性。因此统计可以看作是一项对随机性中的规律性的研究。

2.统计是对数据中的偏差问题的研究

然而,规律也表现出某种随机性,如果再将同样的硬币掷100次,正面朝上的次数几乎不会和前100次一样,在第一个100次中,也许有45次硬币正面朝上,而在第二个 100 次中,也许有 55 次正面朝上。这表明了统计的一个重要的本质特征,无论重复多少次试验,一般来说,每次得到的结果不尽相同。

这种偏差不仅仅发生于掷硬币案例中,调查、实验和其他任何一组方式的数据收集中都有可能发生。如果在某调查中,人们被问到对某一问题的看法,某一比例的人会有某一特定观点;如果对不同的人再做同样调查,支持这一观点的比例则有所不同。那么,这两个比例的差异主要是由数据本身的随机性引起的,后面称其为随机误差。从这种意义上来说,统计就成了对数据中的偏差问题的研究。

根据作为统计基础的概率理论,可以确定一项调查中的某个比例发生的可能性有多大,在下一次的重复调查中,这个比例可能有多大偏差,甚至可以指出这两个比例之间的差异,是否大到随机性本身所不能解决的地步。以后章节将会引申和讨论这些内容。

下面是研究随机性和规律性的两个例子。

实例一　作为一个说明两个数字之间的差异是否不能仅归因于随机性的例子。让我们回顾一下 20 世纪 50 年代小儿麻痹症疫苗的投入使用。小儿麻痹症是一种可怕的疾病,通常能使患者(大部分是儿童)瘫痪或死亡。这种病持续多年后,一种疫苗最终被研制出来。科学家们希望该疫苗能够预防这种可怕的疾病,但是没有人清楚这种疫苗是否产生预期的效果。尽管实验室和动物实验的结果使人兴奋,然而人体实验才是唯一检验这种疫苗是否能起作用的方法。因为小儿麻痹症是一种较罕见的疾病,疫苗必须试用于相当一大批孩子们的身上,所以研究者们决定在 200000 个孩子身上做实验。此外,研究者们还决定用另外相同数目的孩子作为对照组。对照组的孩子仅仅得到安慰剂——一种看起来像疫苗的替代品——为观察疫苗是否真的起作用。

当孩子们被注射了疫苗或安慰剂以后,研究者们开始在下一个小儿麻痹症发病时,观察实验结果。在对照组中,有 138 个孩子感染了此病。这个数字当然有一定的随机性,研究者们并不能确定它意味着什么。如果另外一组的 200000 个孩子也被注射安慰剂,那么不一定会有同样多的孩子感染此疾病。根据随机性的大小,可能有 130 或 140 或其他数目的孩子们染上小儿麻痹症。

在被注射了疫苗的那一组中,有 56 个孩子患了小儿麻痹症,这个数字当然也有随机性。一个重要的问题是,56 和 138 的差别是否超过了随机性所能解释的程度。如果是的话,那么研究者们就能够有把握说,疫苗起作用了。利用后面第 5 章介绍的方法,可以看到,138 和 56 的差别超出了随机性本身所能解释的范围,因此疫苗被认为是成功的。从此以后,这种疫苗在许多国家根除了小儿麻痹症。全世界的健康组织所做的进一步的努力,将使不发达国家的孩子们,在不远的将来,就有可能免遭受小儿麻痹症的痛苦。从某种重要的意义来说,统计推理为发展和检验疫苗的研究者们提供了有力的支持。

实例二 另外一个著名的随机性的例子——或者说缺乏随机性,正如这个特定的例子中的情况——发生于军事中。在美国对越南的战争中,为使前线有足够多的士兵,美国政府制定了一个"抓阄"的征兵计划。该计划把 1 到 366 的号码随机地分配给一年中的每一天,然后由军事部门按分配的号码顺序把生日与之对应的年轻人分批应征入伍。这种方法的目的是给大家相等的可能性卷入这场不受欢迎的战争中,因为被征召的可能性应该是随机决定的。

在第一年的征兵计划中,号码 1 被分配给了 9 月 14 日,分配方法是随机抽取一个大容器中的 366 个写上了日子的乒乓球。结果所有年满 18 岁且生于 9 月 14 日的合格青年将第一批被征召入伍。生日被分配为号码 2 的青年则在第二批被征召入伍,以此类推。我们知道,并不是所有人都被征召入伍,因此,生日被分配的号码较大的人也许永远轮不上到军队服役。

这种抓阄看起来对决定是否应该被征召入伍是一个相当不错的方法。然而,在抓阄的第二天,当所有的日子和它们对应的号码公布以后,统计学家们开始研究这些数据。经过观察和计算,统计学家们发现了一些规律。例如,本应预期应当有差不多一半的较小的号码(1 到 183)被分配给前半年的日子,即从 1 月份到 6 月份;另外一半较小的号码被分配给后半年的日子,从 7 月份到 12 月份。由于抓阄的随机性,前半年中可能不会正好分到一半较小的号码,但是应当接近一半。然而结果是,有 73 个较小的号码被分配给了前半年的日子,同时有 110 个较小的号码被分配给了后半年的日子。换句话说,如果你生于后半年的某一天,那么,你去服兵役的机会,要大于出生于前半年的人。

在这种情况下,两个数字之间只应该有随机误差,而 73 和 110 之间的差别超出了随机性所能解释的范围。这种非随机性是由于乒乓球在被抽取之前没有被充分搅拌均匀而造成的。

3. 概率

在讨论随机性时已经看到,统计学的大部分内容基于一个很重要的概念——概率(probability),概率为如何从数据中得出结论奠定了基石。统计学可能永远不能十分确定两个数字的差别是否超出了随机误差,但是可以肯定这种差别发生的概率的大小。有关概率的基础知识及具体如何判断差别的大小将在以后各章详细阐述。

4. 变量

变量,这个概念是统计研究中的另一基石。人类的性别特征是取两个值的变量:男和女。受教育程度也是一个变量,可能取值:小学、初中、高中、大学等。还有其他变量的例子，比如，汽车加每升汽油所能行驶的里程取值可能在 10km ～ 80km，或者某方剂中各味药的剂量等。

通常情况下，研究开始时，就要确定研究者感兴趣的变量及其取值范围。比如，性别变量是取值为男、女的类别变量；对某一行为的态度变量是取值为有序类别的变量，取值可为非常赞同、赞同、中立、反对、非常反对等。

5. 数据类型

变量的测量值或观察值称为变量值。变量值的全体构成数据或资料（data）。按照变量值的来源，可将数据分成以下几类。

（1）计量数据

计量数据（measurement data），也称为定量数据，是指用仪器、工具或其他定量方法得到的数值，一般带有单位。比如，身高、体重、血压等。

（2）计数数据

计数数据（count data）为定性数据或无序数据，比如每天失业的雇员数，或者每年发生的交通事故数等。它可分为二分类或多分类资料，比如，性别分为男和女，为二分类的计数数据；人的血型分 A、B、AB、O 共 4 种，属四分类计数数据。

（3）等级数据

等级数据（rank data）为半定性半定量的数据或有序数据。这种数据是用级别表示某种现象在表现程度上的大小差别。比如，患者治疗后，疗效可分为治愈、显效、好转、无效或死亡 5 个等级；消费者按照申请贷款的风险来归类，运动员按身体的适应性来归类等。

数据的类型，可以根据需要进行转换。比如，成年男子的血清胆固醇按是否小于某个标准划分为血脂正常和异常两类等。

统计方法的选用，是与数据类型密切联系的，在统计方法的学习中特别要注意。

0.1.3　统计的应用

基于统计的特点，以及快速高效的计算机的出现，使得统计运算变得快速而且有效，统计与数据收集和分析在许多领域都有应用。比如，政府机关、自然科学、工业、农业、医药、经济、心理学、社会学等。

政府机关利用统计，帮助制定解决各种问题的政策。比如，为决定税收政策，必须了解现行的税法如何影响各种收入水平的人们，并需要预测税法变化对人们的影响。推行一个农业补贴计划，也必须知道当前农业产量的情况，并预期此计划执行后对将来产量的影响。

各个学术领域的人们在他们的科研中都使用统计，并形成且发展了自己的一套统计方法。比如,生物统计学、医学统计学、计量经济学、心理统计学等。在学术领域之外,统计也被大量使用。几乎所有的报纸、杂志只刊登以统计为基础的文章。在文科方面,一大批历史学家、地理学家、语言学家等利用统计知识得出各种结论。比如,中世纪大鼠疫导致的死亡数,法语在英语国家中的普及程度等。在法律方面,由于统计在社会生活中日益发挥出重要作用,律师们除了要面对法律问题外,还要面对统计问题。

实例三　DNA检验——在这个双螺旋结构上还悬着一个故事呢。在1995年结束的著名的辛普森(O. J. Simpson)谋杀案的审理中,许多证词都涉及DNA样本及它们的收集、分析和确认。从证人在各种层面上收集到的血液样本证据的统计数据中,公众了解到了很多统计知识。问题的关键在于,收集的DNA样本有多大的可能性与受害者或被告人的血液相吻合。原告声称,血液样本不是辛普森的概率至少是非常小的,但被告律师反对该结论。

通常情况下,DNA检验的过程是检查DNA链各种指标的模式并计算两个人都有这同一种模式的可能性。一旦这种方法成为可行,公众很快开始在各类案件中引用它。在另一个审判中,一名男子因犯强奸罪已经坐了七年牢,但当他的律师证明他的DNA和真正的强奸者的DNA根本不匹配时,这名囚犯终于被释放了。

医药公司为了将一种新药推向市场,必须证明这种药是安全的。公司投入大量资金在动物和人身上做实验,以检验新药的功效。这些公司需要雇佣大批统计学家,他们负责正确安排实验,分析实验结果等。

统计方法在工业上被用来控制质量。从生产线出来的产品并不都是一样的,究其原因,一部分可由随机误差引起,一部分可由在生产过程中某些地方出错而致。统计方法可以研究这种差异,并帮助人们指出错误和错误的缘起。

由于统计已被应用于如此多的学科和行业中,统计分析结果无处不在。作为研究者,必须具备统计的知识,而作为消费者,如果希望理解统计的应用,就应知道所看到的研究所需的原则和方法。对统计的了解,可以帮助理解和评价这些结果的准确性。

实例四　下面的故事有关一次著名的失败的统计调查,它一直是一个统计传奇。在1936年美国总统选举前,一份名为《Literary Digest》的颇受人尊重的杂志进行了一次民意调查。调查的焦点当然是谁将成为下一届总统,是挑战者堪萨斯州州长Alf Landon,还是现任总统Franklin Delano Roosevelt。为了了解选民意向,民意调查专家们根据电话簿和车辆登记簿上的名单给一大批人发了简单的调查表(电话和汽车在1936年并不像现在这样普遍,但是这些名单比较容易得到)。尽管发出的调查表大约有一千万张,但收回的比例并不高。在收回的调查表中,

Alf Landon 非常受欢迎。于是,该杂志预测 Alf Landon 将赢得选举。

如果读者有一些统计知识,他们会对这个声称 Alf Landon 将赢得选举的预测结果有疑问。正如你所怀疑的,在经济大萧条时期调查拥有电话和汽车的人们,并不能够很好地反映全体选民的观点。此外,只有少数的调查表被收回,这一点也是值得怀疑的。事实表明,最终是 Franklin Roosevelt 而非 Alf Landon 赢得了这次选举。由此可见,那次的调查结果有多么错误了。当前大多数应用统计不会像上一例子错得那样离谱,但即便在今天,我们也很容易发现统计被误用的情况,尤其在需要考虑选择正确的样本时更易被误用。

0.2　数据的收集与整理

0.2.1　数据的收集

在任何情况下,统计描述和统计推断的价值都由现有数据的价值而定。可靠的数据的收集是统计工作的基础要求。

数据收集主要有两种方法,一是调查,二是实验。无论是调查还是实验,统计学对原始数据都要求完整和准确。

1.调查数据

通过调查或观察而得到的数据称为**调查数据**。比如,调查某一地区被确诊为艾滋病病毒携带者的人数;调查某市中小学学生近视眼的情况等。调查研究的内容是多种多样,统计在如何收集数据和分析数据两个方面扮演了重要角色。

2.实验数据

通过在实验中控制一个或多个变量并测量结果而得到的数据,称为**实验数据**。实验是检验变量因果关系的一种方法。在实验中,研究者希望控制某一情形的所有相关方面,对少数感兴趣的变量进行规划设计及实验,并观察实验结果。例如,前面研究小儿麻痹症疫苗是否有效的例子中,研究者们给一组儿童服用此疫苗,称这组为**实验组**;给另外一组服用安慰剂,称这组为**对照组**。几乎所有设计好的实验,都有一个对照组和一个或多个实验组。如果没有对照组,就没有比较疫苗是否产生作用的基础。

3.总体、个体、样本

收集数据的目的是从收集研究对象的个体中得出结论。社会学家们收集相关数据以了解人类行为;植物学家收集有关植物的数据以了解它们如何生长;医学家收集有关流行病的数据以了解它们的特点。所有感兴趣的个体就组成了总体。把所研究对象的全体组成的集合称为**总体**(population)。而组成总体的每个元素称为**个体**。

有时,能够收集到总体中所有个体的数据,此时对总体做了**普查**。如人口普查、健康普查等。然而,在现实生活中,由于总体个数庞大,或资金时间有限,以及不断变化的环境条件,做普查通常是不可能的。这时,就需要从总体中抽取一部分个体进行研究,此时对总体做了**抽样调查**。从总体中抽取的若干个体所构成的集合称为**样本**(sample),样本中个体的个数称为**样本容量**(sample size)。

如何选择样本是统计研究者面临的一个关键问题,他们希望由研究样本而得出的结论能适应该样本所属的总体。如果没有一个"好"的样本,这是不能实现的。在前面提到的对越战争的例子中,选择士兵的征兵计划就是一个"不好"的样本。由于选择样本对于结果的可信度有重要作用,所以根据正确的统计原理选择样本是非常重要的。研究从总体中抽取样本的方法很多,第 3 章将介绍其中一种抽样方法,其他方法可参考有关抽样理论的书籍。

4. 参数、统计量

根据总体的统计学定义,统计学关心的是全部研究单位某个观测值(随机变量)的统计学特性。如某地 7 岁男童身高的平均值、某地全部高血压患者血清总胆固醇的平均值等。根据全部研究单位某个观测值计算的平均值也称总体均数。反映总体特征的统计指标称为**参数**(parameter)。重要的参数除总体均数之外,还有总体方差、总体标准差、总体相关系数等。由于大多数研究得不到总体数据,所以参数通常是未知的。

虽然多数情况下不知道参数,但可以从总体中抽取样本,通过计算样本的特征数,对相应的未知参数作出估计。如用样本观测值计算的平均值(样本均数)估计总体均数,用样本观测值计算的标准差(样本标准差)作为总体标准差的估计值等。通过样本计算的、反映样本的统计学特征且不依赖未知参数的量称为**统计量**(statistic)。

5. 误差

误差(error)泛指实测值与真值之差。按其产生的原因和性质可粗分为随机误差(random error)与非随机误差(nonrandom error)两大类,后者又可分为系统误差(systematic error)与非系统误差(nonsystematic error)两类。

(1)随机误差

随机误差是一类不恒定的、随机变化的误差,由多种尚无法控制的因素引起。例如,在实验过程中,在同一条件下对同一对象反复进行测量,虽极力控制或消除系统误差后,每次测量的结果仍会出现一些随机变化,即随机测量误差(random error of measurement),以及在抽样过程中由于抽样的偶然性而出现的误差,即**抽样误差**(sample error)。统计分析主要针对抽样误差而言。

当用统计量估计参数时，参数是固定的常数，而统计量则随着样本的观察值的变化而变化。比如，用抽样的方法估计某地 10 岁儿童身高的总体均数，假如样本容量为 100，第一个样本的 100 个儿童身高的样本均数，一般不会等于第二个样本的样本均数；另外，100 个儿童身高的样本均数，也不会恰好等于总体均数（参数）。这种由于样本的随机性引起的统计量与参数的差别，或同一总体的相同统计量之间的差别，称为**抽样误差**。抽样误差的大小用标准误度量，内容详见第 3 章。

（2）系统误差

系统误差是试验过程中产生的误差，它的值或恒定不变，或遵循一定的变化规律，其产生原因往往是可知的或可能掌握的。比如，可能来自不标准的仪器，可能来自不同试验者个人感觉或操作上的差异，可能来自受试者抽样不均匀、分配不随机等。因而尽可能设法预见各种系统误差的具体来源，力求通过周密的研究设计和严格的技术措施加以消除或控制。

（3）非系统误差

非系统误差是指在试验过程中，由研究者偶然失误所引起的误差。如试验人员粗心大意使药品配制比例不当，仪器校正不准，数据抄错、输错，计算出现错误等，亦称为过失误差（gross error）。这类误差应当通过认真检查核对予以消除，否则将会影响结果的准确性。

6.准确性与精确性

准确性，亦称准确度，是指实测值与真值的接近程度，反映实测值与真值的符合程度。**精确性**，亦称精确度，指重复多次的实测值彼此接近程度的大小，反映多次实测值的变异程度。因此，准确性不同于精确性。统计学中，以样本的统计量来推断总体参数时，用统计量的值接近总体参数真值的程度来衡量统计量准确性的高低，用样本中各变量间变异程度的大小来衡量此样本统计量的精确性的高低。不同研究对精确度的要求不一样。一般来说，化学测量应当有较高的精确性；动物实验或医学临床试验，由于试验对象的个体差异及测定条件的影响，较难控制精确性，但应尽量将其控制在专业规定的容许范围内。

0.2.2　数据的整理

数据的整理是统计研究的基础。前面介绍了收集数据的方法，一旦数据被收集，就必须在这些数据中寻找所包含的信息。面对如此多的数据，以至于使人们无法把它们全部理解。因此，需要一些方法，使人们能够从数据中提取信息，并转化成可用的形式。通常采用具有一定特点的表格（tables）、绘制一定形式的图（charts），如，折线图（graphs）、饼图（pie）、柱状图（bar）、直方图（histogram）等，以及计算来整理数据。

最常用的数据整理方法是编制频数分布表,并根据需要作出样本的频数直方图,简称**直方图**。其他绘制图的方法各有不同特点,需要的时候可以选择相应的统计工具绘制。下面根据例子说明作直方图的步骤。

例 0.2.1 测量 100 个某种机械零件的质量,得到样本观测值如下(单位:g):

247	251	260	254	246	253	237	252	250	251
249	244	249	244	243	246	256	247	252	252
250	247	255	249	247	252	252	242	245	240
260	263	254	240	255	250	256	246	249	253
246	255	244	245	257	252	250	249	255	248
258	242	252	259	249	244	251	250	241	253
250	265	247	249	253	247	248	251	251	249
246	250	252	256	245	254	258	248	255	251
249	252	254	246	250	251	247	253	252	255
254	247	252	257	258	247	252	264	248	244

试编制零件质量的频数分布表并做频数直方图。

编制步骤如下:

(1)求极差

极差(range)也称全距,即样本观测值 $x_1, x_2, \cdots, x_n$ 中的最小值和最大值之差,记作 R。本例 $R = 265 - 237 = 28(\text{g})$。

(2)确定组段数和组距

组段数通常取 8～15 组,分组过多计算烦琐,分组过少难以显现分布特征。

组距可通过极差除以组段数求得,一般取方便阅读和计算的数字。本例中,将数据分成 10 个组,组距 $d = 28/10 = 2.8 \approx 3$。

(3)根据组距写出组段

适当选取略小于最小值的数 a 与略大于最大值的数 b,将区间 (a, b) 按照组距分成所需的组段。每个组段的下限为 L、上限为 U,变量 X 值的归组统一定为 $L \leqslant X < U$,除最后组段写出上限以外,其他各组段可不用写上限。起始组段和最后组段应分别包含全部变量值的最小值和最大值,见表 0.2.1 第(1)栏。

设分为 k 个组段,即 $[t_0 = a, t_1), [t_1, t_2), \cdots, [t_{k-1}, b = t_k)$,子区间的长度 $\Delta t_i = t_i - t_{i-1} (i = 1, 2, \cdots, k)$,即为组距。

(4)分组统计频数

计算样本观测值落在各子区间内的频数 m_i 及频率 $f_i = m_i/n$ $(i = 1, 2, \cdots, k)$。各组段的频数见表 0.2.1 第(2)栏,然后求频数合计,完成频数分布表。表

0.2.1第(3)和第(4)栏用于后面的统计计算。其中组中值按下面公式计算，即：

$$缺上限的开口组组中值＝下限＋邻组组距/2$$

表 0.2.1　100 个某种机械零件的质量频数

组段 （1）	频数 m （2）	组中值 X （3）	$m \cdot X$ （4）＝（2）×（3）
236.5～	1	238	238
239.5～	5	241	1205
242.5～	9	244	2196
245.5～	19	247	4693
248.5～	24	250	6000
251.5～	22	253	5566
254.5～	11	256	2816
257.5～	6	259	1554
260.5～	1	262	262
263.5～266.5	2	265	530
合计	100	—	25060

根据表 0.2.1,以各组段零件质量为横坐标、频数 m 为纵坐标,可绘制频数分布图(graph of frequency distribution),如图 0.2.1 所示。它比频数表更要直观和形象。

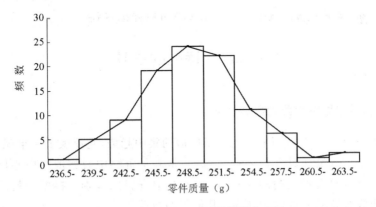

图 0.2.1　例 0.2.1 的频数分布图

从频数分布图可以看出频数分布的类型,是对称分布(正态分布),还是不对称分布(偏态分布)。也可以看出频数分布的特征,如变量的变化范围,集中区域等,以便进一步做统计分析和处理。

如果在 X 轴上截取各子区间,以 $f_i/\Delta t_i$ 为高作小矩形,各个小矩形的面积 ΔS_i 就等于样本观测值落在该子区间内的频率,即:

$$\Delta S_i = \Delta t_i \cdot \frac{f_i}{\Delta t_i} = f_i, i = 1, 2, \cdots, k$$

所有小矩形的面积总和等于 1,这样作出的所有小矩形就构成频率密度直方图(见图 0.2.2)。

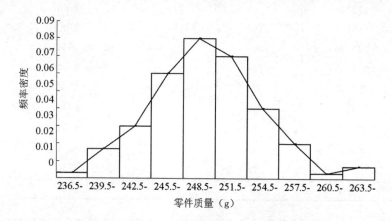

图 0.2.2　例 0.2.1 的频率密度图

因为当样本容量 n 充分大时,随机变量 X 落在各个子区间 (t_{i-1}, t_i) 内的频率近似等于其概率,即 $f_i \approx P(t_{i-1} < X < t_i)$ $(i = 1, 2, \cdots, k)$,所以直方图大致地描述了总体 X 的概率分布。概率分布在第 2 章可以详细看到。

0.3　数据特征的描述

0.3.1　描述集中趋势的数据特征

平均数(average)通常用来描述变量取值的集中趋势,它反映了一组观察值的平均水平。平均数是计量资料的代表值,一是表示资料中观察值的中心位置,二是可以用来进行两组资料间的比较,以判断两组资料的差别。根据资料的不同,常用的平均数有算术平均数、中位数、几何平均数等。

1. 算术平均数

算术平均数(arithmetical mean)简称平均值、均值或均数(mean),样本均数用 $\bar{X}$ 表示,总体均数用 $E(X)$ 表示。适合描述对称分布资料的集中位置或平均水平。计算方法有两种：

(1)直接法。直接通过原始观察值得到。设样本总量为 n 的观察值 $X_1, X_2,$ $\cdots, X_n$ 则

$$\bar{X} = \frac{1}{n} \sum_{i=1}^{n} X_i \tag{0.3.1}$$

(2)频数法。利用频数表得到的数据来求均数的方法。如表 0.2.1,用各组段的组中值作为各组段的代表值,例如 236.5～这个组段,其下限为 236.5,组中值为 238,以此类推。利用频数表计算均数的公式为

$$\bar{X} = \frac{m_1 X_1 + m_2 X_2 + \cdots + m_k X_k}{m_1 + m_2 + \cdots + m_k} = \frac{\sum\limits_{j=1}^{k} m_j X_j}{\sum\limits_{j=1}^{k} m_j} \tag{0.3.2}$$

其中 m_j 为组段的频数, $\sum\limits_{j=1}^{k} m_j = n$; X_j 为对应组段的组中值。

例 0.3.1 根据表 0.2.1 的数据,用频数法求其平均质量。

解 根据表 0.2.1,得到零件的平均质量

$$\bar{X} = \frac{\sum\limits_{j=1}^{k} m_j X_j}{\sum\limits_{j=1}^{k} m_j} = \frac{25060}{100} = 250.60(g)$$

将(0.3.2)式写成

$$\bar{X} = \frac{m_1 X_1 + m_2 X_2 + \cdots + m_k X_k}{\sum\limits_{j=1}^{k} m_j} = \sum_{j=1}^{k} \frac{m_j}{n} X_j = \sum_{j=1}^{k} p_j X_j \tag{0.3.3}$$

称(0.3.3)式为**加权平均数**,其中 p_j 为 X_j 的权重系数($j = 1, 2, \cdots, k$)。

2.中位数

将一组观察值按其大小顺序排成一列,居于中间的那个值称为中位数(median)。可见,中位数把全部观察值分成两部分,50％的值比中位数小,50％的值比中位数大,当一组数据资料中大部分观测值较集中,少数观测值偏向一侧时,更适宜用中位数来描述其平均水平。

中位数的计算方法:把数据从小到大排列。n 等于奇数时,中位数就是第 $\frac{n+1}{2}$ 项,当 n 等于偶数时,中位数等于第 $\frac{n}{2}$ 项和第 $\frac{n}{2} + 1$ 项的平均值。

例 0.3.2 某病患者其潜伏期(单位:天)分别为 2, 3, 5, 8, 16,求其中位数。

解 本例数据已经按从小到大的顺序排列,所以中位数为 5。

例 0.3.3　一超市经理记录了连续 12 个周下午 6 点至 9 点的时间内光临的顾客人数,其结果如下:

| 285 | 292 | 243 | 286 | 301 | 258 | 286 | 208 | 215 | 263 | 252 | 224 |

求其中位数。

解　将以上数据按从小到大的顺序排列如下:

| 208 | 215 | 224 | 243 | 252 | 258 | 263 | 285 | 286 | 286 | 292 | 301 |

本例中 $n = 12$,所以 $\bar{X}$ 等于第 6 个和第 7 个观察值的平均值,

$$\bar{X} = \frac{258 + 263}{2} = 260.5$$

3. 众数

众数(mode)是一组观察值中出现次数最多的值。一般情况下,只有在数据量较大时众数才有意义。众数可能存在,也可能不存在,也可能有两个或多个众数。它能很直接地说明数据的集中趋势。比如,某班级男生身高大多数为 175cm,175cm 即为众数。众数常应用于分类资料的数据。比如某班级的女生比男生多,某超市某种食品卖得好等。

4. 几何平均数

有 n 个观察值,其乘积开 n 次方所得的数值称为几何平均数。常适用于资料呈倍数关系或经对数转换后呈对称分布的数据资料,其计算公式为

$$\bar{X}_G = \sqrt[n]{X_1 X_2 \cdots X_n}$$

例 0.3.4　某地在研究人群中流感抗体水平的调查中,测得 12 名儿童的血清对某型病毒的血凝抑制剂抗体效价的倒数为:5,5,5,5,5,5,5,10,10,10,20,40,试计算平均血凝抑制抗体效价。

解　该资料的数据有两个特点,一是呈倍数的关系,二是呈偏态分布,这种资料不宜用算术均数表示其平均水平,由于受极端数据影响,因此采用几何均数。

按照公式,几何均数为

$$\bar{X}_G = \sqrt[12]{5 \times 5 \times 5 \times 5 \times 5 \times 5 \times 5 \times 10 \times 10 \times 10 \times 20 \times 40} = 7.94$$

或按照公式

$$\bar{X}_G = \lg^{-1}\left(\frac{\sum \lg X}{n}\right) = \lg^{-1}\left[\frac{\lg 5 + \lg 5 + \cdots + \lg 20 + \lg 40}{12}\right]$$

$$= \lg^{-1}(0.8997) = 7.94$$

所以平均血凝抑制剂抗体效价约为 1:8。

本例若计算算术平均数,可得 $\overline{X} = 10.42$,即平均血凝抑制抗体效价约为 1:10。与几何均数相比,究竟哪种指标更好呢?分析一下会发现:本资料的数据虽然大部分集中在较低水平,但由于个别数据过大,致使计算出的均数偏高。而几何均数无此弊病,可以更好地代表其平均水平。故本例 12 人的平均血凝抑制效价应选几何均数计算的平均效价 1:8。

0.3.2　描述离散趋势的数据特征

在对一组数据资料进行统计描述或反映其分布规律时,仅有一个集中趋势的特征数——平均数,是不够的,它只反映了事物特征的一个方向,没有反映数据的变动范围或离散程度,即离散趋势。

比如,两组同性别、同年龄儿童的体重(单位:kg)如下,

甲组	26	28	30	32	34
乙组	24	27	30	33	36

分析其集中趋势和离散趋势。

比较两组数据后发现,两组的平均数相同,都是 30kg,但两组数据参差不齐的程度,即变异程度是不同的。甲组数据较集中,乙组数据较分散。若要全面反映一组资料的分布特征,只考虑集中趋势的均数是不够的,还要结合反映变异程度的离散趋势的特征数。

描述离散趋势的特征数很多,常采用的特征数有极差、标准差、变异系数等,其中以标准差和变异系数应用最为广泛。

1. 极差

极差(range),又称(全距),是一组观察值中的最大值与最小值之差,可反映观察值变动的范围。极差大,说明变异程度大;反之,说明变异程度小。一般用 R 表示。上例中

$$R_{甲} = 34 - 26 = 8(\text{kg}), R_{乙} = 36 - 24 = 12(\text{kg})$$

经过比较,乙组极差比甲组极差大,说明甲组的体重较为集中,乙组的体重较为分散,即甲组的体重变异程度较小,乙组的体重变异程度较大,这样甲乙两组在离散趋势方面的差别就立刻显现出来。

用极差来说明变异程度的大小,简单明了,比较准确地反映数据的两极差异,比如用于说明产品质量的稳定性及产品质量控制。但它受两个极端值大小的影响,无法反映众多中间值的差异情况。

2. 标准差

为了度量变异程度,就总体而言,可以用每一个观察值 X 与总体均数 $E(X)$

的差值 $X - E(X)$，即离均差表示。但由于 $X - E(X)$ 有正有负，所以 $\sum[X - E(X)] = 0$，不能反映变异程度。为了消除正负的影响，若将离均差 $X - E(X)$ 平方后再求和，就得到离均差平方和（sum of square, SS），即

$$SS = \sum[X - E(X)]^2 \tag{0.3.4}$$

这里有一个问题，就是 $\sum[X - E(X)]^2$ 常随总体个数 N 的大小变动，为便于计算，可取其平均数，就得到**总体方差** $D(X)$，即

$$D(X) = \frac{1}{N}\sum[X - E(X)]^2 \tag{0.3.5}$$

方差又称均方差，方差越大意味着数据间离散趋势越大，或者说变异程度越大。所以方差是反映数据变异程度的一个重要指标，但方差也有一个明显的缺点，就是原来的度量单位（如 kg, km 等）变为平方单位。为了和原始数据的单位保持一致，通常将总体方差开方，得到**总体标准差**。即

$$\sqrt{D(X)} = \sqrt{\frac{1}{N}\sum[X - E(X)]^2} \tag{0.3.6}$$

一般情况下，很难得到总体数据，通常得到只有 n 个观察值的样本数据，此时，用样本均数 $\bar{X}$ 作为 $E(X)$ 的计算值，由于存在抽样误差，则用下式计算

$$S = \sqrt{\frac{1}{n-1}\sum(X - \bar{X})^2} \tag{0.3.7}$$

式中 S 称为**样本标准差**，$n - 1$ 称为自由度（degree of freedom, df）。

自由度是统计上常用的术语，是指允许自由取值的个数，在计算 n 个观察值的样本方差时，虽然有 n 个离均差，$X_1 - \bar{X}$，$X_2 - \bar{X}$，$\cdots$，$X_n - \bar{X}$，但其总和 $\sum(X - \bar{X}) = 0$。只有 $n - 1$ 个可以独立取值，也就是说，一旦有 $n - 1$ 确定下来，剩下的一个也就相应的确定而无自由余地了，因而其自由度为 $n - 1$。

将式（0.3.7）平方就得到**样本方差**

$$S^2 = \frac{1}{n-1}\sum(X - \bar{X})^2 \tag{0.3.8}$$

例 0.3.5 求上例中甲乙两组的方差。

解 $S^2_{甲} = \frac{1}{n-1}\sum_{i=1}^{5}(X_i - \bar{X})^2$

$\qquad = \frac{1}{4}\left[(26-30)^2 + (28-30)^2 + \cdots + (34-30)^2\right] = 10$

$\qquad S^2_{乙} = \frac{1}{n-1}\sum_{i=1}^{5}(X_i - \bar{X})^2$

$$= \frac{1}{4} \left[(24-30)^2 + (27-30)^2 + \cdots + (36-30)^2 \right] = 22.5$$

标准差或方差,是数据处理中用到的最多的统计指标之一,标准差的实际应用主要有:

(1)表示数据分布的离散程度。在两组数据(总体或样本)均数相近,度量单位相同的条件下,标准差较大,说明观测值的变异程度较大,即各观测值较分散,因而均数的代表性较差;反之标准差较小,说明变异程度较小,即各观测值较集中在均数周围,因而均属对各观测值的代表性较好。

(2)常用"$\bar{X} \pm S$"作为计量数据的数字特征描述的专用符号。$\bar{X}$ 表示平均水平,S 代表变异程度大小。

(3)可用来计算均数的抽样误差大小,见第 3 章。

3. 变异系数

样本标准差 S 除以样本均数 $\bar{X}$ 的比值,并用百分数表示的值称为**变异系数**,即

$$CV = \frac{S}{\bar{X}} \times 100\% \tag{0.3.9}$$

变异系数是相对数,没有计量单位,便于数据间的比较。极差、标准差都是有单位的,其单位与观察值的单位相同。但两组数据单位不同,或单位相同,但均数相差较大时,不能直接用标准差比较它们的变异程度,此时用变异系数进行比较。

例 0.3.6 某县某年调查 10 岁男孩,身高 X 的均数为 125.62 cm、标准差为 5.01 cm;体重 Y 的均数为 23.93kg、标准差为 2.82kg。试比较身高波动程度与体重波动程度哪个大。

解 因两组数据单位不同,故用变异系数进行比较

$$CV_{身高} = \frac{S_{身高}}{\bar{X}_{身高}} \times 100\% = \frac{5.01}{125.62} \approx 3.99\%$$

$$CV_{体重} = \frac{S_{体重}}{\bar{X}_{体重}} \times 100\% = \frac{2.82}{23.93} \approx 11.78\%$$

由于 $CV_{体重} \geqslant CV_{身高}$,所以,体重波动程度比身高波动程度大。

例 0.3.7 甲和乙是两名销售计算机的人员,甲卖中央处理机,乙卖个人电脑。下面是甲乙去年一年的销售情况。甲平均销售了 \$256000,方差 \$42000;乙平均销售了 \$36000,方差 \$9500。哪个销售员销售业绩的波动程度大?

解 两组数据单位相同,但均数相差较大,故用变异系数进行比较

$$CV_{甲} = \frac{S_{甲}}{\bar{X}_{甲}} \times 100\% = \frac{42000}{256000} \approx 16.41\%$$

$$CV_乙 = \frac{S_乙}{\bar{X}_乙} \times 100\% = \frac{9500}{36000} \approx 26.39\%$$

尽管甲的方差比乙的方差大,但甲的变异系数却比乙的小,说明乙的变动更大一些。

0.3.3 相对数

1.相对数的概念

假如要比较两地某种疾病的发病情况,以发病人数,即频数,也称为"绝对数",做比较情况如何?绝对数反映出事物在某时某地出现的实际水平,是实际工作和科研中不可缺少的基本数据。但是,因为绝对数往往不便于互相比较,若要进行深入地统计分析,仅有绝对数是不够的。比如,对某单位龋齿患病情况进行调查,其中31~40岁(甲组),有36人患龋齿;41~50岁(乙组),有45人患龋齿。据此,只能说乙组患龋齿的较甲组多9人,但不能肯定乙组较甲组的患龋齿程度更为严重。因为甲、乙两组的总人数不一定相等。假定甲组总人数为80人,乙组总人数为100人。则各组患龋齿的人数相对于本组的总人数(称为患病率)来说有

$$甲组患病率 = \frac{36}{80} \times 100\% = 45\%$$

$$乙组患病率 = \frac{45}{100} \times 100\% = 45\%$$

从计算结果来看,甲乙两组的严重程度是一样的。由此可见,相对数适宜于数据的相对比较分析研究。

相对数(relative number)是指两个有联系的指标之比,它可以从数量上反映两个相互联系的现象之间的对比关系。常用相对数按性质和用途不同,分为相对比、率和构成比。

2.相对比

相对比(relative ratio)是指两个有关事物指标之比。常用百分数或倍数表示,说明一个指标是另一个指标的百分之几或倍数,即

$$相对比 = \frac{甲指标}{乙指标}(\times 100\%) \tag{0.3.10}$$

式中甲、乙两指标可以是性质相同的,也可以是性质不同的。比如:

$$新生儿性别比 = \frac{男性新生儿数}{女性新生儿数} \times 100\% (两指标性质相同)$$

$$体重指数 = \frac{体重}{身高^2}(kg/m^2)(两指标性质不同)$$

3. 率

率(rate)是指某时期某现象实际发生的观察单位数与同时期可能发生该现象的观察单位总数之比,即

$$率 = \frac{某时期某现象实际发生的观察单位数}{同时期可能发生该现象的观察单位总数} \times 比例常数 \qquad (0.3.11)$$

其中,比例常数可以取 100%、$1000\permil$ 等。如

$$治愈率 = \frac{某时期治愈人数}{同时期受治人数} \times 比例常数$$

4. 构成比

构成比(constituent ratio)是指事物内部某一组成部分的观察单位数与该事物各组成部分的观察单位总数之比。说明某一事物内部各组成部分所占的比重或分布,常以百分数表示,所以也称作百分比,即

$$构成比 = \frac{事物内部某一组成部分的观察单位数}{同一事物各组成部分的观察单位总数} \times 100\% \qquad (0.3.12)$$

比如,方剂中

$$某药物的剂量构成比 = \frac{某一方剂中该药物的剂量}{该方剂中各药物的剂量总和} \times 100\%$$

例 0.3.8　收治 100 例高血压病人,其中男 65 例(65%),女 35 例(35%)。由此得出,男性高血压病人的患病率显著高于女性。对吗?

解　计算患病率,需要有调查的男女例数。假如本组调查男性 125 例,女性 75 例。计算各自患病率

男性患病率 $=65/125=52\%$

女性患病率 $35/65=53.8\%$

其实两者患病率差不多。而 65%、35% 是指在 100 例高血压病人中,男、女各占的比例,即构成比。

阅读材料

概率论与数理统计发展简史

1. 概率论的起源与发展

尽管对随机问题的认识和研究可以追溯到更早些时候,但数学史家仍愿意将概率论的真正起源归结于中世纪的博弈问题。1657 年,荷兰数学家惠更斯(C. Huygens,1629－1695)发表了《论赌博中的计算》,这是公认的最早的概率论

著作。而概率论作为一门独立的数学分支,真正的奠基人是雅格布·伯努利(Jacob Bernoulli,1654—1705)。他在其著作《猜度术》中首次提出了后来以"伯努利定理"著称的极限定理,在概率论发展史上占有重要地位。继伯努利之后,法国数学家棣莫弗(A. de Moivre,1667—1754)把概率论又做了巨大推进,他提出了概率乘法法则、正态分布和正态分布率的概念,并给出了概率论的一些重要结果。之后法国数学家蒲丰(C. de Buffon,1707—1788)提出了著名的"蒲丰问题",引进了几何概率。另外,拉普拉斯(Laplace,Pierre-Simon ,1749—1827)、高斯(Johann Carl Friedrich Gauss,1777—1855)和泊松(S. D. Poisson,1781—1840)等数学家都对概率论做出了进一步的奠基工作。尤其是拉普拉斯,他是严密的、系统科学的概率理论的最卓越的创建者,在 1812 年出版的《概率的分析理论》中,拉普拉斯以强有力的分析工具处理了概率论的基本内容,实现了从组合技巧向分析方法的过渡,使以往零散的结果系统化,开辟了概率论发展的新时期。

19 世纪后期,极限理论的发展成为概率理论研究的中心课题,俄国数学家切比雪夫(П. Л. Чебышев,1821—1894)对此做出了重要贡献。他建立了关于独立随机变量序列的大数定律,推广了棣莫弗-拉普拉斯的极限定理。切比雪夫的成果被其学生马尔可夫(A. A. Markov,185—1922)继续发扬光大,其在概率理论上的卓越成就影响了 20 世纪概率论发展的进程。

19 世纪末,一方面概率论在统计物理等领域的应用需要对概率论基本概念与原理进行解释,另一方面,与数学逻辑基础的研究类似,科学家们在这一时期发现的一些概率悖论也揭示出古典概率论中基本概念存在的矛盾与含糊之处。这些问题的出现要求对概率论的逻辑基础做出更加严格的研究论证。事实上,真正严格的概率公理化系统只有在测度论和实变函数理论的基础上才可能建立。测度论的奠基人,法国数学家博雷尔(E. Borel,1781—1956)首先将测度论方法引入到概率论重要问题的研究,并且他的工作激起了数学家们沿着这一崭新方向的一系列搜索,其中苏联著名数学家科尔莫戈罗夫(A. H. колмогоров,1903—1987)的工作最为卓著。他在 1926 年推导了弱大数定律成立的充分必要条件,后又对博雷尔提出的强大数定律问题给出了最一般的结果,从而解决了概率论的中心课题之一——大数定律,成为以测度论为基础的概率论公理化的前奏。

1933 年,科尔莫戈罗夫出版了他的著作《概率论基础》,这是概率论的一部经典性著作。其中,科尔莫戈罗夫给出了公理化概率论的一系列基本概念,提出了一套严密的公理体系。他的公理化方法成为现代概率论的基础,使概率论成为严谨的数字分支。

2.统计学的起源与发展

与概率论一样,统计学的起源可以追溯到更早些时候,但现代统计学的起源是在 19 世纪末,英国生物学家和统计学家卡尔·皮尔逊(Karl Pearson),被公认为现代统计科学的创立者。他由观测值与期望值的比较,首先提出分布拟合优度检验的统计方法,而在同一时期高尔顿(Francis Galton)在研究子女与父母在智商、身高等数量性状间的关系时,提出回归分析方法。目前回归分析已成为 21 世纪经济、管理、医学、生态、环境、工程与质量管理等领域的重要研究工具。在 20 世纪初,英国统计大师费歇尔(R. A. Fisher)在农业试验场工作时,研究出田间试验的各种不同设计及方差分析与协方差分析方法来分析数据。这些试验设计与分析方法不但是统计理论与方法上的伟大成就,更对 20 世纪粮食的增产与农作物的改良具有不可磨灭的贡献,而在 20 世纪 50 年代英国的 B. Hill 将 Fisher 在农业上的随机试验设计应用到医学与药物评估上,提出随机双盲的临床试验,对人类健康福祉做出了重大的贡献。另外,在美国国家卫生研究院任职的 J. Cornfield 将统计方法应用在流行病学上,证明了抽烟与肺癌间的因果关系。自门德尔在研究豌豆的遗传性状与 T. H. Morgan 研究果蝇遗传特征以来,统计一直是遗传与育种上不可缺少的研究工具,并且发展出许多研究遗传的统计方法。

统计的理论和方法除了在农业、遗传、生物与医学方面做出了重大的贡献外,在工业、社会经济学及金融证券等方面亦有杰出贡献。如对于工业的产品产量与质量的提升亦有不可磨灭的成就。20 世纪初曾用笔名为 Student 发表统计论文的戈斯特(William Sealy Gosset),即利用统计方法改善酿造啤酒的技术及提升啤酒的质量与产量,并独立提出小样本的 t 检验法(Student t-test)。其后许多科学家在其研究领域内改进或发展了许多新的统计方法、统计理论和统计思想。

经过 20 世纪的努力,统计学已在 21 世纪成为各领域如生物、生命科学、农业、医学、公共卫生、经济、政治、管理、会计、财金、国企、社会、工程、电子、信息及品管各方面收集及分析数据与制定决策时必备的工具。许多统计的理论与方法也是自各领域的应用发展而来,所以统计科学已经成为一个极重要的跨领域的研究平台。

习题

1. 什么是频数分布表?什么是频数分布图?制表和绘图的基本步骤有哪些?制表和绘图时应注意些什么?

2. 算术平均数与加权平均数形式上有何不同?为什么说它们的实质是一致的?

3. 平均数与标准差在统计分析中有什么用处?它们各有哪些特性?

4. 总体和样本的平均数、标准差有什么共同点?又有什么联系和区别?

5. 某地 100 例 30～40 岁健康男子血清总胆固醇(单位:mol·L^{-1})测定结果

如下：

4.77	3.37	6.14	3.95	3.56	4.23	4.31	4.71	5.69	4.12
4.56	4.37	5.39	6.30	5.21	7.22	5.54	3.93	5.21	6.51
5.18	5.77	4.79	5.12	5.20	5.10	4.70	4.74	3.50	4.69
4.38	4.89	6.25	5.32	4.50	4.63	3.61	4.44	4.43	4.25
4.03	5.85	4.09	3.35	4.08	4.79	5.30	4.97	3.18	3.97
5.16	5.10	5.85	4.79	5.34	4.24	4.32	4.77	6.36	6.38
4.88	5.55	3.04	4.55	3.35	4.87	4.17	5.85	5.16	5.09
4.52	4.38	4.31	4.58	5.72	6.55	4.76	4.61	4.17	4.03
4.47	3.40	3.91	2.70	4.60	4.09	5.96	5.48	4.40	4.55
5.38	3.89	4.60	4.47	3.64	4.34	5.18	6.14	3.24	4.90

试根据所给数据编制频数分布表，绘制频数分布图及频率密度分布图，并简述其分布特征。

6.试计算下列两个玉米品种 10 个果穗长度(单位:cm)的标准差和变异系数，并解释所得结果。

24 号	19	21	20	20	18	19	22	21	21	19
金皇后	16	21	24	15	26	18	20	19	22	19

7.当今的体育报道大量使用计算机产生的统计数据，内容从每一个专业网球运动员在每一赛季的收入，到棒球历史上的某一队员完成的三垒打的总次数。

a.你认为为什么近几年的电视体育节目充满了统计？

b.你认为统计如何影响了观众对体育运动的喜好？

8.找一篇包含统计信息的报纸或新闻杂志上的文章，

a.指出文章中使用的变量；

b.确定每一个变量的取值；

c.什么样的读者会对这篇文章特别感兴趣？

d.此文描述了某种变化吗？

9.学生会希望调查毕业班有关毕业典礼的观点。随机在学校里抽取 10% 的毕业班学生作为样本。

a.你怎样安排抽样以保证随机性？

b.在抽样中你有可能遇到怎样的问题？

c.这些问题可能会影响什么？

d.你打算怎样解决这些问题？

第1章　随机事件及其概率

自然界和社会活动中,发生的现象是多种多样的。有一类现象,在一定的条件下必然发生或者必然不会发生,如:在一个标准大气压下,把水加热至 100° C 必然沸腾;上抛一石子必然下落;异性电荷必相吸;同性电荷必不相吸;等等,这类现象称为**必然现象**,也称为**确定性现象**。还有另一类现象,例如,在相同条件下抛掷同一枚质地均匀的硬币,其结果可能是正面朝上,也可能是反面朝上,并且在每次抛掷之前无法肯定抛掷的结果是什么;从一批产品中任取一件产品,其结果可能是合格品,也可能是不合格品,在取之前也无法确定其结果;一射手向同一目标射击,各次弹着点不尽相同,在一次射击之前无法预测弹着点的确切位置。这类现象,在一定的条件下,可能出现这样的结果,也可能出现那样的结果,而在试验之前不能预先确定确切的结果。但人们在经过长期实践并深入研究之后,发现这类现象在大量重复试验下其结果却呈现出某种规律性。例如,多次重复抛掷一枚硬币,得到正面朝上的结果大致有一半。这种在大量重复试验中呈现出的固有规律性称为**统计规律性**。

在个别试验中其结果不确定,而在大量重复试验中其结果又具有统计规律性的现象称为**随机现象**。概率论与统计学就是研究和揭示随机现象的统计规律性。

1.1　随机事件及其运算

1.1.1　随机试验

研究随机现象的统计规律性,必然要对客观现象进行大量的试验。这里,把"试验"作为一个广义的术语,既包含各种各样的科学实验,也包括对某一事物的某一特征的调查或观察,下面举一些试验的例子。

E_1:掷一枚硬币,观察正面 H、反面 T 出现的情况;

E_2:掷一枚骰子,观察出现的点数;

E_3:记录电话交换台一分钟内接到的呼唤次数;

E_4:观察一种新药治疗某种疾病的疗效;

E_5:在一批灯泡中任意抽取一只,测试它的寿命;

E_6:记录某地一昼夜的最高温度和最低温度。

上面举出的六个例子有着共同的特点。例如,在试验 E_1 中有两种可能结果,H 出现或 T 出现,但在抛掷之前不能确定哪个结果出现,而且这个试验可以在相同条件下重复进行;又如试验 E_5,灯泡的寿命(以小时计)$t \geqslant 0$,但在测试之前不能确定它的寿命有多长,这个试验也可以在相同条件下重复进行。概括起来,这些试验具有以下特点:

(1)试验可以在相同条件下重复进行;

(2)每次试验的可能结果不止一个,但能事先明确试验的所有可能结果;

(3)进行一次试验之前不能确定哪一个结果会出现。

在概率论中,将具有上述三个特点的试验称为**随机试验**(random experiment)。以后提到的试验都指随机试验。

1.1.2 样本空间

对于随机试验,尽管在每次试验之前不能预知试验的结果,但试验的所有可能结果是已知的。将随机试验 E 的所有可能结果组成的集合称为 E 的**样本空间**(sample space),记为 Ω。样本空间中的元素,即试验一次的结果称为**样本点**(sample point),记为 ω。

下面写出上述六个试验的样本空间

$\Omega_1 = \{H, T\}$;

$\Omega_2 = \{1, 2, 3, 4, 5, 6\}$;

$\Omega_3 = \{0, 1, 2, 3, \cdots\}$;

$\Omega_4 = \{有效, 无效\}$;

$\Omega_5 = \{t \mid t \geqslant 0, t \in R\}$;

$\Omega_6 = \{(x, y) \mid T_0 \leqslant x \leqslant y \leqslant T_1\}$,其中 x 表示最低温度,y 表示最高温度,并设这一地区的温度不会小于 T_0,不会大于 T_1。

1.1.3 随机事件

在实际中,当进行随机试验时,人们常常关心满足某种条件的试验结果是否会发生。例如,若规定某种灯泡使用寿命小于 300 小时即为次品,则在 E_5 中人们会关心灯泡的寿命 t 是否有 $t \geqslant 300$ 这个结果。随机试验的可能结果称为**随机事件**(random event),简称**事件**,一般用大写的英文字母 $A, B, C, \cdots$ 表示。

随机事件是样本空间的子集。如,满足"灯泡的使用寿命不小于 300 小时"这一条件的样本点组成集合 $A = \{t \mid t \geqslant 300\}$,则 A 是 $\Omega_5 = \{t \mid t \geqslant 0, t \in R\}$ 的子集。显然,当且仅当子集 A 中的一个样本点出现时,有 $t \geqslant 300$ 成立。在每次试验中,当且仅当这个子集的一个样本点出现时,称这一**事件发生**。

特别地,由样本空间中的一个样本点 ω 构成的单点集 $\{\omega\}$ 称为**基本事件**。如,试验 E_1 有两个基本事件 $\{H\}$ 和 $\{T\}$;试验 E_2 有六个基本事件:$\{1\}$,$\{2\}$,$\cdots$,$\{6\}$。

样本空间 Ω 包含所有的样本点,它是自身的子集,在每次试验中它总是发生,故称 Ω 为**必然事件**。空集 $\varnothing$ 不包含任何样本点,它也是 Ω 的子集,称 $\varnothing$ 为**不可能事件**。严格地讲,必然事件与不可能事件已经不具备随机性,但为研究问题的方便,把它们作为随机事件的两个特殊情形。

1.1.4 事件间的关系及运算

由于事件是一个集合,所以事件间的关系和运算可以按照集合论中集合间的关系和运算来处理。下面给出这些关系和运算,根据"事件发生"的含义,说明它们在概率论中的含义。

设试验 E 的样本空间为 Ω,而 $A,B,A_k(k=1,2,3,\cdots)$ 是 Ω 的子集。

(1)若 $A \subset B$,则称事件 B **包含**事件 A,指事件 A 发生必然导致事件 B 发生。

若 $A \subset B$ 且 $B \subset A$,则称事件 A 与事件 B **相等**,记作 $A = B$。

(2)事件 $A \cup B = \{x \mid x \in A \text{ 或 } x \in B\}$ 称为事件 A 与事件 B 的**和事件**。当且仅当事件 A 或事件 B 中至少有一个发生时,事件 $A \cup B$ 发生。

事件的并可以推广到有限个或无穷可列多个事件的情形:

"n 个事件 $A_1,A_2,\cdots,A_n$ 至少有一个发生",称为 $A_1,A_2,\cdots,A_n$ 这 n 个事件的和事件,记作 $A_1 \cup A_2 \cup \cdots \cup A_n$ 或 $\bigcup\limits_{i=1}^{n} A_i$;

"可列无穷多个事件 $A_1,A_2,\cdots,A_n,\cdots$ 至少有一个发生",称为这可列无穷多个事件的和事件,记作 $\bigcup\limits_{i=1}^{\infty} A_i$。

(3)事件 $A \cap B = \{x \mid x \in A \text{ 且 } x \in B\}$ 称为事件 A 与事件 B 的**积事件**。当且仅当事件 A 和事件 B 都发生时,事件 $A \cap B$ 发生。$A \cap B$ 也记作 AB。

同样,事件的交也可以推广到有限个或可列无穷多个事件的情形:

"n 个事件 $A_1,A_2,\cdots,A_n$ 同时发生",称为这 n 个事件的积事件,记作 $A_1 A_2 \cdots A_n$ 或 $\bigcap\limits_{i=1}^{n} A_i$;

"可列无穷多个事件 $A_1,A_2,\cdots,A_n,\cdots$ 同时发生",称为这可列无穷多个事件的积事件,记作 $\bigcap\limits_{i=1}^{\infty} A_i$。

(4)事件 $A - B = \{x \mid x \in A \text{ 且 } x \notin B\}$ 称为事件 A 与事件 B 的**差事件**。当且仅当事件 A 发生,而事件 B 不发生时,事件 $A - B$ 发生。

(5)若 $AB=\varnothing$,则称事件 A 与 B **互不相容**(或**互斥**),指事件 A 与 B 不能同时发生。对于互不相容的和事件 $A\bigcup B$ 也记作 $A+B$。

n 个事件 $A_1,A_2,\cdots,A_n$,若满足 $A_iB_j=\varnothing(i\neq j;i,j=1,2,\cdots,n)$,则称 A_1, $A_2,\cdots,A_n$ 两两互不相容。

(6)若两个事件满足 $AB=\varnothing$ 且 $A\bigcup B=\Omega$,则称事件 A 与事件 B 是对立的,并称事件 A 和事件 B 互为**对立事件**(或互为**逆事件**)。A 的对立事件记为 $\bar{A}$,$\bar{A}=\Omega-A$,是指对每次试验而言,互为对立的事件 A 和 $\bar{A}$ 中必有一个发生,且只有一个发生。

于是有 $\bar{\bar{A}}=A$,$A\bar{A}=\varnothing$,$A\bigcup\bar{A}=\Omega$,A 与 B 的差事件 $A-B$ 则可以表示为 $A\bar{B}$。

若用平面上某个矩形区域表示样本空间 Ω,矩形区域内的点表示样本点,则上述的事件间关系及运算可以用图 1.1.1 直观地表示出来。

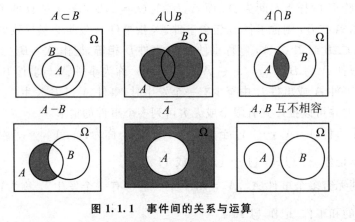

图 1.1.1 事件间的关系与运算

事件之间的运算律与集合之间的运算律也完全类似。

交换律:$A\bigcup B=B\bigcup A$;$A\bigcap B=B\bigcap A$

结合律:$A\bigcup(B\bigcup C)=(A\bigcup B)\bigcup C$

$\qquad A\bigcap(B\bigcap C)=(A\bigcap B)\bigcap C$

分配律:$A\bigcup(B\bigcap C)=(A\bigcup B)\bigcap(A\bigcup C)$

$\qquad A\bigcap(B\bigcup C)=(A\bigcap B)\bigcup(A\bigcap C)$

德摩根律(De Morgan 律):$\overline{A\bigcup B}=\bar{A}\bigcap\bar{B}$;$\overline{A\bigcap B}=\bar{A}\bigcup\bar{B}$

例 1.1.1 设 A、B、C 为三个事件,

(1)"A、B、C 中至少有一个发生"的事件可表示为 $A\bigcup B\bigcup C$;

(2)"A、B、C 都发生"的事件可表示为 ABC;

(3)"A 发生,B 与 C 不发生"的事件可表示为 $A\bar{B}\bar{C}$;

(4)"A 与 B 都发生,而 C 不发生"的事件可表示为 $AB\bar{C}$;

(5)"A、B、C 都不发生"的事件可表示为 $\bar{A}\bar{B}\bar{C}$;

(6)"A、B、C 不都发生"的事件可表示为 $\overline{ABC}$;

(7)"A、B、C 中恰有一个发生"的事件可表示为 $A\bar{B}\bar{C} \bigcup \bar{A}B\bar{C} \bigcup \bar{A}\bar{B}C$;

(8)"A、B、C 中不多于一个发生"的事件可表示为 $A\bar{B}\bar{C} \bigcup \bar{A}B\bar{C} \bigcup \bar{A}\bar{B}C \bigcup \bar{A}\bar{B}\bar{C}$。

1.2 事件的概率及其性质

对于一个随机试验,人们不仅需要知道它可能会出现哪些结果即事件,更希望知道某些事件在一次试验中发生的可能性究竟有多大,希望找到一个合适的数来表征事件在一次试验中发生的可能性的大小。为此首先引入频率(frequency),它描述了事件发生的频繁程度,进而引出表征事件在一次试验中发生的可能性的大小的数——概率(probability)。

1.2.1 频率

定义 1.2.1 在相同的条件下,重复进行 n 次试验,若事件 A 发生了 n_A 次,则称比值 $\dfrac{n_A}{n}$ 为事件 A 在 n 次试验中发生的**频率**,记为

$$f_n(A) = \frac{n_A}{n} \tag{1.2.1}$$

由定义,可见频率有下述基本性质:

(1)非负性:对任意 A,有 $f_n(A) \geqslant 0$;

(2)规范性:$f_n(\Omega) = 1$;

(3)可加性:若 $A_1, A_2, \cdots, A_k$ 是两两互不相容的事件,则

$$f(A_1 \bigcup A_2 \bigcup \cdots \bigcup A_k) = f(A_1) + f(A_2) + \cdots + f(A_k)$$

由于事件 A 发生的频率是它发生的次数与试验次数之比,则其大小说明了事件 A 发生的频繁程度。频率大,事件 A 发生的频繁程度就大,也就意味着事件 A 在一次试验中发生的可能性就大;频率小,事件 A 发生的频繁程度就小,意味着事件 A 在一次试验中发生的可能性就小。那么能否用频率来表示事件 A 在一次试验中发生的可能性的大小,先看下面的例子。

例 1.2.1 考察"抛硬币"试验。将一枚硬币分别抛掷 5 次、50 次、500 次,并且各做 10 遍,得到的数据如表 1.2.1 所示。

表 1.2.1 抛硬币

实验序号	$n=5$		$n=50$		$n=500$	
	n_H	$f_n(H)$	n_H	$f_n(H)$	n_H	$f_n(H)$
1	2	0.4	22	0.44	251	0.502
2	3	0.6	25	0.50	249	0.498
3	1	0.2	21	0.42	256	0.512
4	5	1.0	25	0.50	253	0.506
5	1	0.2	24	0.48	251	0.502
6	2	0.4	21	0.42	246	0.492
7	4	0.8	18	0.36	244	0.488
8	2	0.4	24	0.48	258	0.516
9	3	0.6	27	0.54	262	0.524
10	3	0.6	31	0.62	247	0.494

从表 1.2.1 中的数据可以看出,抛掷次数 n 较小时,频率 $f_n(H)$ 在 0 和 1 之间随机变动,随着 n 的增大,频率 $f_n(H)$ 呈现出稳定性,即当 n 逐渐增大时,$f_n(H)$ 总是在 0.5 附近摆动,而且逐渐稳定在 0.5。

大量试验证实,当重复试验的次数 n 逐渐增大时,事件 A 发生的频率 $f_n(A)$ 就呈现出稳定性,逐渐稳定于某个常数。这种"频率的稳定性"即通常说的统计规律性,它为用统计方法求概率的数值开拓了道路。在实际问题,当概率不易求出时,人们常用实验次数很大时事件的频率作为概率的估计值,称此概率为统计概率。

1.2.2 概率的统计定义

定义 1.2.2(概率的统计定义) 在相同的条件下,进行 n 次独立重复试验,当试验次数 n 很大时,如果某事件 A 发生的频率 $f_n(A)$ 稳定地在 $[0,1]$ 上的某一数值 p 附近摆动,而且一般来说随着试验次数的增多,这种摆动的幅度将越来越小,则称数值 p 为事件 A 发生的**概率**,记为 $P(A)=p$。

如某地区有 N 人,查得其中患某种疾病者有 M 人,则该地区的这种疾病患病率为 M/N(只要 N 足够大)。

附 伯努利大数定律

$$\forall \varepsilon > 0, 有 \lim_{n \to \infty} P\left(\left| \frac{n_A}{n} - p \right| < \varepsilon \right) = 1$$

伯努利大数定律的直观意义是,在大量独立重复试验中,用事件 A 发生的频率来近似估计事件 A 发生的概率。

1.2.3　概率的古典定义

在 1.1 节中所说的试验 E_1,E_2,具有两个共同特点:

(1)试验的样本空间中只有有限个样本点;

(2)试验中每个样本点发生的可能性相同。

具有以上两个特点的试验称为 **等可能概型**。由于这一概型在概率论发展初期曾是主要的研究对象,故又称为 **古典概型**。等可能概型在概率论的研究中占有相当重要的地位,它的讨论有助于对概率论许多基本概念和性质的直观理解。下面给出等可能概型中事件概率的计算公式。

定义 1.2.3(概率的古典定义) 　设等可能概型试验的样本空间为 $\Omega = \{\omega_1,$ $\omega_2,\cdots,\omega_n\}$,若事件 A 中含有 k($k \leqslant n$)个基本事件,则 k/n 为 A 发生的概率,记为

$$P(A) = \frac{k}{n} = \frac{A \text{ 包含的基本事件个数}}{\Omega \text{ 中基本事件总数}} \tag{1.2.2}$$

计算 Ω 和 A 中的基本事件个数时,通常要利用排列组合的知识,此时应注意避免重复和遗漏。

附　概率的几何定义

在古典概率的定义中,要求随机试验只有有限个可能结果,并且这有限个结果发生的可能性相同;那么对于样本点的出现是等可能的,但并不局限于是有限个样本点的情形如何解决呢? 将古典概型中的有限性推广到无限,而样本点的出现是等可能的,就得到概率的几何定义。

定义　如果试验 E 的样本点有无限多个,其样本空间 Ω 可用一个有度量的几何区域来表示,且样本点落在区域内任意一点处都是等可能的。设 A 是 Ω 中的一个区域,样本点落在区域 A 的概率与 A 的测度(长度,面积,体积等)成正比,而与 A 的形状和位置无关,则样本点落在区域 A 的概率为

$$P(A) = \frac{m(A)}{m(\Omega)}$$

其中,$m(A)$ 为区域 A 的测度,$m(\Omega)$ 为区域 Ω 的测度,称上述概率为几何概率。

例　在线段 $[0,3]$ 上任意投一点,求此点坐标小于 1 的概率。

解　设 A 为"点的坐标小于 1"的事件,当且仅当点落在 $[0,1)$ 上任一点时,事件 A 发生。根据几何概率的定义,所求概率为

$$P(A) = \frac{m[0,1)}{m[0,3]} = \frac{1}{3}$$

概率的公理化定义

设随机试验 E 的样本空间为 Ω，对任意事件 A，规定一个实数 $P(A)$，若 $P(A)$ 满足下列三条公理：

(1)非负性：对任意 $A,0 \leqslant P(A) \leqslant 1$；

(2)规范性：$P(\Omega)=1$；

(3)可列可加性(完全可加性)：对于两两互不相容的事件 $A_1,A_2,\cdots,$ 有

$$P(\bigcup_{i=1}^{\infty} A_i) = \sum_{i=1}^{\infty} P(A_i)$$

则称实数 $P(A)$ 为事件 A 的概率。

1.2.4 概率的性质

利用概率定义,可以推导出概率的一些重要性质：

性质1 $P(\varnothing)=0$

性质2(有限可加性) 若 $A_1,A_2,\cdots,A_n$ 两两互不相容,即 $A_iA_j=\varnothing(i \neq j$; $i,j=1,2,\cdots,n)$,则有

$$P(\bigcup_{i=1}^{n} A_i) = \sum_{i=1}^{n} P(A_i) \tag{1.2.3}$$

性质3 对任意事件 A,有

$$P(\bar{A})=1-P(A) \tag{1.2.4}$$

性质4 若 $B \subset A$,则 $P(A-B)=P(A)-P(B)$。

性质5 对任意的事件 A,B 有

$$P(A \bigcup B) = P(A)+P(B)-P(AB) \tag{1.2.5}$$

特别地,若 A 与 B 互不相容,则有 $P(A \bigcup B)=P(A)+P(B)$。

附 性质证明

性质1 $P(\varnothing)=0$

证明 因为 $\varnothing = \varnothing \bigcup \varnothing \bigcup \cdots \bigcup \varnothing \bigcup \cdots$

根据概率的公理化定义(3),有

$$P(\varnothing)=P(\varnothing \bigcup \varnothing \bigcup \cdots \bigcup \varnothing \bigcup \cdots)$$
$$=P(\varnothing)+P(\varnothing)+\cdots+P(\varnothing)+\cdots$$

因为 $P(\varnothing) \geqslant 0$

所以 $P(\varnothing)=0$

性质2(有限可加性) 若 $A_1,A_2,\cdots,A_n$ 两两互不相容,即 $A_iA_j=\varnothing(i \neq j$; $i,j=1,2,\cdots,n)$,则有 $P(\bigcup_{i=1}^{n} A_i) = \sum_{i=1}^{n} P(A_i)$。

证明　因为 $\bigcup\limits_{i=1}^{n} A_i = A_1 \bigcup A_2 \bigcup \cdots A_n \bigcup \varnothing \bigcup \cdots$，有

$$
\begin{aligned}
P(\bigcup\limits_{i=1}^{n} A_i) &= P(A_1 \bigcup A_2 \bigcup \cdots A_n \bigcup \varnothing \bigcup \cdots) \\
&= P(A_1) + P(A_2) + \cdots + P(A_n) + P(\varnothing) + \cdots \\
&= \sum\limits_{i=1}^{n} P(A_i)
\end{aligned}
$$

性质3　对任意事件 A，有 $P(\bar{A}) = 1 - P(A)$。

证明　因为　$A \bigcup \bar{A} = \Omega$，$A\bar{A} = \varnothing$

所以　$P(\bar{A}) = 1 - P(A)$

性质4　若 $B \subset A$，则 $P(A - B) = P(A) - P(B)$。

证明　因为　$A = (A - B) \bigcup AB$，$(A - B) \bigcap AB = \varnothing$

所以　$P(A) = P((A - B) \bigcup AB) = P(A - B) + P(AB)$
$\qquad\qquad = P(A - B) + P(B)$

推论　若 $B \subset A$，则 $P(B) \leqslant P(A)$。

证明　因为 $P(A) - P(B) = P(A - B) \geqslant 0$，移项即证。

性质5　对任意的事件 A, B 有：$P(A \bigcup B) = P(A) + P(B) - P(AB)$。

证明　因为　$A \bigcup B = A \bigcup (B - AB)$，$A \bigcap (B - AB) = \varnothing$

所以　$P(A \bigcup B) = P(A) + P(B - AB) = P(A) + P(B) - P(AB)$

加法公式可以推广到 n 个事件，设 $A_1, A_2, \cdots, A_n$ 为样本空间 Ω 的任意 n 个事件，则：

$$
\begin{aligned}
P(\bigcup\limits_{i=1}^{n} A_i) = \sum\limits_{i=1}^{n} P(A_i) &- \sum\limits_{1 \leqslant i < j \leqslant n} P(A_i)P(A_j) + \sum\limits_{1 \leqslant i < j < k \leqslant n} P(A_i A_j A_k) - \cdots \\
&+ (-1)^{n-1} P(A_1 A_2 \cdots A_n)
\end{aligned}
$$

例1.2.2　一个口袋中有5个球，其中3个白球，2个红球。从袋中取球两次，每次随机地取一个。考虑3种取球方式：(a)从中取两个球；(b)第一次取一个球，观察其颜色后放回袋中，搅匀后再取一球，这种取球方式叫作**放回抽样**；(c)第一次取一球不放回袋中，第二次从剩余的球中再取一球，这种取球方式叫作**不放回抽样**。试分别就上述3种情况求以下事件的概率：

(1)取到的两个球都是白球；

(2)取到的两个球都是红球；

(3)取到的两个球颜色相同；

(4)取到的两个球中至少有一个白球。

解　设 $A = \{$取到的两个球都是白球$\}$；

$B = \{$取到的两个球都是红球$\}$；

$C = \{$取到两个球颜色相同$\}$；

$D = \{$取到的两个球中至少有一个白球$\}$，

易知，$C = A \bigcup B$，且 $AB = \varnothing$；$D = \bar{B}$。

(a)在 5 个球中抽取 2 个球，样本空间中所包含的基本事件总数为 $C_5^2 = \dfrac{5 \times 4}{2 \times 1}$ $= 10$ 种，每一种取法为一基本事件，且每个基本事件发生的可能性相同。事件 A 包含的基本事件的个数为 $C_3^2 = \dfrac{3 \times 2}{2 \times 1} = 3$ 种，事件 B 为 $C_2^2 = 1$ 种，则有

$$P(A) = \frac{C_3^2}{C_5^2} = \frac{3}{10}$$

$$P(B) = \frac{C_2^2}{C_5^2} = \frac{1}{10}$$

由式(1.2.3)有

$$P(C) = P(A \bigcup B) = P(A) + P(B) = \frac{2}{5}$$

由式(1.2.4)有

$$P(D) = P(\bar{B}) = 1 - P(B) = \frac{9}{10}$$

(b)放回抽样的情况。

在 5 个球中以放回抽样方式取两个球，每一种取法为一个基本事件。显然，基本事件个数为有限，且每个基本事件发生的可能性相同，因而可用式(1.2.2)计算。

第一次从袋中取球有 5 个球可供抽取，第二次也有 5 球可供抽取，共有 5^2 种取法，即样本空间所包含的基本事件总数为 25。事件 A 包含的基本事件总数为 3^2。于是有

$$P(A) = \frac{3^2}{5^2} = \frac{9}{25}$$

$$P(B) = \frac{2^2}{5^2} = \frac{4}{25}$$

由式(1.2.3)有

$$P(C) = P(A \bigcup B) = P(A) + P(B) = \frac{9}{25} + \frac{4}{25} = \frac{13}{25}$$

由式(1.2.4)有

$$P(D) = P(\bar{B}) = 1 - P(B) = 1 - \frac{4}{25} = \frac{21}{25}$$

(c)不放回抽样的情况。

第一次从袋中取球有 5 个球可供抽取,第二次有 4 球可供抽取,共有 $A_5^2 = 5 \times 4$ 种取法,即样本空间所包含的基本事件总数为 20。事件 A 包含的基本事件个数为 $A_3^2 = 3 \times 2 = 6$。事件 B 包含的基本事件个数为 $A_2^2 = 2 \times 1 = 2$。于是有

$$P(A) = \frac{3 \times 2}{5 \times 4} = \frac{3}{10}$$

$$P(B) = \frac{2 \times 1}{5 \times 4} = \frac{1}{10}$$

由式(1.2.3)和由式(1.2.4),有

$$P(C) = P(A \bigcup B) = P(A) + P(B) = \frac{3}{10} + \frac{1}{10} = \frac{2}{5}$$

$$P(D) = P(\bar{B}) = 1 - P(B) = 1 - \frac{1}{10} = \frac{9}{10}$$

例 1.2.3 某人外出旅游两天,据天气预报,第一天下雨的概率为 0.6,第二天下雨的概率为 0.3,两天都下雨的概率为 0.1。试求

(1)至少有一天下雨的概率;

(2)两天都不下雨的概率;

(3)至少有一天不下雨的概率。

解 设 A 表示"第一天下雨";

$\qquad$ B 表示"第二天下雨";

$\qquad$ AB 表示"两天都下雨",

则有 $\quad A \bigcup B$ 表示"至少有一天下雨";

$\qquad$ $\bar{A}\bar{B}$ 表示"两天都不下雨";

$\qquad$ $\bar{A} \bigcup \bar{B}$ 表示"至少有一天不下雨"。

(1)由式(1.2.5),有

$$P(A \bigcup B) = P(A) + P(B) - P(AB) = 0.6 + 0.3 - 0.1 = 0.8$$

(2)由德摩根律及式(1.2.4),有

$$P(\bar{A}\bar{B}) = P(\overline{A \bigcup B}) = 1 - P(A \bigcup B) = 1 - 0.8 = 0.2$$

(3)由德摩根律及式(1.2.4),有

$$P(\bar{A} \bigcup \bar{B}) = P(\overline{AB}) = 1 - P(AB) = 1 - 0.1 = 0.9$$

1.3 条件概率

1.3.1 条件概率

条件概率是概率论中一个重要而实用的概念。其所要考虑的是在事件 A 已经发生的条件下,事件 B 发生的概率,记为 $P(B \mid A)$。

例如,将一枚硬币抛掷两次,观察其出现正反面的情况。设事件 A 为"至少有一次为 H",事件 B 为"两次掷出同一面"。现求已知事件 A 已经发生的条件下事件 B 发生的概率。

样本空间为 $\Omega = \{HH, HT, TH, TT\}$,$A = \{HH, HT, TH\}$,$B = \{HH, TT\}$。易知,此题属于古典概型问题。已知事件 A 已发生,知道 TT 不可能发生,即知"事件 A 已经发生的条件下"的试验,其所有可能结果所成的集合就是 A。A 中共包含有 3 个元素,其中只有 $HH \in B$。于是,在事件 A 发生的条件下事件 B 发生的概率

$$P(B \mid A) = \frac{1}{3}$$

注意 $P(B) = 2/4 \neq P(B \mid A)$。这是很容易理解的,因为在求 $P(B \mid A)$ 时,是限制在"事件 A 已经发生"的条件下,也就是在将样本空间 Ω 缩减到 $A = \Omega'$ 的情况下,考虑事件 B 发生的概率。

另外,易知

$$P(A) = \frac{3}{4}, \quad P(AB) = \frac{1}{4}, \quad P(B \mid A) = \frac{1}{3} = \frac{1/4}{3/4}$$

故有

$$P(B \mid A) = \frac{P(AB)}{P(A)}$$

事实上,若设试验的基本事件总数为 n,A 所包含的基本事件数为 $m(m > 0)$,AB 所包含的基本事件数为 k,即有

$$P(B \mid A) = \frac{k}{m} = \frac{k/n}{m/n} = \frac{P(AB)}{P(A)}$$

定义 1.3.1 设 A、B 是两个事件,且 $P(A) > 0$,称

$$P(B \mid A) = \frac{P(AB)}{P(A)} \tag{1.3.1}$$

为在事件 A 发生的条件下事件 B 发生的**条件概率**(conditional probability)。

附 不难验证,条件概率 $P(\cdot \mid A)$ 满足概率定义中的三个条件:

(1)非负性:对任意事件 B, $P(B|A) \geqslant 0$;

(2)规范性: $P(\Omega|A) = 1$;

(3)可列可加性:设 $B_1, B_2, \cdots, B_n, \cdots$ 互不相容,有

$$P(\bigcup_{i=1}^{\infty} B_i | A) = \sum_{i=1}^{\infty} P(B_i | A)$$

例 1.3.1　一盒子装有 5 只产品,其中有 3 只一等品,2 只二等品。从中取产品两次,每次任取一只,作不放回抽样。试求第一次取到的是一等品条件下,第二次取到的也是一等品的概率。

解　设 $A = \{$第一次取到的是一等品$\}$;

　　　　　$B = \{$第二次取到的是一等品$\}$,

则有　$AB = \{$两次取到的都是一等品$\}$。

可采用两种方法求 $P(B|A)$。

第一种方法:定义法。由式(1.2.2),有

$$P(A) = \frac{3 \times 4}{5 \times 4} = \frac{3}{5}$$

$$P(AB) = \frac{3 \times 2}{5 \times 4} = \frac{3}{10}$$

由式(1.3.1),有

$$P(B|A) = \frac{P(AB)}{P(A)} = \frac{3/10}{3/5} = \frac{1}{2}$$

第二种方法:缩减样本空间法。当事件 A 发生后,试验的样本空间 Ω 缩减成样本空间 $A = \Omega'$。A 中包含 12 个基本事件,而其中只有 6 个基本事件属于 B,故有

$$P(B|A) = \frac{6}{12} = \frac{1}{2}$$

所以,条件概率的计算既可以在原来的样本空间 Ω 中分别考虑 $P(A)$ 和 $P(AB)$,然后利用条件概率的定义计算得到;也可以在由于事件 A 的发生而缩减的样本空间 Ω' 中直接计算事件 B 的概率。

条件概率的原理在医药学中的运用已日益广泛,常用来探讨各种条件或因素与疾病或疗效发生、发展间的关系。如,设条件为 A,疾病为 B,若 $P(B|A) \neq P(B)$,则表示条件 A 影响了疾病 B 发生的概率,即条件 A 与疾病 B 有关系;若 $P(B|A) = P(B)$,则表示条件 A 不影响疾病 B 发生的概率,即条件 A 与疾病 B 没有关系,或称疾病 B 对于条件 A 独立(见 1.3.3 的内容)。

1.3.2 乘法定理

由条件概率的定义,可以得到下面的定理。

乘法定理 设 A,B 为两个事件,若 $P(A) > 0$,则

$$P(AB) = P(A)P(B|A) \tag{1.3.2}$$

称式(1.3.2)为**概率乘法公式**。

例 1.3.2 一批产品的次品率为 4%,正品中一等品率为 75%。现从这批产品中任意取出一件,试求恰好取到一等品的概率。

解 设 $A = \{$产品为正品$\}$,$B = \{$产品为一等品$\}$,则有

$$P(A) = 0.96, P(B|A) = 0.75$$

根据式(1.3.2),有

$$P(B) = P(AB) = P(A)P(B|A) = 0.96 \times 0.75 = 0.72$$

附 乘法公式也可以推广到 n 个事件的情形。

对于事件 $A_1, A_2, \cdots, A_n$,若有 $P(A_1 A_2 \cdots A_n) > 0$,则

$$P(A_1 A_2 \cdots A_n) = P(A_1)P(A_2|A_1)(A_3|A_1 A_3) \cdots P(A_n|A_1 A_2 \cdots A_{n-1})$$

1.3.3 事件的独立性

在上一节中提到若 $P(B|A) = P(B)$,则表示条件 A 不影响疾病 B 发生的概率,即条件 A 与疾病 B 没有关系,或称疾病 B 对于条件 A 独立。一般地,两个随机事件 A 与 B,若事件 A 的发生与否对事件 B 的发生有影响,则有 $P(B) \neq P(B|A)$;若事件 A 的发生与否对事件 B 的发生没有影响,则有 $P(B) = P(B|A)$。乘法公式可写成:$P(AB) = P(A)P(B|A) = P(A)P(B)$。

定义 1.3.2 若两事件 A,B 满足

$$P(AB) = P(A)P(B) \tag{1.3.3}$$

则称事件 A 与事件 B **相互独立**,简称 A 与 B **独立**(independence)。

注意,不可能事件 $\varnothing$ 和必然事件 Ω 与任意事件 A 是相互独立的。

设事件 A 与 B 相互独立,则 A 与 $\bar{B}$,$\bar{A}$ 与 B,$\bar{A}$ 与 $\bar{B}$ 各对事件也相互独立。

例 1.3.3 在例 1.3.1 中,请思考(1)事件 A 与 B 是否独立?(2)将抽取方法改为放回抽样,事件 A 与 B 是否独立?

解 (1) $P(B) = \dfrac{4 \times 3}{5 \times 4} = \dfrac{3}{5}$,由例 1.3.1 知 $P(B|A) = \dfrac{1}{2}$,由于 $P(B) \neq P(B|A)$,故事件 A 与 B 不独立。

(2) $P(B) = \dfrac{5 \times 3}{5 \times 5} = \dfrac{3}{5}$，$P(B \mid A) = \dfrac{P(AB)}{P(A)} = \dfrac{\dfrac{3 \times 3}{5 \times 5}}{\dfrac{3 \times 5}{5 \times 5}} = \dfrac{3}{5}$

由于 $P(B) = P(B \mid A)$，故事件 A 与 B 独立。

例 1.3.4　根据表 1.3.1 考察色盲与耳聋两种疾病之间是否有联系。

表 1.3.1　耳聋与色盲的概率

耳聋	色盲		合计
	是(B)	非($\bar{B}$)	
是(A)	0.0004	0.0046	0.0050
非($\bar{A}$)	0.0796	0.9154	0.9950
合计	0.0800	0.9200	1.0000

解　由表 1.3.1 得到

$P(A) = 0.0050$，$P(B) = 0.0800$，$P(AB) = 0.0004$

$P(A)P(B) = 0.0050 \times 0.0800 = 0.0004 = P(AB)$

所以，可以认为耳聋与色盲是互相独立的两种疾病。

例 1.3.5　为研究某种方剂对风热外感证的疗效，随机选取 400 名患者，有的服药，有的不服药，经过一段时间后，有的有效，有的无效，结果见表 1.3.2，试判断此方剂治疗风热外感证是否有效。

表 1.3.2　某种方剂对风热外感证的治疗情况

	B（服药）	$\bar{B}$（未服药）	合计
A（有效）	127	190	317
$\bar{A}$（无效）	33	50	83
合计	160	240	400

解　如果事件 A（有效）与事件 B（服药）独立，就说明有效与服药无关，方剂未起作用。

$P(A) \approx 317/400 = 0.793$

$P(A \mid B) \approx 127/160 = 0.794$

可见 $P(A) \approx P(A \mid B)$，两者几乎相等，认为事件 A 与 B 相互独立，即该方剂对风热外感证没有确实疗效。

需要注意的是，从条件概率来讲，该方剂对风热外感证的有效率高达 0.794，效果似乎不错，但一经比较，发现无条件概率已高达 0.793，当然不能认为方剂确实有效,这说明判断一种医学方案的客观效果,往往不能只凭单方面的数据下结论,而应当进行必要的对照。

两个事件相互独立的含义是其中一个事件的发生,不影响另一个事件发生的概率。可以利用上面的定义判断两个事件是否独立,但在实际问题中,对于事件的独立性常常是根据实际意义来判断的。一般地,由实际情况分析,A、B 两事件之间没有关联或关联很微弱,那就认为它们是相互独立的。如,用 A、B 表示甲、乙两人患感冒,若甲、乙两人相距甚远,就认为 A、B 相互独立;若甲、乙两人同住一间房子,那就不能认为 A、B 相互独立了。

例 1.3.6 甲、乙两名射手独立地射击同一目标,他们击中目标的概率分别为 0.9 与 0.8,求在一次射击中(每人各射一次),目标被击中的概率。

解 设 $A = \{甲击中目标\}$,$B = \{乙击中目标\}$,$C = \{目标被击中\} = A \bigcup B$,则有

$$P(A) = 0.9, P(B) = 0.8$$

由于 A 与 B 相互独立,$P(AB) = P(A)P(B)$,有

$$P(A \bigcup B) = P(A) + P(B) - P(A)P(B) = 0.9 + 0.8 - 0.9 \times 0.8 = 0.98$$

附 n 个事件的独立性

定义 1 设 A、B、C 是 3 个事件,如果满足等式

$$P(AB) = P(A)P(B)$$
$$P(BC) = P(B)P(C)$$
$$P(AC) = P(A)P(C)$$
$$P(ABC) = P(A)P(B)P(C)$$

则称事件 A、B、C 相互独立。

一般,设 $A_1, A_2, \cdots, A_n (n \geqslant 2)$ 是 n 个事件,若其中任意 2 个,任意 3 个,$\cdots$,任意 n 个事件的积事件的概率,都等于各个事件概率的乘积,则称事件 $A_1, A_2, \cdots, A_n$ 相互独立。

也就是,若对于所有可能的组合 $2 \leqslant k \leqslant n, 2 < i_1 < i_2 < \cdots < i_k \leqslant n$,都有

$$P(A_{i_1} A_{i_2} \cdots A_{i_k}) = P(A_{i_1}) P(A_{i_2}) \cdots P(A_{i_k})$$

性质 1 若事件 $A_1, A_2, \cdots, A_n (n \geqslant 2)$ 相互独立,则其中任意 $2 \leqslant k \leqslant n$ 个事件也相互独立。

由独立性定义可直接推出。

性质 2 若 n 个事件 $A_1, A_2, \cdots, A_n (n \geqslant 2)$ 相互独立,则将 $A_1, A_2, \cdots, A_n$ 中任意 $m(1 \leqslant m \leqslant n)$ 个事件换成它们的对立事件,所得的 n 个事件仍相互独立。

定义 2 设 $A_1, A_2, \cdots, A_n$ 是 n 个事件,若其中任意两个事件之间均相互独

立,则称 $A_1,A_2,\cdots,A_n$ 两两独立。

相互独立与两两独立是两个不同的概念,注意二者的关系与区别。

利用事件的独立性,可以大大简化复杂事件的概率计算,尤其是计算相互独立事件至少发生其一的概率。

设 $A_1,A_2,\cdots,A_n$ 是 n 个独立事件,则 $A_1,A_2,\cdots,A_n$ 中至少有一个事件发生的概率,即 $A_1\bigcup A_2\bigcup \cdots \bigcup A_n$ 的概率为

$$P(A_1\bigcup A_2\bigcup \cdots \bigcup A_n)=1-P(\overline{A_1\bigcup A_2\bigcup \cdots \bigcup A_n})=1-P(\bar{A_1}\bar{A_2}\cdots\bar{A_n})$$
$$=1-P(\bar{A}_1)P(\bar{A}_2)\cdots P(\bar{A}_n)$$

例 1.3.7 在一次疾病普查中,已知每个人的血清中含有某种病毒的概率是 0.4%,且每个人是否有这种病毒是独立的。现把 20 人的血清进行混合,求混合后的血清中含有这种病毒的概率。

解 设 $A_i=\{$第 i 人的血清中含有病毒$\}$,$i=1,2,\cdots,20$;
$\qquad B=\{$混合后的血清中含有病毒$\}$,

则有 $B=A_1\bigcup A_2\bigcup \cdots \bigcup A_{20}$。

由于 A_i($i=1,2,\cdots,20$)相互独立,故

$$P(B)=P(A_1\bigcup A_2\bigcup \cdots \bigcup A_{20})=1-P(\bar{A}_1\bar{A}_2\cdots\bar{A}_{20})$$
$$=1-P(\bar{A}_1)P(\bar{A}_2)\cdots P(\bar{A}_{20})=1-0.996^{20}=0.0770$$

事件的独立性是概率论中一个非常重要的概念。概率论与统计学中的很多内容都是在独立的前提下讨论的。应该注意到,对于事件的独立性,往往不是根据定义来验证,而是根据实际意义来判断。

1.4 全概率公式及贝叶斯公式

全概率公式与贝叶斯公式是用来计算概率的重要公式。

定义 1.4.1 设 Ω 为试验 E 的样本空间,$A_1,A_2,\cdots,A_n$ 为 E 的一组事件,若
(1)$A_iA_j=\varnothing$($1\leqslant i<j\leqslant n$)
(2)$\bigcup\limits_{i=1}^{n}A_i=\Omega$
则称 $A_1,A_2,\cdots,A_n$ 为样本空间 Ω 的一个**划分**。

例如,事件 A 与 $\bar{A}$ 是 Ω 的一个划分;再如,任意试验的样本空间的所有基本事件是这个试验的一个划分。

全概率公式 设事件 $A_1,A_2,\cdots,A_n$ 为样本空间 Ω 的一个划分,$P(A_i)>0$($i=1,2,\cdots,n$),那么对于事件 $B\subset\Omega$,有

$$P(B) = \sum_{i=1}^{n} P(A_i)P(B \mid A_i) \tag{1.4.1}$$

称式(1.4.1)为**全概率公式**。

贝叶斯公式　设事件 $A_1, A_2, \cdots, A_n$ 为样本空间 Ω 的一个划分,且 $P(A_i) > 0(i = 1, 2, \cdots, n)$,那么对于事件 B,若 $P(B) > 0$,有

$$P(A_j \mid B) = \frac{P(A_j B)}{P(B)} = \frac{P(A_j)P(B \mid A_j)}{\sum_{i=1}^{n} P(A_i)P(B \mid A_i)}, j = 1, 2, \cdots, n \tag{1.4.2}$$

称式(1.4.2)为**贝叶斯公式**。

全概率公式通常用于将一个复杂事件的概率分解成若干个简单事件的概率之和,从而求出所需概率。其中,事件 A_i 常常看成导致事件 B 发生的原因。一般的,通常能在事件 B 发生之前得出其概率 $P(A_i)$,故称 $P(A_i)$ 为**先验概率**。

式(1.4.2)于1763年由贝叶斯(Bayes)给出。它是在观察到事件 B 已发生的条件下,寻找导致 B 发生的每个原因 A_i 的概率 $P(A_i \mid B)$,称其为**后验概率**,解决的是与全概率公式相反的问题,所以也称其为**逆概公式**。

例 1.4.1　若某地成年人中,肥胖者占 10%,中等者占 82%,瘦小者占 8%,且高血压的发病率分别是 $20\%, 10\%, 5\%$。

(1)求该地成人患高血压病的概率;

(2)若知某人患高血压病,他最可能属于哪种体型(保留三位小数)?

解　若以 A_1, A_2, A_3 分别表示"肥胖者""中等者""瘦小者",则 A_1, A_2, A_3 是样本空间 Ω 的一个划分。则有 $P(A_1) = 0.1, P(A_2) = 0.82, P(A_3) = 0.08$。以 B 表示"患高血压",则有 $P(B \mid A_1) = 0.2, P(B \mid A_2) = 0.1, P(B \mid A_3) = 0.05$。由全概率公式,成人患高血压病的概率为

$$P(B) = \sum_{i=1}^{3} P(A_i)P(B \mid A_i) = 0.1 \times 0.2 + 0.82 \times 0.1 + 0.08 \times 0.05 = 0.106$$

由贝叶斯公式,在已知患高血压病的情况下各体型的概率分别是

$$P(A_1 \mid B) = \frac{P(A_1)P(B \mid A_1)}{P(B)} = \frac{0.1 \times 0.2}{0.106} \approx 0.189$$

$$P(A_2 \mid B) = \frac{P(A_2)P(B \mid A_2)}{P(B)} = \frac{0.82 \times 0.1}{0.106} \approx 0.774$$

$$P(A_3 \mid B) = \frac{P(A_3)P(B \mid A_3)}{P(B)} = \frac{0.08 \times 0.05}{0.106} \approx 0.038$$

$P(A_2 \mid B)$ 最大,因此该患者最可能属于中等者。

例 1.4.2　根据以往的临床记录,某种诊断癌症的试验具有如下的效果:患者的试验反应是阳性的概率为 0.95,正常人的试验反应是阴性的概率为 0.95。现

在对自然人群进行普查,设被试验的人患有癌症的概率为 0.005,试求在阳性情况下患癌症的概率。

解　以 A 表示事件"试验反应为阳性",以 B 表示事件"被诊断者患有癌症"。B 与 $\bar{B}$ 是样本空间 Ω 的一个划分,且有

$$P(B)=0.005, P(A \mid B)=0.95, P(\bar{A} \mid \bar{B})=0.95$$

$$P(A \mid \bar{B})=1-P(\bar{A} \mid \bar{B})=1-0.95=0.05$$

$$P(\bar{B})=1-P(B)=1-0.005=0.995$$

$$P(B \mid A)=\frac{P(AB)}{P(A)}=\frac{P(B)P(A \mid B)}{P(B)P(A \mid B)+P(\bar{B})P(A \mid \bar{B})}$$

$$=\frac{0.005 \times 0.95}{0.005 \times 0.95+0.995 \times 0.05}=0.087$$

此例表明,这种试验对于癌症普查是很有意义的,也就是说,对于诊断一个人是否患有癌症是有意义的。如果不做试验,抽查一人是患者的概率仅为 $P(B)=0.005$,若试验后有阳性反应,此人是患者的概率为 $P(B \mid A)=0.087$,比不做试验将近增加约 16 倍。另外,检出阳性不一定患有癌症。在试验反应阳性的人中大约有 8.7% 人患有癌症。即使检查出阳性,尚可不必过早下结论患癌症,因为这种可能性仅为 8.7%,此时还需采用其他方法才能做出正确的诊断。同时,一定要注意 $P(A \mid B)$ 与 $P(B \mid A)$ 的区别,不要混淆,否则会导致不良结果。

阅读材料

偶然中的必然

大千世界,所遇到的现象不外乎两类。一类是确定现象,另一类是随机发生的不确定现象。这类不确定现象叫作随机现象。如在标准大气压下,水加热到 100℃ 时沸腾,是确定会发生的现象。用石蛋孵出小鸡,是确定不可能发生的现象。而人类家庭的生男育女,适当条件下种子发芽等,则是随机现象。

从表面上看,随机现象的每一次观察结果都是偶然的,但多次观察某个随机现象,立即可以发现:在大量的偶然之中存在着必然的规律。

比如一枚均匀的钱币掷到桌上,出现正面还是反面预先是无法断定的。若我们掷的钱币不止一枚,或掷的次数不止一次,那么出现正、反面的情况又将如何呢?从历史上几位名人的投掷钱币的试验记录容易看出,投掷的次数越多,频率越接近于 0.5。为什么会有这样的规律呢?第一个科学地提示其中奥秘的,是世

界数学史上著名的伯努利家族的雅各布·伯努利(jacob Bemoulli,1654－1705)。他的名著《推测术》是概率论中的一个丰碑。书中证明了极有意义的大数定律。这个定律使伯努利的姓氏永载史册。大数定律说的是:当试验次数很大时,随机事件 A 出现的频率,稳定地在某个数值 P 附近摆动。这个稳定值 P,叫作随机事件 A 的概率。频率的稳定性可以从人类生育的统计中得到生动的例证。一般人或许会认为,生男生女的可能性是相等的,因而推测男婴和女婴出生数的比应当是 1∶1,可事实并非如此。

公元 1814 年,法国著名的数学家拉普拉斯(Laplace 1749－1827)在他的新作《概率的哲学探讨》一书中,记载了以下有趣的统计。他根据伦敦、彼得堡、柏林和全法国的统计资料,得出几乎完全一致的男婴出生数与女婴出生数的比值为22∶21,即在全体出生婴儿中,男婴占 51.2％,女婴占 48.8％。我国的几次人口普查统计表明,男、女婴出生数的比也是 22∶21。为什么男婴出生率要比女婴出生率高一些呢? 原来人类体细胞中含有 46 段染色体。这 46 段染色体都是成对存在的,分为两套,每套中位置相同的染色体,具有相同的功能,共同控制人体的一种性状。第 23 对染色体是专司性别的,这一对因男女而异:女性这一对都是 X 染色体。男性一条是 X 染色体,一条 Y 染色体。由于性细胞的染色体都只有单套,所以男性的精子有两种,一种含 X,一种含 Y,而女性的卵子,则全部含 X。生男生女取决于 X 和 Y 两种精子同卵子结合。如果带 Y 染色体的精子同卵子结合,则生男;如果是带 X 染色体的精子同卵子结合,则生女。大概是由于含 X 染色体的精子与含 Y 染色体的精子之间存在某种差异,这使得它们进入卵子的机会不尽相同,从而造成男婴和女婴出生率的不相等。

以上事实表明:在纷纭的偶然现象背后,隐藏着必然的规律。"频率的稳定性"就是这种偶然中的一种必然。

习题 1

1. 写出下列随机试验的样本空间及下列事件中的样本点:

(1)将一颗骰子掷两次,记录出现的点数。事件 $A=\{$两次点数之和为 10$\}$,事件 $B=\{$第一次的点数比第二次的点数大 2$\}$;

(2)一个口袋中有 5 只外形完全相同的球,编号分别为 1,2,3,4,5;从中同时取出 2 只球,观察其结果。事件 $A=\{$球的最小号码为 1$\}$;

(3)记录在一段时间内,通过某桥的汽车流量。事件 $A=\{$通过汽车不足 5台$\}$,事件 $B=\{$通过的汽车不少于 3 台$\}$。

2. 对立与互不相容有何异同? 试举例说明。

3. 对三人做舌诊算一次试验。设 $A=\{3$ 人正常$\}$、$B=\{$至少 1 人不正常$\}$、C $=\{$只有 1 人正常$\}$、$D=\{$只有 1 人不正常$\}$。分析这四个事件中的互斥事件、对立事件，描述事件 $A+D$、BD 各表示什么意思？

4. 在 100 支针剂中有 10 支次品，任取 5 支，求全是次品的概率及有 2 支次品的概率。

5. 药房有包装相同的六味地黄丸 100 盒，其中 5 盒为去年产品、95 盒为今年产品。随机取出 4 盒，求有 1 盒或 2 盒陈药的概率，再求有陈药的概率。

6. 一商店出售的某型号的产品是甲、乙、丙三家工厂生产的，其中乙厂产品占总数的 50％，另两家工厂各占 25％，已知甲、乙、丙各厂的合格率分别为 0.9、0.8、0.7。试求随意取出的产品是合格品的概率。

7. 有三只盒子，在甲盒中装有 2 枝红芯圆珠笔、4 枝蓝芯圆珠笔，乙盒中装有 4 枝红的、2 枝蓝的，丙盒中装有 3 枝红的、3 枝蓝的。今从其中任取一枝。设得到三只盒子中取物的机会相同，它是红芯圆珠笔的概率为多少？又若已知取得的是红的，它是从甲盒中取出的概率为多少？

8. 已知某人群某病的患病率为 6‰。现采用一种新的方法作为诊断工具，在已确诊的病例组中 94％被诊断为阳性，而非病例组中 1.5％被诊断为阳性。试分别计算新方法诊断阳性时实际患该疾病的概率和新方法诊断阴性时实际未患该疾病的概率。分析(1)这种试验对于诊断一个人是否患此病有无意义？（2）诊断为阳性是否一定患有此病？

9. 据美国的一份资料报道，在美国总的来说患肺癌的概率约为 0.1％，在人群中有 20％是吸烟者，他们患肺癌的概率约为 0.4％，求不吸者患肺癌的概率是多少？

10. 若干人独立地向一游动目标射击，每人击中目标的概率都是 0.6。求：至少需要多少人，才能以 0.99 以上的概率击中目标？

第 2 章　随机变量及其分布

2.1　随机变量

在第 1 章研究的随机试验中,有些试验结果本身与数值有关(即本身就是一个数),如:E_2、E_3;有些试验结果看来与数值无关,如:E_1、E_4,但可以引进一个变量来表示它的各种结果,也就是说,把试验结果数值化。

例 2.1.1　掷一枚硬币,观察正面 H、反面 T 出现的情况。

解　样本空间 $\Omega = \{H, T\}$。用 X 表示正面 H 出现的次数,对于样本空间 Ω 上的每一个样本点 ω,X 都有一个实数与之对应,即 X 是定义在样本空间 Ω 的一个实值单值函数,它的定义域是样本空间 Ω,值域是实数集合 $\{0,1\}$,使用函数记号可将 X 写成

$$X = X(\omega) = \begin{cases} 0, & \omega = T \\ 1, & \omega = H \end{cases}$$

例 2.1.2　现有编号为 1、2、3 的三件产品,其中 1 号为次品,其他为合格品,现从中有放回抽取两件,观察取到次品的情况。

解　样本空间 $\Omega = \{(1,1),(1,2),(1,3),(2,1),(2,2),(2,3),(3,1),(3,2),(3,3)\}$。

用 X 表示取到次品的个数对于样本空间 Ω 上的每一个样本点 ω,X 都有一个实数与之对应,即 X 是定义在样本空间 Ω 的一个实值单值函数,它的定义域是样本空间 Ω,值域是实数集合 $\{0,1,2\}$,使用函数记号可将 X 写成

$$X = X(\omega) = \begin{cases} 0, & \omega = (2,2),(2,3),(3,3),(3,2) \\ 1, & \omega = (1,2),(2,1),(1,3),(3,1) \\ 2, & \omega = (1,1) \end{cases}$$

定义 2.1.1　设随机试验的样本空间为 Ω,$X = X(\omega)$ 是定义在样本空间 Ω 上的实值单值函数,则称 $X = X(\omega)$ 为**随机变量**。

对那些结果本身可以用数表示的随机试验,即样本点 ω 本身是个数。可以令 $X = X(\omega) = \omega$,那么 X 就是一个随机变量。比如,掷一颗均匀的骰子,用 X 表示"出现的点数",X 的可能取值为 1,2,3,4,5,6,则 X 可写成 $X = X(\omega) = \omega$($\omega = 1$,

$2,\cdots,6)_{\circ}$

通常用大写字母 $X,Y,Z,\cdots$，或希腊字母 ξ,η 等表示随机变量，而表示随机变量所取的值时，一般采用小写字母 $x,y,z,\cdots$。

有了随机变量，随机试验中的各种事件，就可以通过随机变量的关系式表达出来。如：单位时间内某电话交换台收到的呼叫次数用 X 表示，它是一个随机变量。事件{收到不少于 1 次呼叫}可表示成$\{X\geqslant 1\}$；{没有收到呼叫}可表示成$\{X=0\}$。

随机变量概念的产生是概率论发展史上的重大事件。引入随机变量后，对随机现象统计规律的研究，就由对事件及事件概率的研究扩大为对随机变量及其取值规律的研究，进而可用数学分析方法对随机试验的结果进行广泛深入的研究和讨论。

随机变量通常分为两类：离散型随机变量和连续型随机变量。离散型随机变量所有取值可以逐个一一列举，如"取到次品的个数""收到的呼叫数"等。连续型随机变量的取值不能一一列举，且充满一个区间。例如"电视机的寿命"，实际中常遇到的"测量误差"等。

2.2　离散型随机变量及其分布

2.2.1　离散型随机变量及其分布

设 X 是一个离散型随机变量，它可能取的值是 $x_1,x_2,\cdots,x_n,\cdots$。为了描述随机变量 X，不仅需要知道随机变量 X 的取值，而且还应知道 X 取每个值的概率。

定义 2.2.1　设 X 为离散型随机变量，其所有可能取值为 $x_1,x_2,\cdots,x_n,\cdots$，则称随机变量 X 取 x_k 的概率

$$P\{X=x_k\}=p_k,k=1,2,\cdots,n,\cdots$$

为随机变量 X 的**概率分布**，也称为**分布律**（或**分布列**）。

离散型随机变量 X 的分布律也可用如下形式表示：

X	x_1	x_2	$\cdots$	x_n	$\cdots$
P	p_1	p_2	$\cdots$	p_n	$\cdots$

或　$\begin{pmatrix} x_1 & x_2 & \cdots & x_n & \cdots \\ p_1 & p_2 & \cdots & p_n & \cdots \end{pmatrix}$

根据概率的定义，离散型随机变量的分布律具有如下两条基本性质：

（1）$p_k > 0(k=1,2,3,\cdots,n,\cdots)$

(2) $\sum\limits_{k=1}^{\infty} p_k = 1$

附 $\sum\limits_{k=1}^{\infty} p_k = 1$ 的证明。

由于 $\{X = x_1\} \bigcup \{X = x_2\} \bigcup \cdots$ 是必然事件,且 $\{X = x_i\} \bigcap \{X = x_j\} = \varnothing (i \neq j; i, j = 1, 2, 3, \cdots)$,根据概率的公理化定义,有 $P\{\bigcup\limits_{k=1}^{\infty} \{X = x_k\}\} = \sum\limits_{i=1}^{\infty} P\{X = x_k\}$,即 $\sum\limits_{k=1}^{\infty} p_k = 1$。

例 2.2.1 从装有 3 个白球 2 个红球的袋中,有放回的抽取两个球。那么取到的白球数 X 是一个随机变量,求 X 的分布律。

解 X 可能取值为 $0, 1, 2$,取每个值的概率分别为

$$P\{X = 0\} = \frac{2 \times 2}{5 \times 5} = \frac{4}{25}$$

$$P\{X = 1\} = \frac{3 \times 2 + 2 \times 3}{5 \times 5} = \frac{12}{25}$$

$$P\{X = 2\} = \frac{3 \times 3}{5 \times 5} = \frac{9}{25}$$

例 2.2.2 接连进行两次独立射击,设每次击中目标的概率为 0.4。以 X 表示击中目标的次数,求 X 的分布律。

解 X 可能取值为 $0, 1, 2$,

$P\{X = 0\} = (1 - 0.4) \times (1 - 0.4) = 0.36$

$P\{X = 1\} = 0.4 \times (1 - 0.4) + (1 - 0.4) \times 0.4 = 0.48$

$P\{X = 2\} = 0.4 \times 0.4 = 0.16$

可以写成表格形式:

X	0	1	2
P	0.36	0.48	0.16

2.2.2 常见离散型随机变量及其分布

1. (0—1)分布

设随机变量 X 只可能取两个值 0 和 1,它的分布律是

$$P\{X = k\} = p^k (1 - p)^{1-k}, k = 0, 1; 0 < p < 1$$

则称 X 服从**(0—1)分布**或**两点分布**。其分布律也可写成

X	0	1
P	$1 - p$	p

对于一个随机试验,如果它的样本空间只包含两个元素,即 $\Omega = \{\omega_1, \omega_2\}$,则总能在 Ω 上定义一个服从(0-1)分布的随机变量

$$X = X(\omega) = \begin{cases} 0, & \text{当 } \omega = \omega_1 \text{ 时} \\ 1, & \text{当 } \omega = \omega_2 \text{ 时} \end{cases}$$

来描述这个随机试验的结果。例如,检查产品的质量是否合格;登记新生儿的性别;观察一种新药治疗某种疾病是否有效;某个单味药是否具有某种药性等都可以用(0-1)分布的随机变量来描述。

2. 二项分布

(1)伯努利试验

在医药研究中的许多试验,常常考虑两个可能结果,比如,药物的有效和无效,生化指标的阴性和阳性等。设试验 E 只有两个可能结果:A 和 $\bar{A}$,则称 E 为**伯努利**(Bernoulli)**试验**。为了探究试验结果的规律性,将 E 独立重复地进行 n 次,则称为 n **重伯努利试验**。这里"重复"指的是每次试验的条件都保持不变;"独立"是指各次试验的结果互不影响。

显然,n 重伯努利试验具有如下共同特征:

① n 次重复独立试验;

②每次试验只有两个对立的可能结果 A 和 $\bar{A}$;

③ 每次试验 A 发生的概率都是 p,即 $P(A) = p(0 < p < 1)$,则 $P(\bar{A}) = 1-p$。

n 重伯努利试验是一种很重要的数学模型,它是研究最多的模型之一,有着广泛的应用。

(2)二项分布

设 X 为 n 重伯努利试验中事件 A 发生的次数,则 X 可以取 $k = 0,1,2,\cdots,n$。若设 $P(A) = p$,则 X 的分布律为

$$P\{X = k\} = C_n^k p^k (1-p)^{n-k}, \quad k = 0,1,2,\cdots,n$$

注意到上述 $C_n^k p^k (1-p)^{n-k}$ 的形式恰为 $[p + (1-p)]^n$ 二项展开式中 p^k 的那一项,所以称上述分布律确定的分布为二项分布。

附 X 为 n 重伯努利试验中事件 A 发生的次数,求 X 的分布律。

X 可能取 $k = 0,1,2,\cdots,n$,$\{X = k\}$ 表示事件 A 在 n 重伯努利试验中发生 k 次。由于各次试验是相互独立的,因此事件 A 在指定的 $k(0 \leqslant k \leqslant n)$ 次试验中发生,在其他 $n-k$ 次试验不发生的概率(假如在前 k 次试验中 A 发生,而后 $n-k$ 次试验中 A 不发生)为

$$\underbrace{p \cdot p \cdot \cdots p}_{k} \cdot \underbrace{(1-p) \cdot (1-p) \cdot \cdots \cdot (1-p)}_{n-k} = p^k (1-p)^{n-k}$$

这种指定的方式共有 C_n^k 种,它们是两两互不相容的,所以在 n 次试验中 A 发生 k 次的概率为 $C_n^k p^k (1-p)^{n-k}$,即

$$P\{X=k\}=C_n^k p^k (1-p)^{n-k}, \quad k=0,1,2,\cdots,n$$

显然满足

$$P\{X=k\} \geqslant 0, \quad k=0,1,2,\cdots,n$$

$$\sum_{k=0}^n P\{X=k\}=\sum_{k=0}^n C_n^k p^k (1-p)^{n-k}=[p+(1-p)]^n=1$$

定义 2.2.2 若离散型随机变量 X 的分布律为

$$P\{X=k\}=C_n^k p^k (1-p)^{n-k}, k=0,1,2,\cdots,n$$

其中,$0<p<1$,n 为正整数,则称 X 服从参数为 n 与 p 的**二项分布**,记作 $X \sim B(n,p)$。

特别地,当 $n=1$ 时,X 的分布律为

$$P\{X=k\}=p^k (1-p)^{1-k}, k=0,1$$

就是 $(0-1)$ 分布,所以 $(0-1)$ 分布也可表示成 $B(1,p)$。

例 2.2.3 设生男孩的概率为 p,令 X 表示随机抽查出生的 4 个婴儿中"男孩"的个数。求 X 的概率分布。

解 这是 4 重伯努利试验,$X \sim B(4,p)$,故

$$P\{X=k\}=C_4^k p^k (1-p)^{4-k}, \quad k=0,1,2,3,4$$

例 2.2.4 将一枚均匀骰子抛掷 3 次,令 X 表示 3 次中出现"4"点的次数,求 X 的概率分布。

解 这是 3 重伯努利试验,$X \sim B\left(3,\dfrac{1}{6}\right)$,故

$$P\{X=k\}=C_3^k \left(\frac{1}{6}\right)^k \left(\frac{5}{6}\right)^{3-k}, k=0,1,2,3$$

例 2.2.5 按规定,某种型号电子元件的使用寿命超过 1500 小时的为一级品。已知某一大批产品的一级品率为 0.2,现在从中随机地抽查 20 只。问 20 只元件中恰有 k 只($k=0,1,\cdots,20$)为一级品的概率是多少?

分析 这是不放回抽样,但由于抽样的元件数很大,且抽查的元件的数量相对元件总数来说又很小,因而不放回抽样可近似看作放回抽样,这样做会有误差但误差不大(见附:超几何分布)。将检查一只元件看作是一次试验,检查 20 只元件相当于做 20 重伯努利试验。

解 设 X 为 20 只元件中一级品的只数,则 $X \sim B(20,0.2)$,故

$$P\{X=k\}=C_{20}^k 0.2^k 0.8^{20-k}, \quad k=0,1,2,\cdots,20$$

附 为了进一步了解二项分布,介绍有关二项分布概率的其他性质。

设 $X \sim B(n,p)$，则对任意正整数 k，

$$\frac{P\{X=k\}}{P\{X=k-1\}} = \frac{C_n^k p^k (1-p)^{n-k}}{C_n^{k-1} p^{k-1} (1-p)^{n-k+1}} = \frac{(n-k+1)p}{k(1-p)}$$

$$= 1 + \frac{(n+1)p-k}{k(1-p)}$$

所以，

当 $k < (n+1)p$ 时，$P\{X=k\} > P\{X=k-1\}$；

当 $k > (n+1)p$ 时，$P\{X=k\} < P\{X=k-1\}$。

从而，$P\{X=k\}$ 必在某个 k 达到最大值。由于 k 取正整数，所以，

如果 $m=(n+1)p$ 为整数，则 $P\{X=m\}=P\{X=m-1\}$ 同为最大值；

如果 $(n+1)p$ 不为整数，则 $P\{X=k\}$ 在 $k=[(n+1)p]$ 处取最大值。其中，$[x]$ 表示不超过正数 x 的最大整数。

在例 2.2.5 中，$(n+1)p=(20+1)\times 0.2=4.2$，所以 $k=4$ 时，$P\{X=k\}$ 达到最大。一般地，对于固定的 n 及 p，二项分布 $B(n,p)$ 都具有此性质。

例 2.2.6 在化学毒性的生物鉴定中，给 10 只同种属、同性别且体重相近的小鼠注射规定剂量的某种化学制品。假定该化学制品对小鼠的致死率为 0.30。试分别计算这 10 只小鼠中有 2 只、3 只死亡的概率。

解 设 X 为 10 只小鼠中死亡的只数，则 $X \sim B(10,0.30)$，故

$$P\{X=k\}=C_{10}^k 0.30^k 0.70^{10-k}, \quad k=0,1,2,\cdots,10$$

则有

$$P\{X=2\}=C_{10}^2 \times 0.30^2 \times 0.70^8 = 0.2335$$

$$P\{X=3\}=C_{10}^3 \times 0.30^3 \times 0.70^7 = 0.2668$$

例 2.2.7 某人进行射击，设每次射击的命中率为 0.02，独立射击 400 次，试求至少击中两次的概率。

解 将每次射击看成一次试验。设击中的次数为 X，则 $X \sim B(400,0.02)$，X 的分布律为

$$P\{X=k\}=C_{400}^k 0.02^k 0.98^{400-k}, \quad k=0,1,2,\cdots,400$$

所求概率为

$$P\{X \geqslant 2\} = 1 - P\{X=0\} - P\{X=1\}$$

$$= 1 - 0.98^{400} - 400 \times 0.02 \times 0.98^{399} = 0.9972$$

这个结果很接近于 1，其实际意义：(1)一个事件在一次试验中发生的概率很小，但只要试验次数很多，且试验是相互独立地进行，那么这一事件发生的可能性就会很大，说明不能轻视小概率事件。(2)如果射手在 400 次射击中，射中目标的次数不到两次，由于 $P\{X<2\} \approx 0.003$ 很小，根据小概率原理，将怀疑"每次射击

命中率为 0.02"这一假设,即认为该射手的命中率达不到 0.02。

附 利用一次试验结果的概率进行决策。

这是一种最简单的决策,即两种判断中选择一种。依据的统计学原理是,在一次试验中小概率事件发生的可能性很小,可视为不会发生。如果在某一判断的假定下的试验结果是小概率事件,则拒绝该假定的判断,而接受与该假定对立的另一个判断的假定。

例(续例 2.2.6) 现进行一次试验,仍然用 10 只小鼠,在给小鼠注射规定剂量的化学制品后用药物进行救治,试验结果小鼠无一死亡,试问药物救治是否有效,即是否降低了致死率?

解 小鼠死亡数 X 服从二项分布。假设致死率仍为 0.30,即假设该药物救治无效,有

$$P\{X=0\}=C_{10}^0 \times 0.30^0 \times 0.70^{10}=0.028$$

由于这个概率值很小,也就是说,如果"致死率仍为 0.30,即该药物救治无效"的假设成立,这样的试验结果几乎是不会发生的,根据小概率原理,有理由拒绝这个假设,换句话说,该药物救治有效,致死率降低了。

3. 泊松分布

泊松(Poisson)分布是由法国数学家泊松(Poisson S.,1781－1840)首先提出的。

定义 2.2.3 若离散型随机变量 X 的分布律为

$$P\{X=k\}=\frac{\lambda^k e^{-\lambda}}{k!},k=0,1,2,3,\cdots$$

其中 $\lambda > 0$,则称 X 服从参数为 λ 的**泊松分布**,记作 $X \sim P(\lambda)$。

容易验证泊松分布满足离散型随机变量分布律的性质。

泊松分布可看作是二项分布的一种极限情况,即在 p 很小,而样本容量 n 趋向于无穷大时,二项分布近似服从泊松分布。在实际运用时,对于二项分布 $B(n,p)$,当 n 很大,而 p 很小时,一般 $n \geq 20$,$p \leq 0.05$,则

$$P\{X=k\}=C_n^k p^k (1-p)^{n-k} \approx \frac{\lambda^k e^{-\lambda}}{k!}, \quad k=0,1,2,3,\cdots$$

其中 $\lambda = np$。

泊松分布有着极为广泛的应用,并已发展成为描述稀有事件的一种重要分布。可用来分析医学上诸如人群中遗传缺陷、癌症等非传染病的发病程度。也可以用于研究单位时间(或空间、容积)内某罕见事件发生次数的分布,如分析单位面积或容积内细菌数,单位空间内粉尘颗粒数等的分布,单位时间内某放射性物质放射出的粒子数等的分布。

例 2.2.8 某文章报道,在 200 个人中就有 1 个人带有遗传克隆癌症的基因。问在 800 个人中至少有 8 人带有这种基因的概率是多少?

解 设 800 个人带有这种基因的人数为 X,则 $X \sim B(800, 1/200)$。由于 $n = 800$ 很大,1 很小,$np = 4$,由泊松定理知

$$P\{X \geqslant 8\} = 1 - \sum_{k=0}^{7} P\{X = k\} = 1 - \sum_{k=0}^{7} C_{800}^{k} \left(\frac{1}{200}\right)^{k} \left(1 - \frac{1}{200}\right)^{800-k}$$

$$\approx 1 - \sum_{k=0}^{7} \frac{4^{k}}{k!} e^{-4} = 1 - 0.949 = 0.051$$

附 超几何分布

超几何分布来自第 1 章介绍的不放回取样。设有 N 个产品,其中有 $M(M \leqslant N)$ 个不合格,若从中不放回地随机抽取 $n(n \leqslant N)$ 个,设其中的不合格品的个数为 X,则 X 可取值 $0, 1, 2, \cdots, \min\{n, M\}$,且

$$P\{X = k\} = \frac{C_M^k C_{N-M}^{n-k}}{C_N^n}, k = 0, 1, 2, \cdots, \min\{n, M\}$$

易证

$$\sum_{k=0}^{\min\{n,M\}} \frac{C_M^k C_{N-M}^{n-k}}{C_N^n} = 1$$

定义 若离散型随机变量 X 的分布列为

$$P\{X = k\} = \frac{C_M^k C_{N-M}^{n-k}}{C_N^n}, \quad k = 0, 1, 2, \cdots, \min\{n, M\}$$

其中,n, M, N 均为正整数,$M \leqslant N, n \leqslant N$,则称 X 服从参数为 n, M, N 的超几何分布,记为 $X \sim H(n, M, N)$。

由上述讨论可知,在一堆产品中不放回的随机抽取,其中取出的不合格品的个数服从超几何分布。那么,不放回抽取与放回抽取有怎样的联系呢?从下面定理可以看出两者关系。

定理 设在超几何分布 $H(n, M, N)$ 中,M 是 N 的函数,且

$$\lim_{N \to +\infty} = \frac{M}{N} = p(0 < p < 1)$$

则对任意整数 $k = 0, 1, 2, \cdots, n$

$$\lim_{N \to +\infty} \frac{C_M^k C_{N-M}^{n-k}}{C_N^n} = C_n^k p^k (1-p)^{n-k}$$

此定理说明,当 N 充分大时,超几何分布可用二项分布近似代替。前面已经知道超几何分布是用来描述不放回抽样问题,而二项分布是用来描述放回抽样问题,这是两种不同抽样。但当 N 很大时,这两种抽样差别不大。一般在实践中,若

N 远大于 n 时,超几何分布 $H(n,M,N)$ 可以近似用二项分布 $B(n,M/N)$ 来计算概率。

2.3 随机变量的分布函数

对于非离散型随机变量 X,由于其可能取值不能一一列举出来,因而就不能像离散型随机变量那样来描述它。在实际中,对于这样的随机变量,人们关心的不是取某个特定数值时的概率,而是对这个随机变量在某一区间内的概率感兴趣。因而,研究连续性随机变量所取的值都是考虑落在一个区间 $(x_1,x_2]$ 上的概率,即 $P\{x_1 < X \leqslant x_2\}$。因为

$$P\{x_1 < X \leqslant x_2\} = P\{X \leqslant x_2\} - P\{X \leqslant x_1\}$$

所以,只需知道 $P\{X \leqslant x_2\}$ 和 $P\{X \leqslant x_1\}$ 即可。

定义 2.3.1 设 X 为一随机变量,对任意实数 x,称函数

$$F(x) = P\{X \leqslant x\}$$ 为 X 的**分布函数**。

对于任意实数 $x_1,x_2(x_1 < x_2)$,有

$$P\{x_1 < X \leqslant x_2\} = P\{X \leqslant x_2\} - P\{X \leqslant x_1\} = F(x_2) - F(x_1)$$

因此,若已知 X 的分布函数,就知道 X 落在任一区间 $(x_1,x_2]$ 上的概率,从这个意义上说,分布函数完整地描述了随机变量的统计规律性。

如果将随机变量 X 看成是数轴上的随机点的坐标,那么 $F(x)$ 在 x 处的函数值表示 X 在区间 $(-\infty,x]$ 上的概率,是一个累加概率。

分布函数 $F(x)$ 具有以下基本性质:

(1) $F(x)$ 是一个不减函数:若 $x_1 < x_2$, 有 $F(x_1) \leqslant F(x_2)$;

(2) 对任意实数 x, 有 $0 \leqslant F(x) \leqslant 1$, 且

$$F(-\infty) = \lim_{x \to -\infty} F(x) = 0, \quad F(+\infty) = \lim_{x \to +\infty} F(x) = 1$$

(3) $F(x+0) = F(x)$, 即 $F(x)$ 对自变量 x 右连续。

一般地,设离散型随机变量 X 的分布律为:

$$P\{X = x_k\} = p_k, k = 1,2,3\cdots$$

由概率的可列可加性得 X 的分布函数为

$$F(x) = P\{X \leqslant x\} = \sum_{x_k \leqslant x} P\{X = x_k\}$$

即

$$F(x) = \sum_{x_k \leqslant x} p_k$$

附 例 设离散型随机变量 X 的分布律为

X	-1	2	3
p_k	$\dfrac{1}{4}$	$\dfrac{1}{2}$	$\dfrac{1}{4}$

求 X 的分布函数, 并求 $P\left\{X\leqslant\dfrac{1}{2}\right\}$, $P\left\{\dfrac{3}{2}<X\leqslant\dfrac{5}{2}\right\}$, $P\{2\leqslant X\leqslant 3\}$。

解　X 仅在 $x=-1,2,3$ 三点处取值, 而 $F(x)$ 的值是 $X\leqslant x$ 的累积概率值, 由概率的有限可加性, 知 $P\{X\leqslant x\}$ 为小于或等于 x 的那些取值的概率之和, 所求分布函数为

$$F(x)=\begin{cases}0, & x<-1\\ P\{X=-1\}, & -1\leqslant x<2\\ P\{X=-1\}+P\{X=2\}, & 2\leqslant x<3\\ 1, & x\geqslant 3\end{cases}$$

即

$$F(x)=\begin{cases}0, & x<-1\\ \dfrac{1}{4}, & -1\leqslant x<2\\ \dfrac{3}{4}, & 2\leqslant x<3\\ 1, & x\geqslant 3\end{cases}$$

因此

$$P\left\{X\leqslant\dfrac{1}{2}\right\}=F\left(\dfrac{1}{2}\right)=\dfrac{1}{4}$$

$$P\left\{\dfrac{3}{2}<X\leqslant\dfrac{5}{2}\right\}=F\left(\dfrac{5}{2}\right)-F\left(\dfrac{3}{2}\right)=\dfrac{1}{2}$$

$$P\{2\leqslant X\leqslant 3\}=F(3)-F(2)+P\{X=2\}=1-\dfrac{3}{4}+\dfrac{1}{2}=\dfrac{3}{4}$$

2.4　连续型随机变量及其分布

2.4.1　连续型随机变量及其分布

定义 2.4.1　设随机变量 X 的分布函数为 $F(x)$, 如果存在一个非负函数 $f(x)$, 使得对任意实数 x, 有

$$F(x)=\int_{-\infty}^{x}f(t)\mathrm{d}t \tag{2.4.1}$$

则称 X 为连续型随机变量,且称 $f(x)$ 为 X 的**概率密度函数**,简称**概率密度**。

由定义知,连续型随机变量的概率密度具有以下性质:

(1) 对任意实数 x,有 $f(x) \geqslant 0$;

(2) $\int_{-\infty}^{+\infty} f(x)\mathrm{d}x = 1$

(3) 对于任意实数 $x_1, x_2 (x_1 < x_2)$,有

$$P\{x_1 < X \leqslant x_2\} = F(x_2) - F(x_1) = \int_{x_1}^{x_2} f(x)\mathrm{d}x$$

由性质(2)可知,曲线 $y = f(x)$ 与 x 轴之间的面积等于 1。由性质(3)可知 X 落在区间 (x_1, x_2) 的概率 $P\{x_1 < X \leqslant x_2\}$ 等于曲线 $y = f(x)$ 在区间 $[x_1, x_2]$ 上曲边梯形的面积。

需要指出的是,连续型随机变量 X 取任一指定实数 a 的概率为零,即

$$P\{X = a\} = 0$$

从而在计算连续型随机变量 X 落在某一区间的概率时,可以不必分开区间或闭区间或半开半闭区间,例如

$$P\{a < X \leqslant b\} = P\{a < X < b\} = P\{a \leqslant X \leqslant b\}$$

在这里,有 $P\{X = a\} = 0$,但事件 $\{X = a\}$ 并非不可能事件。也就是说,若事件 A 为不可能事件,则有 $P(A) = 0$;反之,若 $P(A) = 0$,则 A 不一定为不可能事件。

附 性质(4) 若 X 在点 x 处连续,则有 $F'(x) = f(x)$。

由性质(4)可知,在 $f(x)$ 的连续点处有

$$f(x) = \lim_{\Delta x \to 0^+} \frac{F(x + \Delta x) - F(x)}{\Delta x}$$

$$= \lim_{\Delta x \to 0^+} \frac{P\{x < X \leqslant x + \Delta x\}}{\Delta x}$$

由此可以看出,概率密度函数的定义与物理学中的线密度的定义相类似。这就是称为概率密度函数的原因。

如果不计高阶无穷小,有

$$P\{x < X \leqslant x + \Delta x\} \approx f(x)\Delta x$$

2.4.2 正态分布

1. 正态分布

常见的连续型随机变量有均匀分布、指数分布、正态分布等,在此着重讨论正态分布。

在自然现象和社会现象中,大量的随机变量都服从正态分布或近似服从正态分布。例如人的身高、体重、试验中的测量误差,心理试验中的反应时间,智商的

测定,各种测试的成绩,等等。在概率论与统计学的理论研究和实际应用中,正态分布起着特别重要的作用。

正态分布概念是由德国数学家与天文学家 Moivre 于 1733 年提出的,但由于德国数学家 Gauss 率先将其应用于天文学研究,故正态分布又成为 Gauss 分布。

在绪论图 0.2.2 中,设想当零件数逐渐增加且组段不断分细,直条就不断变窄,其折线逐渐接近于一条光滑的曲线,其形态似钟形,且数学上有严格的函数式与之对应。

定义 2.4.2 若连续型随机变量 X 的概率密度为

$$f(x) = \frac{1}{\sigma\sqrt{2\pi}} e^{-\frac{(x-\mu)^2}{2\sigma^2}}, \quad -\infty < x < +\infty \tag{2.4.2}$$

其中 μ, σ $(\sigma > 0)$ 为常数,则称 X 为服从参数 μ, σ 的**正态分布**(normal distribution)或**高斯**(Gauss)**分布**,记作 $X \sim N(\mu, \sigma^2)$。

附 $f(x)$ 满足概率密度函数的基本性质:

(1) $f(x) \geqslant 0$;(2)$\int_{-\infty}^{+\infty} f(x)\mathrm{d}x = 1$

下面证明性质(2)

令 $y = \dfrac{x-\mu}{\sigma}$,则

$$\int_{-\infty}^{+\infty} f(x)\mathrm{d}x = \frac{1}{\sigma\sqrt{2\pi}} \int_{-\infty}^{+\infty} e^{-\frac{(x-\mu)^2}{2\sigma^2}} \mathrm{d}x = \frac{1}{\sqrt{2\pi}} \int_{-\infty}^{+\infty} e^{-\frac{y^2}{2}} \mathrm{d}y$$

从而,只要证

$$\int_{-\infty}^{+\infty} e^{-\frac{y^2}{2}} \mathrm{d}y = \sqrt{2\pi}$$

令 $I = \int_{-\infty}^{+\infty} e^{-\frac{y^2}{2}} \mathrm{d}y$,则

$$I^2 = \int_{-\infty}^{+\infty} e^{-\frac{y^2}{2}} \mathrm{d}y \int_{-\infty}^{+\infty} e^{-\frac{x^2}{2}} \mathrm{d}x = \int_{-\infty}^{+\infty} \int_{-\infty}^{+\infty} e^{-\frac{x^2+y^2}{2}} \mathrm{d}x\mathrm{d}y$$

对积分变量进行极坐标交换,令

$$\begin{cases} x = r\cos\theta \\ y = r\sin\theta \end{cases}, \quad 0 \leqslant r < +\infty, \ 0 \leqslant \theta \leqslant 2\pi$$

故 $I^2 = \int_0^{+\infty} \int_0^{2\pi} e^{-\frac{r^2}{2}} r\mathrm{d}r\mathrm{d}\theta = 2\pi \int_0^{+\infty} e^{-\frac{r^2}{2}} r\mathrm{d}r = 2\pi$

又 $I \geqslant 0$,所以,$I = \sqrt{2\pi}$。

概率密度 $f(x)$ 的图形如图 2.4.1 所示,它具有以下性质:

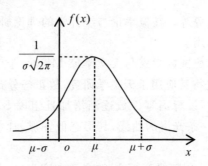

图 2.4.1　正态分布概率密度

(1)曲线关于 $x=\mu$ 对称。表明对任意实数 $h>0$,有

$$P\{\mu-h<X\leqslant\mu\}=P\{\mu<X\leqslant\mu+h\}$$

(2)当 $x=\mu$ 时 $f(x)$ 取到最大值 $\dfrac{1}{\sigma\sqrt{2\pi}}$,$f(\mu)=\dfrac{1}{\sqrt{2\pi}\sigma}$。

x 离 μ 越远,$f(x)$ 的值越小。这表明对于同一长度的区间,当区间离 μ 越远,X 落在这个区间上的概率越小。

曲线在 $X=\mu\pm\sigma$ 处有两个拐点,曲线以 x 轴为渐近线。

μ 为 $f(x)$ 的位置参数,即固定 σ,改变 μ 的值,则图形沿 X 轴平移,而不改变其形状,见图 2.4.2;

σ 为 $f(x)$ 的形状参数,即固定 μ,改变 σ 的值,当 σ 越小时,曲线越陡峭,当 σ 越大时,曲线越平缓,见图 2.4.3。

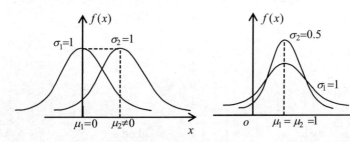

图 2.4.2　位置参数示意图　　图 2.4.3　形状参数示意图

若随机变量 $X\sim N(\mu,\sigma^2)$,则其分布函数为

$$F(x)=\int_{-\infty}^{x}\frac{1}{\sigma\sqrt{2\pi}}e^{-\frac{(t-\mu)^2}{2\sigma^2}}\mathrm{d}t,\ -\infty<x<+\infty \tag{2.4.3}$$

分布函数的图像见图 2.4.4。

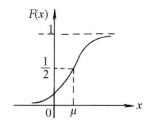

图 2.4.4 正态分布的分布函数

特别地,当 $\mu = 0$ 且 $\sigma = 1$ 时,称随机变量 X 服从**标准正态分布**,即 $X \sim N(0,1)$。其概率密度和分布函数分别记为 $\varphi(x)$ 及 $\Phi(x)$(见图 2.4.5),即有

$$\varphi(x) = \frac{1}{\sqrt{2\pi}} e^{-\frac{x^2}{2}} \tag{2.4.4}$$

$$\Phi(x) = \int_{-\infty}^{x} \varphi(t)\,\mathrm{d}t = \int_{-\infty}^{x} \frac{1}{\sqrt{2\pi}} e^{-\frac{t^2}{2}}\,\mathrm{d}t \tag{2.4.5}$$

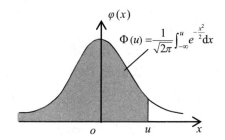

图 2.4.5 标准正态分布概率密度曲线及分布函数

$\Phi(x)$ 的函数值可查附表 4 得到。且有,$\Phi(-x) = 1 - \Phi(x)$。

例 2.4.1 设随机变量 $X \sim N(0,1)$,试求下列概率:

(1)$P(X \leqslant 1.25)$;(2)$P(X > 1.25)$;(3)$P(X \leqslant -1.25)$

解 (1)$P(X \leqslant 1.25) = \Phi(1.25) = 0.8944$

(2)$P(X > 1.25) = 1 - P(X \leqslant 1.25) = 1 - \Phi(1.25) = 0.1056$

(3)$P(X \leqslant -1.25) = \Phi(-1.25) = 1 - \Phi(1.25) = 0.1056$

一般,若 $X \sim N(\mu, \sigma^2)$,只要通过线性变换就能将它化成标准正态分布。

定理 2.4.1 若 $X \sim N(\mu, \sigma^2)$,则 $U = \dfrac{X - \mu}{\sigma} \sim N(0,1)$。

附 **证明** $U = \dfrac{X - \mu}{\sigma}$ 的分布函数为

$$P\{U \leqslant x\} = P\left\{\frac{X-\mu}{\sigma} \leqslant x\right\} = P\{X \leqslant \mu + \sigma x\} = \frac{1}{\sqrt{2\pi}\sigma} \int_{-\infty}^{\mu+\sigma x} e^{\frac{(t-\mu)^2}{2\sigma^2}} \mathrm{d}t$$

令 $\dfrac{t-\mu}{\sigma} = u$，得

$$P\{U \leqslant x\} = \frac{1}{\sqrt{2\pi}} \int_{-\infty}^{x} e^{-\frac{u^2}{2}} \mathrm{d}u = \Phi(x)$$

由此知 $U = \dfrac{X-\mu}{\sigma} \sim N(0,1)$。

于是，若 $X \sim N(\mu, \sigma^2)$，则它的分布函数可写成

$$F(x) = P\{X \leqslant x\} = P\left\{\frac{X-\mu}{\sigma} \leqslant \frac{x-\mu}{\sigma}\right\} = \Phi\left(\frac{x-\mu}{\sigma}\right) \tag{2.4.6}$$

对于任意区间 $(x_1, x_2]$，有

$$P\{x_1 < X \leqslant x_2\} = P\left\{\frac{x_1-\mu}{\sigma} < \frac{X-\mu}{\sigma} \leqslant \frac{x_2-\mu}{\sigma}\right\}$$

$$= \Phi\left(\frac{x_2-\mu}{\sigma}\right) - \Phi\left(\frac{x_1-\mu}{\sigma}\right)$$

例 2.4.2 设随机变量 $X \sim N(20,4)$，试求：

(1) $P(15 < X < 26)$；(2) 求常数 a，使 $P(X \geqslant a) = 0.305$。

解 (1) $P(15 < X < 26) = \Phi\left(\dfrac{26-20}{2}\right) - \Phi\left(\dfrac{15-20}{2}\right)$

$$= \Phi(3) - [1 - \Phi(2.5)] = 0.9924$$

(2) 由于 $P(X < a) = 1 - P(X \geqslant a) = 0.695$，即

$$\Phi\left(\frac{a-20}{2}\right) = 0.695$$

而 $\Phi(0.51) = 0.695$，故 $\dfrac{a-20}{2} = 0.51$，即 $a = 21.02$。

例 2.4.3 设随机变量 $X \sim N(\mu, \sigma^2)$，试求 $P(|X-\mu| < 3\sigma)$。

解 $P(|X-\mu| < 3\sigma) = P(\mu - 3\sigma < X < \mu + 3\sigma)$

$$= \Phi(3) - \Phi(-3) = 2\Phi(3) - 1 = 0.9973$$

类似地，可以计算

$$P(|X-\mu| < \sigma) = 2\Phi(1) - 1 = 0.6826$$

$$P(|X-\mu| < 2\sigma) = 2\Phi(2) - 1 = 0.9545$$

上例中的概率反映了正态分布一个十分重要的性质。尽管正态随机变量 X 取值范围为全体实数，但它的值落在区间 $(\mu - 3\sigma, \mu + 3\sigma)$ 内几乎是肯定的事，从而，若以该区间作为 X 的取值范围，则误差小于 0.003，这就是人们所说的"3σ 原

则"。

2.标准正态分布的上 α 分位点

设随机变量 $X \sim N(0,1)$，对给定的正数 α，$0 < \alpha < 1$，称满足 $P\{X > u_\alpha\} = \alpha$ 的点 u_α 为标准正态分布的**上 α 分位点**，如图 2.4.6 所示。

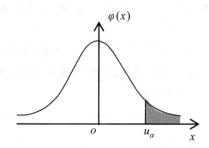

图 2.4.6 标准正态分布概率密度

在统计方法中，经常会遇到根据 α 的值来确定 u_α。

根据上 α 分位点的定义，有 $P\{X > u_\alpha\} = \alpha$，而标准正态分布的分布函数 $\Phi(u) = P\{X \leqslant u_\alpha\}$

所以，有 $\Phi(u) = P\{X \leqslant u_\alpha\} = 1 - \alpha$。

当 α 已知时，通过查附表 4 可以得到 u_α。例如，$\alpha = 0.025$ 时，$u_{0.025} = 1.96$；$\alpha = 0.05$ 时，$u_{0.05} = 1.645$。

附 均匀分布与指数分布

设随机变量 X 有概率密度函数

$$f(x) = \begin{cases} 1/(b-a), & a \leqslant x \leqslant b \\ 0, & 其他 \end{cases}$$

则称 X 服从区间 $[a,b]$ 上的均匀分布，记为 $X \sim R(a,b)$。a,b 为常数，满足 $-\infty < a < b < +\infty$。均匀分布的密度函数是区间上的常数，表明概率均匀地分布在这个区间上，它的分布函数为

$$F(x) = \begin{cases} 0, & x \leqslant a \\ (x-a)/(b-a), & a < x < b \\ 1, & x \geqslant b \end{cases}$$

若随机变量 X 有概率密度函数

$$f(x) = \begin{cases} \lambda e^{-\lambda x}, & x > 0 \\ 0, & x \leqslant 0 \end{cases}$$

则称 X 服从指数分布，其中，$\lambda > 0$ 为参数。容易求得，指数分布的分布函数为

$$F(x) = \int_{-\infty}^{x} f(t)\mathrm{d}t = \begin{cases} 1 - e^{-\lambda x}, & x > 0 \\ 0, & x \leqslant 0 \end{cases}$$

指数分布常用于描述无老化时的寿命分布。

*随机变量的函数的分布

在很多实际问题中,人们常对某些随机变量的函数更感兴趣。例如,在一些试验中,所关心的随机变量往往不能直接测量得到,而它却是某个能直接测量的随机变量的函数。

下面讨论如何由已知的随机变量 X 的概率分布,去求得 $Y=g(X)$ ($g(X)$ 为已知的连续函数)的概率分布。对此问题,仅对 X 为离散型随机变量的情形进行讨论。

设离散型随机变量 X 的分布律为

X	x_1	x_2	$\cdots$	x_n	$\cdots$
P	p_1	p_2	$\cdots$	p_n	$\cdots$

则 $Y=g(X)$ 也为离散型随机变量,下面求 $Y=g(X)$ 的分布律。

由随机变量 X 的取值,得出 $Y=g(X)$ 可能取值为 $g(x_1),g(x_2),\cdots,g(x_n)$,$\cdots$,且有 $P\{Y=g(x_i)\}=P\{X=x_i\}=p_i(i=1,2,3,\cdots)$。变量 Y 的分布律表如下:

Y	$g(x_1)$	$g(x_2)$	$\cdots$	p	$\cdots$
P	p_1	p_2	$\cdots$	p_n	$\cdots$

若上述 $g(x_i)(i=1,2,\cdots)$ 互不相同,则上表为所求 $Y=g(X)$ 的分布律;若 $g(x_i)(i=1,2,\cdots)$ 变量取值中有相同值,则将相同值分别合并,同时把它们所对应的概率相加,得出 $Y=g(X)$ 的分布律。

例 设离散型随机变量 X 的分布律为

X	-1	0	1
P	$\frac{1}{3}$	$\frac{1}{4}$	$\frac{5}{12}$

试求 (1) $Y=(X+3)^2$ 的分布律;(2) $Y=X^2+3$ 的分布律。

解 (1) 由 X 的分布律知,Y 的取值及对应概率如下:

Y	4	9	16
P	$\frac{1}{3}$	$\frac{1}{4}$	$\frac{5}{12}$

由于此时 Y 取值互不相同,故上述为 Y 的分布律。

(2)由 X 的分布律知,Y 的取值及对应概率如下:

Y	4	3	4
P	$\frac{1}{3}$	$\frac{1}{4}$	$\frac{5}{12}$

由于 Y 取值有相同,将其合并且对应概率相加得 Y 的分布律如下:

Y	4	3
P	$\frac{3}{4}$	$\frac{1}{4}$

* 多维随机变量及其分布

在前面讨论了一个随机变量的情况,但在许多实际问题中,常常需要考查两个或两个以上的随机变量,以便于更好地描述一个随机试验或现象。例如,在研究某地气候时,通常要考虑气温、气压、风力和湿度等。在反映某人的身体状况时,要考虑身高、体重、血压等。这就需要研究多个随机变量分布的情况。

定义 1 设一试验的样本空间为 Ω,X 与 Y 为定义在 Ω 上的两个随机变量,由 X 与 Y 构成的一个向量 (X,Y) 称为二维随机变量或二维随机向量。

一般地,若 $X_1,X_2,\cdots,X_n$ 为定义在 Ω 上的随机变量,则称向量 $(X_1,X_2,\cdots,X_n)$ 为 n 维随机变量或 n 维随机向量。

通俗说,给定一个试验的样本点 ω,二维随机变量 $(X(\omega),Y(\omega))$ 可以看作平面上的一个点。随着试验结果的改变,二维随机变量 (X,Y) 将在平面内随机取点。为了描述二维随机变量的分布,可以类比一维随机变量,得到二维随机变量的分布函数的定义、二维离散型随机变量、二维连续型随机变量等。

定义 2 设二维随机变量 (X,Y) 只取有限个或可列无穷多个数对,则称 (X,Y) 为二维离散型随机变量。

设二维离散型随机变量 (X,Y) 所有可能取值为 $(x_i,y_j)(i,j=1,2,3,\cdots)$,记 $P\{X=x_i,Y=y_j\}=p_{ij}(i,j=1,2,3,\cdots)$,则由概率的定义有

(1) $p_{ij}>0(i,j=1,2,3,\cdots)$

(2) $\sum\limits_{i=1}^{+\infty}\sum\limits_{j=1}^{+\infty}p_{ij}=1$

称 $P\{X=x_i,Y=y_j\}=p_{ij}(i,j=1,2,3,\cdots)$ 为二维离散型随机变量 (X,Y) 的联合分布律。也可用表格表示:

Y X	y_1	y_2	⋯	y_j	⋯
x_1	p_{11}	p_{12}	⋯	p_{1j}	⋯
x_2	p_{21}	p_{22}	⋯	p_{2j}	⋯
⋮	⋮	⋮	⋮	⋮	⋮
x_i	p_{i1}	p_{i2}	⋯	p_{ij}	⋯
⋮	⋮	⋮	⋮	⋮	⋮

定理 1　设二维离散型随机变量 (X,Y) 的联合分布律为

$$p_{ij}=P\{X=x_i,Y=y_j\}, \quad i,j=1,2,\cdots$$

则 X 与 Y 相互独立的充分必要条件为对任意 x_i 与 $y_j(i,j=1,2,\cdots)$,有

$$P\{X=x_i,Y=y_j\}=P\{X=x_i\} \cdot P\{Y=y_j\}$$

定义 3　设二维随机变量 (X,Y) 的全部取值能够充满 R^2 中的某一区域,则称它是连续型的。

与一维连续型变量一样,描述二维连续随机变量的概率分布,最方便的是使用概率密度函数。如果存在一个非负函数 $\varphi(x,y)$,使得二元随机变量 (X,Y) 的分布函数 $F(x,y)$,对于任意实数 x,y 都有

$$F(x,y)=\int_{-\infty}^{x}\int_{-\infty}^{y}\varphi(s,t)\mathrm{d}t\,\mathrm{d}s$$

称 $\varphi(x,y)$ 为 X 与 Y 的联合概率密度。它具有下面两个基本性质:

(1) 对一切实数 $x,y,\varphi(x,y)\geqslant 0$;

(2) $\displaystyle\int_{-\infty}^{+\infty}\int_{-\infty}^{+\infty}\varphi(x,y)\mathrm{d}x\,\mathrm{d}y=1$

显然,对任意实数 $a<b$ 及 $c<d$,有

$$P\{a<X\leqslant b,c<Y\leqslant d\}=\int_{a}^{b}\int_{c}^{d}\varphi(x,y)\mathrm{d}y\,\mathrm{d}x$$

定理 2　设二维连续型随机变量 (X,Y) 的密度函数为 $\varphi(x,y)$,则 X 与 Y 相互独立的充分必要条件为 $\varphi(x,y)$ 可表为关于 x 的函数与关于 y 的函数的乘积,即

$$\varphi(x,y)=\varphi_1(x)\varphi_2(y)$$

例 1　设 (X,Y) 的联合分布律如下表,试求 $P\{X+Y\leqslant 1\}$。

Y X	0	1
0	0.2	0.1
1	0.3	0.3
2	0	0.1

解 由于事件"$X+Y \leqslant 1$"包含$(0,0),(0,1),(1,0)$三种情况,则有:

$$P\{X+Y \leqslant 1\} = P\{X=0,Y=0\} + P\{X=0,Y=1\} + P\{X=1,Y=0\}$$
$$= 0.2 + 0.3 + 0.1 = 0.6$$

例 2 若 X 与 Y 的联合分布律如下表,判断 X 与 Y 是否独立?

Y ＼ X	1	2	$P\{Y=j\}$
1	1/6	1/3	1/2
2	1/6	1/3	1/2
$P\{X=i\}$	1/3	2/3	1

解 根据 X 与 Y 的联合分布律

$$P\{X=1,Y=1\} = P\{X=1\}P\{Y=1\} = 1/6$$
$$P\{X=1,Y=2\} = P\{X=1\}P\{Y=2\} = 1/6$$
$$P\{X=2,Y=1\} = P\{X=2\}P\{Y=1\} = 1/3$$
$$P\{X=2,Y=2\} = P\{X=2\}P\{Y=2\} = 1/3$$

因此,X 与 Y 相互独立。

2.5 随机变量的数字特征

前面介绍了随机变量的分布函数、概率密度和分布律,它们都能完整的描述随机变量。但在某些实际或理论问题中,人们感兴趣的是某些能描述随机变量的某些特征的常数,而不需要知道随机变量具体的分布。由随机变量的分布所确定的,能刻画随机变量某一方面特征的常数统称为**数字特征**,它在理论和实际应用中都很重要。在这一节中,将介绍常见的随机变量的数字特征:数学期望、方差等。

2.5.1 数学期望

1. 数学期望的概念

先看一个例子。

某车间对工人的生产情况进行考察。统计了一工人 100 天的生产废品的情况,其中 32 天没有出废品,30 天每天出一件废品,17 天每天出两件废品,21 天每天出 3 件废品。从这些数据,可以得到这 100 天中每天出的平均废品数为

$$0 \times \frac{32}{100} + 1 \times \frac{30}{100} + 2 \times \frac{17}{100} + 3 \times \frac{21}{100} = 1.27$$

假设每天生产的废品数为 X,则 X 是一个随机变量。能否认为 1.27 就是 X

的平均值? 可以想象,若另外统计 100 天,得到的平均数不一定是 1.27。

一般来说,若统计 n 天(假定小张每天至多出 3 件废品),n_0 天没有出废品,n_1 天每天出一件废品,n_2 天每天出两件废品,n_3 天每天出 3 件废品,可以得到 n 天中每天的平均废品数为

$$0 \times \frac{n_0}{100} + 1 \times \frac{n_1}{100} + 2 \times \frac{n_2}{100} + 3 \times \frac{n_3}{100}$$

这是以频率为权的加权平均值。

由频率和概率的关系不难想到,在求废品数 X 的平均值时,用概率代替频率,得平均值为

$$0 \times p_0 + 1 \times p_1 + 2 \times p_2 + 3 \times p_3$$

这样得到一个确定的数,是以概率为权的加权平均值。这个数就是随机变量 X 的"真正的平均值"或者"理论平均值",也是期望 X 能够取到的值,称为 X 的数学期望(mean)。

2. 离散型随机变量的数学期望

定义 2.5.1 设离散型随机变量 X 的分布律为

$$P\{X = x_k\} = p_k, k = 1, 2, 3, \cdots$$

若级数 $\sum_{k=1}^{\infty} x_k p_k$ 绝对收敛,则称级数 $\sum_{k=1}^{\infty} x_k p_k$ 为随机变量 X 的**数学期望**,记为 $E(X)$,即

$$E(X) = \sum_{k=1}^{\infty} x_k p_k \tag{2.5.1}$$

数学期望简称为期望或均值。数学期望 $E(X)$ 完全由随机变量 X 的概率分布所确定。若 X 服从某一分布,也称 $E(X)$ 为这一分布的数学期望。

例 2.5.1 设 X 的分布律:

X	0	1
P	$1 - p$	p

求 X 的数学期望 $E(X)$。

解 $E(X) = 0 \times (1 - p) + 1 \times p = p$

例 2.5.2 接连进行两次射击,设每次击中目标的概率为 0.4。以 X 表示击中目标的次数,求 X 的数学期望。

解 由例 2.2.2 可知,X 的分布律为

X	0	1	2
P	0.36	0.48	0.16

根据式(2.5.1),有

$E(X)=0\times0.36+1\times0.48+2\times0.16=0.8$

3. 连续型随机变量的数学期望

定义 2.5.2 设连续型随机变量 X 的概率密度为 $f(x)$,若积分

$\int_{-\infty}^{+\infty}xf(x)\mathrm{d}x$ 绝对收敛,则称积分 $\int_{-\infty}^{+\infty}xf(x)\mathrm{d}x$ 的值为随机变量 X 的**数学期望**,记为 $E(X)$,即

$$E(X)=\int_{-\infty}^{+\infty}xf(x)\mathrm{d}x \tag{2.5.2}$$

例 2.5.3 设连续型随机变量 X 的概率密度 $f(x)$

$$f(x)=\begin{cases}3x^2, & 0\leqslant x\leqslant1\\0, & 其他\end{cases}$$

求 X 的数学期望 $E(X)$。

解 由式(2.5.2)有

$$E(X)=\int_{-\infty}^{+\infty}xf(x)\mathrm{d}x=\int_{-\infty}^{0}x\cdot0\mathrm{d}x+\int_{0}^{1}x\cdot3x^2\mathrm{d}x+\int_{1}^{+\infty}x\cdot0\mathrm{d}x=\frac{3}{4}x^4\Big|_{0}^{1}=\frac{3}{4}$$

4. 几种常见随机变量分布的数学期望

(1)二项分布

设随机变量 $X\sim B(n,p)$,则 $E(X)=np$。

附 证明

$$E(X)=\sum_{k=0}^{n}kC_n^kp^k(1-p)^{n-k}=np\sum_{k=1}^{n}C_{n-1}^{k-1}p^{k-1}(1-p)^{(n-1)-(k-1)}=np$$

特别地,若随机变量 X 服从参数为 p 的 $(0-1)$ 分布,即二项分布 $B(1,p)$,则 $E(X)=p$。

(2)泊松分布

设随机变量 $X\sim P(\lambda)$,则 $E(X)=\lambda$。

附 证明

$$E(X)=\sum_{k=0}^{+\infty}k\frac{\lambda^k}{k!}e^{-\lambda}=\lambda\sum_{k=1}^{+\infty}\frac{\lambda^{k-1}}{(k-1)!}e^{-\lambda}=\lambda$$

(3)正态分布

设随机变量 $X\sim N(\mu,\sigma^2)$,则其数学期望 $E(X)=\mu$。

附 证明

设随机变量 $X\sim N(\mu,\sigma^2)$,则

$$E(X)=\frac{1}{\sigma\sqrt{2\pi}}\int_{-\infty}^{+\infty}xe^{-\frac{(x-\mu)^2}{2\sigma^2}}\mathrm{d}x\xlongequal{t=\frac{x-\mu}{\sigma}}\frac{1}{\sigma\sqrt{2\pi}}\int_{-\infty}^{+\infty}(t+\mu)e^{-\frac{t^2}{2\sigma^2}}\mathrm{d}t$$

$$= \frac{1}{\sigma\sqrt{2\pi}} \int_{-\infty}^{+\infty} t e^{-\frac{t^2}{2\sigma^2}} \mathrm{d}t + \frac{\mu}{\sigma\sqrt{2\pi}} \int_{-\infty}^{+\infty} e^{-\frac{t^2}{2\sigma^2}} \mathrm{d}t$$

在上式求和的第一项中,由于被积函数为奇函数,所以积分为零;而在第二项中,

由于 $\int_{-\infty}^{+\infty} \frac{1}{\sigma\sqrt{2\pi}} e^{-\frac{t^2}{2\sigma^2}} \mathrm{d}t = 1$,所以,$E(X) = \mu$。

附　随机变量的函数的数学期望

人们经常需要求随机变量的函数的数学期望。对于随机变量 X,它的函数 $Y = g(X)$ 也是一个随机变量。通过下面的定理可以求 $Y = g(X)$ 的数学期望。

定理 1　设 $Y = g(X)$ 为随机变量 X 的函数(g 是连续函数)。

(1)若 X 为离散型随机变量,它的分布律为 $P\{X = x_i\} = p_i(i = 1, 2, 3, \cdots)$,则

$$E(Y) = E(g(X)) = \sum_{i=1}^{+\infty} g(x_i) p_i$$

(2)若 X 为连续型随机变量,它的概率密度为 $f(x)$,则

$$E(Y) = E(g(X)) = \int_{-\infty}^{+\infty} g(x) f(x) \mathrm{d}x$$

这里所涉及的数学期望都假设存在。

定理的重要意义在于,当求 $E(Y)$ 时,不必算出 Y 的分布律或概率密度,而直接利用随机变量 X 的分布律或概率密度来求 Y 的数学期望。

例　设 X 的分布律

X	-1	0	1
P	0.4	0.4	0.2

求 $Y = X^2$ 的数学期望。

解　$E(Y) = E(X^2) = \sum_{i=1}^{3} x^2 p_i = (-1)^2 \times 0.4 + 0^2 \times 0.4 + 1^2 \times 0.2 = 0.6$

上述定理可以推广到两个或两个以上随机变量的函数的情形。

定理 2　设 $Z = g(X, Y)$ 为二维随机变量 (X, Y) 的函数(g 是连续函数),那么 $Z = g(X, Y)$ 是一个一维随机变量,

(1)若 (X, Y) 为离散型随机变量,其分布律为

$p_{ij} = P\{X = x_i, Y = y_j\}(i, j = 1, 2, \cdots)$,则

$$E(Z) = E(g(X, Y)) = \sum_{i=1}^{+\infty} \sum_{j=1}^{+\infty} p_{ij} g(x_i, y_j)$$

(2)若二维随机变量 (X,Y) 的概率密度为 $f(x,y)$,则有

$$E(Z)=E(g(X,Y))=\int_{-\infty}^{+\infty}\int_{-\infty}^{+\infty}g(x,y)f(x,y)\mathrm{d}x\mathrm{d}y$$

这里所涉及的数学期望都假设存在。

5. 数学期望的性质

随机变量的数学期望具有如下若干性质(下面所涉及的随机变量的数学期望均假设存在):

性质1 设 C 为常数,则 $E(C)=C$。

性质2 设 C 为常数,X 为随机变量,则 $E(CX)=CE(X)$。

性质3 设 X 与 Y 为随机变量,则 $E(X\pm Y)=E(X)\pm E(Y)$。

可推广为,若 $E(X_i)(i=1,2,\cdots,n)$ 存在,则

$$E(\sum_{i=1}^{n}X_i)=\sum_{i=1}^{n}E(X_i)$$

附 性质4 设 X 与 Y 为相互独立的随机变量,则 $E(XY)=E(X)E(Y)$。

一般地,若随机变量 $X_1,X_2,\cdots,X_n$ 相互独立,则

$$E(X_1X_2\cdots X_n)=E(X_1)E(X_2)\cdots E(X_n)$$

例 2.5.4 一民航送客车载 20 位旅客自机场开出,旅客有 10 个车站可以下车,如到达一个车站没有旅客下车就不停车,以 X 表示停车的次数,求 $E(X)$。

解 引入随机变量

$$X_i=\begin{cases}0, & 在第\ i\ 站没有人下车 \\ 1, & 在第\ i\ 站有人下车\end{cases},i=1,2,3,\cdots,10,则$$

$$X=X_1+X_2+\cdots+X_{10}$$

按题意,任一旅客在第 i 站不下车的概率为 $\dfrac{9}{10}=0.9$,因此,20 位都不在第 i 站下车的概率为 $(0.9)^{20}$,第 i 站有人下车的概率为 $1-(0.9)^{20}$,得到 X_i 的分布律为

$$P\{X_i=0\}=(0.9)^{20}$$

$$P\{X_i=1\}=1-(0.9)^{20},i=1,2,3,\cdots,10$$

由此

$$E(X_i)=1-(0.9)^{20},i=1,2,3,\cdots,10$$

则

$$E(X)=E(X_1+X_2+\cdots+X_{10})$$
$$=E(X_1)+E(X_2)+\cdots E(X_{10})$$
$$=20\times[1-(0.9)^{20}]=8.784(次)$$

本题是将一个随机变量分解成若干个简单随机变量之和,然后利用数学期望的性质 3 来求数学期望。这种处理方法具有普遍意义。

2.5.2 方差和标准差

1.方差和标准差

数学期望体现了随机变量的中心位置、平均取值水平,是随机变量的一个重要的数字特征。但是在一些场合,仅仅知道均值是不够的。例如,有一批灯管的寿命是一个随机变量 X,其平均寿命 $E(X) = 1000$ 小时,仅由这个指标还不能判定这批灯管的质量好坏。事实上,有可能其中绝大部分的灯管都在 1000 小时附近,比如在 950 与 1050 小时之间;也有可能离 1000 小时很远,比如有一半的平均寿命在 1300 小时,而另一半的平均寿命却在 700 小时。要评定这批灯管质量的好坏,还需进一步考察灯管寿命 X 与其均值 $E(X) = 1000$ 的偏离程度。若偏离程度较小,表示质量比较稳定,从这个意义上来讲认为质量较好。那么,用怎样的量去度量这个偏离程度呢? 容易看到 $E(|X - E(X)|)$ 能度量随机变量 X 与其均值 $E(X)$ 的偏离程度。但由于上式带有绝对值,运算不方便,为运算方便起见,通常用 $E[X - E(X)]^2$ 来度量随机变量 X 与其均值 $E(X)$ 的偏离程度。

定义 2.5.3 对于随机变量 X,若 $E[X - E(X)]^2$ 存在,则称 $E[X - E(X)]^2$ 为随机变量 X 的**方差**(variance),记作 $D(X)$ 或 $Var(X)$,即

$$D(X) = E[X - E(X)]^2$$

称 $\sqrt{D(X)}$ 为随机变量 X 的**标准差或均方差**。

按定义,随机变量 X 的方差表明了随机变量 X 的取值与其数学期望 $E(X)$ 的偏离程度,若 $D(X)$ 较小,则说明 X 的取值比较集中在 $E(X)$ 附近;若 $D(X)$ 较大,则说明 X 的取值离 $E(X)$ 比较分散。因此 $D(X)$ 是刻画 X 取值分散程度的一个量,它是衡量 X 取值分散程度的一个尺度。

由定义知,方差实际上是随机变量 X 的函数 $g(X) = [X - E(X)]^2$ 的数学期望。因而,对于离散型随机变量 X,若其分布律为

$P\{X = x_k\} = p_k (k = 1, 2, 3, \cdots)$,则有

$$D(X) = \sum_{k=1}^{\infty} [x_k - E(X)]^2 \cdot p_k \tag{2.5.3}$$

对于连续型随机变量 X,其概率密度为 $f(x)$,则有

$$D(X) = \int_{-\infty}^{+\infty} [x - E(X)]^2 f(x) \mathrm{d}x \tag{2.5.4}$$

在实际计算方差 $D(X)$ 时,经常使用下面的公式:

$$D(X) = E(X^2) - [E(X)]^2 \tag{2.5.5}$$

附 证明

$$D(X) = E[X-E(X)]^2 = E\{X^2 - 2XE(X) + [E(X)]^2\}$$
$$= E(X^2) - 2E(X)E(X) + [E(X)]^2$$
$$= E(X^2) - [E(X)]^2$$

例 2.5.5 设随机变量 X 的数学期望 $E(X) = \mu$, 方差 $D(X) = \sigma^2 \neq 0$, 记 $X^* = \dfrac{X-\mu}{\sigma}$, 则

$$E(X^*) = E\left(\frac{X-\mu}{\sigma}\right) = \frac{1}{\sigma}[E(X)-\mu] = 0$$

$$D(X^*) = E(X^{*2}) - [E(X^*)]^2 = E\left(\frac{X-\mu}{\sigma}\right)^2 = \frac{1}{\sigma^2}E(X-\mu)^2 = \frac{\sigma^2}{\sigma^2} = 1$$

即 $X^* = \dfrac{X-\mu}{\sigma}$ 的数学期望为 0, 方差为 1。X^* 称为 X 的**标准化变量**。

例 2.5.6 接连进行两次射击, 设每次击中目标的概率为 0.4。以 X 表示击中目标的次数, 求 X 的方差。

解 由例 2.2.2 可知, X 的分布律为

X	0	1	2
P	0.36	0.48	0.16

方法一: 用式(2.5.5)计算

$$E(X) = 0 \times 0.36 + 1 \times 0.48 + 2 \times 0.16 = 0.8$$
$$E(X^2) = 0^2 \times 0.36 + 1^2 \times 0.48 + 2^2 \times 0.16 = 1.12$$
$$D(X) = E(X^2) - [E(X)]^2 = 1.12 - 0.8^2 = 0.48$$

方法二: 利用式(2.5.3), 即直接用定义计算

$$D(X) = \sum_{k=1}^{3} [x_k - E(X)]^2 p_k$$
$$= (0-0.8)^2 \times 0.36 + (1-0.8)^2 \times 0.48 + (2-0.8)^2 \times 0.16 = 0.48$$

2. 几种常见分布的方差

(1)二项分布

设随机变量 $X \sim B(n,p)$, 则 $D(X) = np(1-p)$。

附 证明 $E(X) = np$ 且

$$E(X^2) = \sum_{k=0}^{n} k^2 C_n^k p^k (1-p)^{n-k} = \sum_{k=0}^{n} [k(k-1)+k] C_n^k p^k (1-p)^{n-k}$$
$$= \sum_{k=0}^{n} k(k-1) C_n^k p^k (1-p)^{n-k} + \sum_{k=0}^{n} k C_n^k p^k (1-p)^{n-k}$$

$$=n(n-1)p^2\sum_{k=2}^{n}C_{n-2}^{k-2}p^{k-2}(1-p)^{(n-2)-(k-2)}+E(X)$$

$$=n(n-1)p^2+np$$

从而,

$$D(X)=E(X^2)-[E(X)]^2=n(n-1)p^2+np-(np)^2=np(1-p)$$

(2)泊松分布

设随机变量 $X\sim P(\lambda)$,则 $D(X)=\lambda$。

附 证明 $E(X)=\lambda$ 且

$$E(X^2)=\sum_{k=0}^{+\infty}k^2\frac{\lambda^k}{k}e^{-\lambda}=\sum_{k=0}^{+\infty}[k(k-1)+k]\frac{\lambda^k}{k}e^{-\lambda}$$

$$=\sum_{k=0}^{+\infty}k(k-1)\frac{\lambda^k}{k}e^{-\lambda}+\sum_{k=0}^{+\infty}k\frac{\lambda^k}{k}e^{-\lambda}$$

$$=\lambda^2\sum_{k=2}^{+\infty}\frac{\lambda^{k-2}}{(k-2)!}e^{-\lambda}+E(X)$$

$$=\lambda^2+\lambda$$

从而,

$$D(X)=E(X^2)-[E(X)]^2=\lambda^2+\lambda-\lambda^2=\lambda$$

(3)正态分布

设随机变量 $X\sim N(\mu,\sigma^2)$,则 $D(X)=\sigma^2$。

附 证明 $E(X)=\mu$ 且

$$E(X^2)=\frac{1}{\sigma\sqrt{2\pi}}\int_{-\infty}^{+\infty}x^2e^{-\frac{(x-\mu)^2}{2\sigma^2}}dx\overset{t=\frac{x-\mu}{\sigma}}{=}\frac{1}{\sqrt{2\pi}}\int_{-\infty}^{+\infty}(t\sigma+\mu)^2e^{-\frac{t^2}{2}}dt$$

$$=\frac{\sigma^2}{\sqrt{2\pi}}\int_{-\infty}^{+\infty}t^2e^{-\frac{t^2}{2}}dt+\frac{2\sigma\mu}{\sqrt{2\pi}}\int_{-\infty}^{+\infty}te^{-\frac{t^2}{2}}dt+\frac{\mu}{\sqrt{2\pi}}\int_{-\infty}^{+\infty}e^{-\frac{t^2}{2}}dt$$

$$=\frac{\sigma^2}{\sqrt{2\pi}}\int_{-\infty}^{+\infty}(-t)de^{-\frac{t^2}{2}}+\mu^2=\sigma^2+\mu^2$$

从而,

$$D(X)=E(X^2)-[E(X)]^2=\sigma^2$$

3. 方差的性质

随机变量的方差具有如下若干性质(下面所涉及的随机变量的方差均假设存在):

性质 1 设 C 为常数,则 $D(C)=0$。

性质 2 设 C 为常数,则有

$$D(CX)=C^2D(X),D(X+C)=D(X)$$

性质3　设 X 与 Y 是两个相互独立的随机变量,则有

$$D(X \pm Y) = D(X) + D(Y)$$

一般地,若随机变量 $X_1, X_2, \cdots, X_n$ 相互独立,则有

$$D(\sum_{i=1}^{n} X_i) = \sum_{i=1}^{n} D(X_i)$$

附　性质 3 的证明

$$
\begin{aligned}
D(X \pm Y) &= E(X \pm Y)^2 - [E(X \pm Y)]^2 \\
&= E(X^2) \pm 2E(XY) + E(Y^2) - [(E(X))^2 \pm 2E(X)E(Y) + (E(Y))^2] \\
&= [E(X^2) - (E(X))^2] + [E(Y^2) - (E(Y))^2] \pm 2[E(XY) - E(X)E(Y)] \\
&= D(X) + D(Y) \pm 2[E(XY) - E(X)E(Y)]
\end{aligned}
$$

由于 X 与 Y 相互独立,从而 $E(XY) = E(X)E(Y)$,所以

$$D(X \pm Y) = D(X) + D(Y)$$

*变异系数

用方差或标准差来比较随机变量的离散程度是很好的方法,但有时比较两个不同量纲的或期望取值相差比较大的随机变量的离散程度时,单凭方差或标准差有时还不能很好的作出判断,需要引入变异系数的概念。

定义　设 X 是随机变量,若它的期望 $E(X)$ 和标准差 $\sqrt{D(X)}$ 都存在,则它的比值称为 X 的变异系数。即

$$CVX(\text{或} RSDX) = \frac{\sqrt{D(X)}}{E(X)}$$

变异系数是标准差相对于期望的变化率,是一个没有量纲的描述离散程度的数字特征。

附　矩

定义　对随机变量 X 和非负整数 k,若 $E(X^k)$ 存在,则称 $E(X^k)$ 为 X 的 k 阶原点矩,简称 k 阶矩。若 $E[(X - E(X)^k]$ 存在,则称 $E[(X - E(X)^k]$ 为 X 的 k 阶中心矩。

显然,X 的数学期望 $E(X)$ 为其一阶矩,而方差 $D(X)$ 为其二阶中心矩。所以,X 的 k 阶矩和 k 阶中心矩是其数学期望和方差的推广,并且可由随机变量函数的数学期望的相应计算公式求得。

在已知 X 的数学期望 $E(X)$ 和方差 $D(X)$,求 X 的二阶矩 $E(X^2)$ 时,可由式(2.5.5)得

$$E(X^2) = D(X) + [E(X)]^2$$

＊三种重要分布的关系

离散型随机变量的二项分布,泊松分布和连续型随机变量的正态分布是比较常见的分布,它们之间在一定条件下有着近似的关系。

定理1　当 $n \to \infty$ 时,泊松分布是二项分布的极限分布,即

$$\lim_{n \to \infty} C_n^k p^k (1-p)^{n-k} = \frac{\lambda^k}{k!} e^{-\lambda} \quad \lambda = np$$

前面对该定理已经有所了解。当 n 较大时,二项分布的概率分布可用泊松分布近似表示。

定理2　n 重伯努利试验中,事件 A 发生的概率为 p,随机变量 X 表示事件 A 在 n 次试验中发生的次数,则有

$$\lim_{n \to \infty} P\left(\frac{X-np}{\sqrt{npq}} \leqslant x\right) = \frac{1}{\sqrt{2\pi}} \int_{-\infty}^{x} e^{-\frac{t^2}{2}} \mathrm{d}t$$

其中 x 为任意实数,$p+q=1$。

定理表明,当 n 充分大时,服从二项分布的随机变量 X 近似的服从正态分布。从而有下面的公式成立:

(1) $P(X=k) = C_n^k p^k q^{n-k} \approx f(k) = \dfrac{1}{\sqrt{npq}} \varphi\left(\dfrac{k-np}{\sqrt{npq}}\right)$

(2) $P(k_1 \leqslant x \leqslant k_2) \approx F(k_2) - F(k_1) = \Phi\left(\dfrac{k_2-np}{\sqrt{npq}}\right) - \Phi\left(\dfrac{k_1-np}{\sqrt{npq}}\right)$

从以上可以看出,二项分布可以近似转化为泊松分布或正态分布来计算,下面就总结一下计算方式的选择:

(1)当 n 是一个较小数时,可直接用二项分布公式计算;

(2)当 n 是一个充分大数时,且 p 值很小,np 不是很大,或者 $np \approx npq$ 时,则用泊松分布近似计算;

(3)当 n 是一个充分大数时,且 p 值不是很小或不接近1,np 较大,则用正态分布近似计算。

由于当 n 充分大时,二项分布近似于泊松分布,同时也近似于正态分布,从而当 n 充分大时,且使 λ 也较大(一般 $\lambda \geqslant 20$),泊松分布也近似于正态分布。于是 $P(\lambda)$ 与 $N(\mu, \sigma^2)$ 的参数替换为 $\mu \approx \lambda$,$\sigma^2 \approx \lambda$,从而得到泊松分布向正态分布逼近的公式:

$$P(X=k) = \frac{\lambda^k}{k!} e^{-\lambda} \approx f(k) = \frac{1}{\sigma} \varphi\left(\frac{k-\mu}{\sigma}\right)$$

$$P(k_1 \leqslant X \leqslant k_2) = \sum_{k=k_1}^{k_2} \frac{\lambda^k}{k!} e^{-\lambda} \approx F(k_2) - F(k_1) = \Phi(\frac{k_2 - \mu}{\sigma}) - \Phi(\frac{k_1 - \mu}{\sigma})$$

其中, $\mu \approx \lambda$, $\sigma \approx \sqrt{\lambda}$。

阅读材料

伯努利家族

伯努利(Bernoulli)家族是一个商人和学者家族,家族的建立人为莱昂·伯努利,原籍比利时安特卫普。1583 年迁居德国法兰克福,最后定居瑞士巴塞尔。祖孙三代先后涌现出十余位数学家和物理学家,其中有三个人的成就最大:

雅各布·伯努利(Jacob Bernoulli),1654 年 12 月 27 日生于巴塞尔,1705 年 8 月 16 日卒于同地。分别于 1671 和 1676 年获得哲学和神学学位,受笛卡儿、沃利斯等人的著作影响,转向数学研究。1687 年起任巴塞尔大学数学教授。主要贡献有:1690 年首先使用数学意义下的"积分"一词;同年提出悬链线问题,后又改变条件,解决了更复杂的悬链问题并应用于设计吊桥;1713 年出版《猜度术》,给出"伯努利数""伯努利大数定理"等结果。他还研究了对数螺线,发现该线经过变换仍为对数螺线的奇妙性质。

约翰·伯努利(Johann Bernoulli),1667 年 8 月 6 日生于巴塞尔,1748 年 1 月 1 日卒于同地。雅各布的弟弟,早年学医,同时随兄研习数学,1690 年获医学学位,1696 年获得博士学位。1691 年时在巴黎当过洛必达的私人教师,解出悬链线问题,1694 年最先提出"洛必塔法则"。1695 年到格罗宁根大学教数学,第二年提出"最速降线问题"后得到正确解答,引发变分学的研究,约翰也就成为公认的变分法奠基人。1705 年继雅各布之后任巴塞尔大学数学教授,曾当过欧拉的教师,给他以特别指导。

丹尼尔·伯努利(Daniel Bernoulli),1700 年 2 月 9 日生于荷兰格罗宁根,1782 年 3 月 17 日卒于巴塞尔,约翰·伯努利之子。1716 年获哲学硕士学位。1721 年获巴塞尔大学医学博士学位。1725 年任俄国彼得堡科学院数学教授。1732 年回巴塞尔,教授解剖学、植物学和自然哲学。他于 1724 年解决了微分方程中的"里卡蒂"方程。1728 年与欧拉一起研究弹性力学,1738 年出版《流体动力学》,给出"伯努利定理"等流体动力学的基础理论。他曾 10 次获得法国科学院颁发的奖金,贡献涉及天文、重力、潮汐、磁学等多个方面。

其他还有几位:小尼古拉·伯努利(1695-1726),丹尼尔·伯努利的哥哥,大尼古拉·伯努利(1687—1759),雅各布和约翰的侄子,也同样为科学和艺术做出了突出贡献。伯努利家族人才辈出的现象,数百年来一直受到人们的称颂,也给人们一个深刻的启示:家庭的"优势积累",可以是优秀人才成长的摇篮。

习题 2

1. 某药治某病的治愈率为 p,求治 5 例愈 3 例的概率。

2. 据报道,10% 的人对某药有肠道反应。为考察此药质量,任选 5 人服用此药。

(1)若报道属实,求无肠道反应的人的概率;

(2)若试验结果有多于 2 人出现肠道反应,试说明此药质量。

3. 某人购买某种彩票,若已知中奖的概率为 0.001,现购买 2000 张彩票,试求:(1)此人中奖的概率;(2)至少有 3 张彩票中奖的概率(用泊松分布近似计算)。

4. 假设测量的随机误差 $X \sim N(0,4)$,试求在 10 次独立重复测量中,至少有二次测量误差的绝对值大于 3.92 的概率。

5. 设随机变量 $X \sim N(1,4)$,试求:

(1) $P\{X < 6\}$;(2)$P\{2 < X < 3\}$;(3)$P\{X > 7\}$

6. 设离散型随机变量 X 的分布律为

X	-1	0	1	2
P	$2a$	$\dfrac{1}{4}$	a	$\dfrac{1}{2}$

试求:(1)常数 a 的值;(2)$Y = X^2 - 2$ 的分布律。

7. 设有 n 把看上去样子相同的钥匙,其中只有一把能打开门上的锁,用它们去逐一试开门锁,设每把钥匙被取到的可能性相等。若每把钥匙试开一次后除去,试求试开次数 X 的数学期望及方差。

8. 一农场主租用一块河滩地,若无洪水年终可望获利 20000 元,若出现洪灾他将赔掉 12000 元(租地费、种子、肥料、人工费等)。根据往年经验,出现洪灾的概率为 0.4。问:

(1)求出农场主期望的赢利。

(2)保险公司允诺投保 1000 元,将补偿因洪灾所造成的损失,农场主是否买这一保险?

(3)你认为保险公司收取的保险金是太多还是太少?

第3章 随机样本及抽样分布

概率论与统计学都是从数量关系上研究随机现象的统计规律性。在概率论中,所研究随机变量的分布是已知的,在这一前提下去研究其性质、特点和规律。在统计学中,所研究的随机变量的分布是未知的,或不完全知道,而是通过对所研究的随机变量进行重复独立的观察,得到许多观察值,对这些数据进行分析,从而对所研究的随机变量的分布作出推断。

由于随机现象中存在规律性,因而从理论上讲,只要对随机现象进行足够多次观察,被研究的随机现象的规律性一定能清楚地呈现出来。但客观上,很难对随机现象进行大量的重复试验,也就是说,获得的只是局部观察数据。从要研究对象的全体中抽取一部分进行观察和研究,从而对整体进行推断。统计的任务就是研究怎样有效地收集、整理、分析所获得的有限数据,对所研究的问题,尽可能地作出精确而可靠的结论。

本章主要介绍与统计学相关的基本概念及常用统计量和抽样分布。

3.1 随机样本

3.1.1 总体与样本

在绪论中介绍过总体、样本的概念,本节再进一步深层次的探究总体和样本的特点。在统计学中,把所研究对象的全体组成的集合称为**总体**,组成总体的每个元素称为**个体**。

例如,想要研究一家工厂的某种产品的使用寿命,这种产品的全体就是总体,而每件产品则是个体;再如,欲考察某批中成药的丸药重量是否符合标准,这批中成药的全体是总体,而每个中成药则是个体。

实际上,人们真正关心的并不是总体或个体的本身,而是总体和个体的某项数量指标。如,研究产品的使用寿命,人们关心的是"产品的使用寿命"这个数量指标;考察中成药的丸药重量,关心的是"丸药重量"这个数量指标。因此,应把总体理解为研究对象的某项数量指标值的全体。

为了评价一家工厂的某种产品的质量的好坏,通常的做法是从它的全部产品中随机地抽取一些个体,在统计学上称为**样本**。样本中所含个体的数目,即为**样本容量**。同上道理,实际是把样本理解为个体上的数量指标。因此,今后当说到总体和样本时,既指研究对象又指它们的某项数量指标。

例 3.1.1 研究某地区 N 个农户的年收入。

在这里,总体既指这 N 个农户,又指数量指标,即他们的年收入这 N 个数字。如果从这 N 个农户中随机地抽出 n 个农户作为调查对象,那么,这 n 个农户以及关心的数量指标(他们的年收入)这 n 个数字就是样本。

在例 3.1.1 中,总体是很直观的,是看得见摸得着的。但是客观情况并不总是这样。

例 3.1.2 用一把尺子去量一个物体的长度。

假定 n 次测量值为 $X_1, X_2, \cdots, X_n$,显然,在这个问题中,把测量值 $X_1, X_2, \cdots, X_n$ 看成了样本,但是,总体是什么呢?

事实上,这里没有一个现实存在的个体的集合可以作为总体。可以这样考虑,既然 n 个测量值 $X_1, X_2, \cdots, X_n$ 是样本,那么总体就应该理解为一切所有可能的测量值的全体。

例 3.1.3 为研究某种安眠药的药效,让 n 个病人同时服用此药,记录下他们各自服药后的睡眠时间比未服药时延长的小时数。

$X_1, X_2, \cdots, X_n$ 这些数字是样本。那什么是总体呢?

设想让某个地区或某个国家,甚至全世界所有患失眠症的病人都服用此药,他们所增加的睡眠时间的小时数的全体,就是该问题中的总体。

3.1.2 总体分布

对一个总体,如果用 X 表示它的数量指标,那么 X 对不同的个体取不同的值。因此,如果随机地抽取个体,则 X 的值也就随着抽取的个体的不同而不同。所以 X 是一个随机变量。既然总体是随机变量 X,自然就有其概率分布,把 X 的分布称为**总体的分布**。总体的特性是由总体分布来刻画的。因此,常把总体和总体分布视为同义语。

例 3.1.4 在例 3.1.1 中,若农户年收入以万元计,假定 N 户中收入 X 为以下几种取值:$0.5, 0.8, 1, 1.2, 1.5$,取这些值的农户个数分别为:n_1, n_2, n_3, n_4, n_5(其中 $n_1 + n_2 + n_3 + n_4 + n_5 = N$)。

则总体 X 的分布为离散型分布,其分布律为:

X	0.5	0.8	1	1.2	1.5
P	n_1/N	n_2/N	n_3/N	n_4/N	n_5/N

例 3.1.5 例 3.1.2 中,假定物体的真正长度为 μ（未知）。

一般说来,测量值 X,也就是总体,取 μ 附近值的概率要大一些,而离 μ 越远的值被取到的概率就小一些。如果测量过程没有系统性误差,那么 X 取大于 μ 和小于 μ 的概率也会相等。在这样的情况下,人们往往认为 X 服从均值为 μ 的正态分布。

假定其方差为 σ^2,则 σ^2 反映了测量的精度。于是,总体 X 的分布为 $N(\mu,\sigma^2)$,即 $X \sim N(\mu,\sigma^2)$。

这里有一个问题,即物体长度的测量值总是在它的真正长度 μ 的附近,它根本不可能取到负值。而正态变量取值在 $(-\infty,+\infty)$ 上,那么怎么可以认为测量值 X 服从正态分布呢?

回答这个问题,有两方面的理由:

(1)若 $X \sim N(\mu,\sigma^2)$,有 $P\{\mu-3\sigma<X<\mu+3\sigma\}=0.9974$,即 X 落在区间 $(\mu-3\sigma,\mu+3\sigma)$ 之外的概率不超过 0.003,即这个概率是非常小的。

比如,假定物体长度 $\mu=10\mathrm{cm}$,测量误差约为 0.01cm,则 $\sigma^2=0.01^2$。这时 $(\mu-3\sigma,\mu+3\sigma)=(9.9997,10.0003)$。于是测量值落在这个区间之外的概率最多只有 0.003,可以忽略不计。可见,用正态分布 $N(10,0.01^2)$ 去描述测量值 X 是适当的。完全可以认为它根本不可能取到负值。

(2)另外,正态分布取值范围是无限区间 $(-\infty,+\infty)$,这样还可以解决规定测量值取值范围上的困难。如若不然,需要用一个定义在有限区间 (a,b) 取值的随机变量来描述测量值 X。那么 a 和 b 到底应取什么值,测量者事先很难确定。再退一步,即使能够确定出 a 和 b,却仍很难找出一个定义在 (a,b) 上的非均匀分布能够用来恰当地描述测量值。与其这样,不如就把取值区间放大到 $(-\infty,+\infty)$,并采用正态分布去描述测量值。这样既简化了问题又不致引起较大的误差。

3.1.3　有限总体与无限总体

在统计学中,研究有限总体比较困难。因为它的分布是离散型的,且分布律与总体所含个体数量有关系。所以,通常在总体所含个体数量比较大时,就把它近似地视为无限总体,并且用连续型分布去逼近总体的分布,这样便于做进一步的统计分析。

例如,研究某大城市年龄在 10～15 岁之间儿童的身高。

不管这个城市规模有多大,在这个年龄段的儿童数量总是有限的。因此,这个总体 X 只能是有限总体。总体分布也只能是离散型分布。然而,为了便于处理问题,可以把它近似地看成一个无限总体,并且通常用正态分布来逼近这个总体的分布。当城市比较大,儿童数量比较多时,这种逼近所带来的误差,从应用观点来看,可以忽略不计。

3.1.4 样本的二重性

假设 $X_1, X_2, \cdots, X_n$ 是从总体 X 中抽取的样本,在一次具体的观测或试验中,它们是一组测量值,是一些已得到的数。也就是说,样本具有数的属性。

另一方面,由于在具体的试验或观测中,受到各种随机因素的影响,在不同的观测中样本取值可能不同。因此,当脱离开特定的具体试验或观测时,并不知道样本 $X_1, X_2, \cdots, X_n$ 的具体取值到底是多少。因此,样本可以看成随机变量。

样本 $X_1, X_2, \cdots, X_n$,既可被看成一组数又可被看成一组随机变量(称之为随机向量),这就是所谓样本的二重性。以后凡是离开具体的一次观测或试验来谈及 $X_1, X_2, \cdots, X_n$ 时,它们总是被看成随机变量。

3.1.5 简单随机样本

在前面测量物体长度的例子中,如果是在完全相同的条件下,独立地测量了 n 次,把这 n 次测量结果,即样本,记为 $X_1, X_2, \cdots, X_n$。那么完全有理由认为,这些样本相互独立且有相同分布;其分布与总体分布 $N(\mu, \sigma^2)$ 相同。

定义 3.1.1 若(1) $X_1, X_2, \cdots, X_n$ 是相互独立的;(2)每一个 $X_i (i=1, 2, \cdots, n)$ 的分布都与总体 X 的分布相同;则称 $X_1, X_2, \cdots, X_n$ 为容量为 n 的**简单随机样本**(简称**样本**)。

推广到一般情况,如果在相同条件下对总体 X 进行 n 次重复的独立观测,那么就可以认为所获得的样本 $X_1, X_2, \cdots, X_n$ 是 n 个独立的且与总体 X 同样分布的随机变量。

当 n 次观察一经完成,就得到一组实数 $x_1, x_2, \cdots, x_n$,它们依次是随机变量 $X_1, X_2, \cdots, X_n$ 的观察值,称为**样本值**。

对于有限总体,采用放回抽样就能得到简单随机样本,但放回抽样使用起来不方便,有时也不可能。当个体的总数 N 比要得到的样本容量 n 大得多时,在实际问题中,可将不放回抽样近似的当作放回抽样处理。至于无限总体,因抽取一个个体不影响它的分布,所以总是采取不放回抽样。

3.1.6 统计量

样本是进行统计推断的依据。在应用时,往往不是直接使用样本本身,而是针对不同的问题对样本值进行"加工",这就要构造一些样本的函数,把样本中所含的(某一方面)的信息集中起来,利用这些样本的函数进行统计推断。

定义 3.1.2 设 $X_1, X_2, \cdots, X_n$ 是来自总体 X 的一个样本, $g(X_1, X_2, \cdots,$

X_n) 是 $X_1, X_2, \cdots, X_n$ 的函数,若 g 中不含未知参数,则称 $g(X_1, X_2, \cdots, X_n)$ 是一个统计量。

也就是说不含任何未知参数的样本的函数称为统计量,它是完全由样本决定的量。

因为 $X_1, X_2, \cdots, X_n$ 都是随机变量,而统计量 $g(X_1, X_2, \cdots, X_n)$ 是随机变量的函数,因此,统计量是一个随机变量。设 $x_1, x_2, \cdots, x_n$ 是相应于样本 $X_1, X_2, \cdots, X_n$ 的样本值,则称 $g(x_1, x_2, \cdots, x_n)$ 是 $g(X_1, X_2, \cdots, X_n)$ 的观察值。

几个常用的统计量,也称其为样本特征数:

样本平均值(简称样本均值)

$$\bar{X} = \frac{1}{n} \sum_{i=1}^{n} X_i \tag{3.1.1}$$

样本方差

$$S^2 = \frac{1}{n-1} \sum_{i=1}^{n} (X_i - \bar{X})^2 \tag{3.1.2}$$

样本标准差

$$S = \sqrt{\frac{1}{n-1} \sum_{i=1}^{n} (X_i - \bar{X})^2} \tag{3.1.3}$$

它们的观察值分别为 $\bar{x} = \frac{1}{n} \sum_{i=1}^{n} x_i$

$$s^2 = \frac{1}{n-1} \sum_{i=1}^{n} (x_i - \bar{x})^2$$

$$s = \sqrt{\frac{1}{n-1} \sum_{i=1}^{n} (x_i - \bar{x})^2}$$

这些观察值也分别称为样本均值、样本方差、样本标准差。

另外,还有样本 k 阶原点矩、样本 k 阶中心矩等,这部分内容本书暂不讨论。

3.2 抽样分布

统计量的分布称为抽样分布。在统计学中,为了统计推断的需要,经常要考虑各种统计量的概率分布,除正态分布外,下面几种分布常常用到。

3.2.1 χ^2 分布

1. χ^2 分布

定义 3.2.1 设 $X_1, X_2, \cdots, X_n$ 是来自总体 $N(0,1)$ 的样本,则称统计量

$$\chi^2 = X_1^2 + X_2^2 + \cdots + X_n^2 = \sum_{i=1}^{n} X_i^2 \qquad (3.2.1)$$

服从自由度为 n 的 **χ^2 分布**，记为 $\chi^2 \sim \chi^2(n)$。

自由度是指(3.2.1)式右端包含的独立变量的个数。

χ^2 分布的概率密度函数为

$$f(x) = \begin{cases} 2^{-\frac{n}{2}} \exp\left(-\dfrac{x}{2}\right) x^{\frac{n}{2}-1} \Big/ \Gamma\left(\dfrac{n}{2}\right), & x > 0 \\ 0, & x \leqslant 0 \end{cases}$$

图 3.2.1 是 $n=6$ 的 χ^2 分布的概率密度曲线。

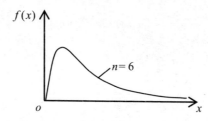

图 3.2.1 χ^2 分布的概率密度曲线

附 χ^2 分布有关的结论

(1) χ^2 分布的可加性：设 $X_1 \sim \chi^2(n_1)$，$X_2 \sim \chi^2(n_2)$，且 X_1，X_2 相互独立，则有 $X_1 + X_2 \sim \chi^2(n_1 + n_2)$。

(2) χ^2 分布的数学期望和方差分别：若 $X \sim \chi^2(n)$，则有 $E(X) = n$，$D(X) = 2n$。

2. χ^2 分布的上 α 分位点

设随机变量 $\chi^2 \sim \chi^2(n)$，对给定的正数 α，$0 < \alpha < 1$，称满足 $P\{\chi^2 > \chi_\alpha^2(n)\} = \alpha$ 的点 $\chi_\alpha^2(n)$ 是自由度为 n 的 χ^2 分布的**上 α 分位点**，如图 3.2.2 所示。附表 5 给出了 χ^2 分布的上 α 分位点 $\chi_\alpha^2(n)$。

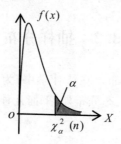

图 3.2.2 $\chi_\alpha^2(n)$ 的 α 上分位点

例如，$\alpha = 0.1, n = 20$，则有 $\chi^2_{0.1}(20) = 28.412$。

当 n 充分大时，近似的有

$$\chi_\alpha^2(n) = \frac{1}{2}(u_\alpha + \sqrt{2n-1})^2 \tag{3.2.2}$$

其中 u_α 是标准正态分布的上 α 分位点，利用式(3.2.2)可以计算当 $n > 40$ 时，$\chi_\alpha^2(n)$ 分布的上 α 分位点的近似值。

3.2.2　t 分布

1. t 分布

定义 3.2.2　设随机变量 X 与 Y 相互独立，且 $X \sim N(0,1)$，$Y \sim \chi^2(n)$，则称随机变量

$$t = \frac{X}{\sqrt{Y/n}} \tag{3.2.3}$$

服从自由度为 n 的 t 分布，记为 $t \sim t(n)$。

附　t 分布的概率密度函数为

$$f(x) = \frac{\Gamma\left(\dfrac{n}{2} + 0.5\right)}{\Gamma\left(\dfrac{n}{2}\right)\sqrt{n\pi}}\left(1 + \frac{x^2}{n}\right)^{-\frac{n+1}{2}}, x \in (-\infty, +\infty)$$

t 分布由英国统计学家 Gosset 于 1908 年以 Student 笔名发表，故又名学生分布。

图 3.2.3 分别给出了自由度 $n = 2, n = 6$ 及 $n = \infty$ 时的 t 分布的概率密度曲线。

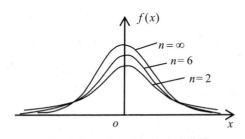

图 3.2.3　t 分布的概率密度曲线

t 分布的概率密度曲线关于纵轴对称；$n \to \infty$ 时以标准正态曲线为极限，即当 $n \to \infty$ 时，t 分布的概率密度函数曲线趋于 $N(0,1)$ 的概率密度函数曲线。

2. t 分布的上 α 分位点

设随机变量 $t \sim t(n)$，对给定的正数 α，$0 < \alpha < 1$，称满足 $P\{t > t_\alpha(n)\} = \alpha$ 的点 $t_\alpha(n)$ 是 $t(n)$ 分布的**上 $\boldsymbol{\alpha}$ 分位点**，如图 3.2.4 所示。

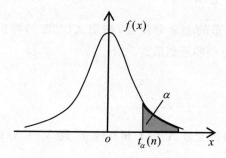

图 3.2.4　$t(n)$ 的上 α 分位点

附表 6 给出了为 $t(n)$ 分布的上 α 分位点。

例如，设 $n = 10$，$\alpha = 0.05$，则有 $t_{0.05}(10) = 1.182$。

3.2.3　F 分布

1. F 分布

定义 3.2.3　设 $X \sim \chi^2(n_1)$，$Y \sim \chi^2(n_2)$，且 X、Y 相互独立，则称随机变量

$$F = \dfrac{\dfrac{X}{n_1}}{\dfrac{Y}{n_2}} \tag{3.2.4}$$

服从自由度为 (n_1, n_2) 的 **F 分布**，记作 $F \sim F(n_1, n_2)$。其中 n_1 是分子的自由度，称为**第一自由度**，n_2 是分母的自由度，称为**第二自由度**。

F 分布的重要性质：若 $F \sim F(n_1, n_2)$，则 $\dfrac{1}{F} \sim F(n_2, n_1)$。

附　F 分布首先是英国统计学家费歇尔（R. A. Fisher）于 1924 年提出的，其概率密度函数是由斯奈迪格（Snedcor）于 1934 年给出

$$f(x) = \begin{cases} \dfrac{\Gamma\left(\dfrac{n_1 + n_2}{2}\right)}{\Gamma\left(\dfrac{n_1}{2}\right) \Gamma\left(\dfrac{n_2}{2}\right)} \left(\dfrac{n_1}{n_2}\right)^{\frac{n_1}{2}} x^{\frac{n_2}{2} - 1} \left(1 + \dfrac{n_1}{n_2} x\right)^{\frac{n_1 + n_2}{2}}, & x > 0 \\ 0, & x \leqslant 0 \end{cases}$$

图 3.2.5 中给出自由度为 $(5, 10)$ 及 $(10, 10)$ 的 F 分布的概率密度曲线。

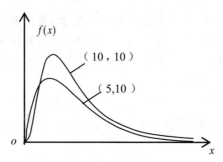

图 3.2.5　F 分布的概率密度曲线

2. F 分布的上 α 分位点

设随机变量 $F \sim F(n_1, n_2)$，对给定的正数 α，$0 < \alpha < 1$，满足 $P\{F > F_\alpha(n_1, n_2)\} = \alpha$，则称点 $F_\alpha(n_1, n_2)$ 是 F 分布的上 α 分位点，如图 3.2.6 所示。

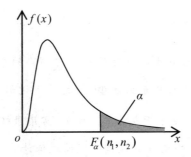

图 3.2.6　$F_\alpha(n_1, n_2)$ 的上 α 分位点

附表 7 给出了 F 分布的上 α 分位点表。例如，当 $n_1 = 5$，$n_2 = 10$，$\alpha = 0.05$，查附表 7，则有 $F_{0.05}(5, 10) = 3.33$。

根据 F 分布的特点，可以证明

$$F_{1-\alpha}(n_1, n_2) = \frac{1}{F_\alpha(n_2, n_1)}$$

利用上式可以计算当 $\alpha = 0.95$ 时，有 $F_{0.95}(10, 5) = \dfrac{1}{F_{0.05}(5, 10)} = \dfrac{1}{3.33} \approx 0.3$。

3.2.4　样本均值的分布

来自正态总体的样本均值 $\overline{X}$ 的抽样分布是应用最为广泛的抽样分布。

附　中心极限定理

正态分布在随机变量的各种分布中，占有特别重要的地位，在某些条件下，即使原来并不服从正态分布的一些独立的随机变量，它们和的分布，当随机变量的个数无限增加时，也是趋于正态分布的。在概率论里，把研究在什么条件下，大量独立随机变量和的分布以正态分布为极限分布的这一类定理统称为中心极限定理。在此，只介绍其中一个定理。

定理　设随机变量 $X_1, X_2, \cdots, X_n, \cdots$ 相互独立，服从同一分布，且具有数学期望和方差：$E(X_i) = \mu, D(X_i) = \sigma^2 > 0 (i = 1, 2, \cdots)$。则对任意实数 x，有

$$\lim_{n \to \infty} P\left(\frac{\sum\limits_{i=1}^{n} X_i - n\mu}{\sqrt{n}\,\sigma} \leqslant x \right) = \int_{-\infty}^{x} \frac{1}{\sqrt{2\pi}} e^{-\frac{t^2}{2}} \mathrm{d}t = \Phi(x)$$

这就是说，均值为 μ，方差为 $\sigma^2 > 0$ 的独立同分布的随机变量 $X_1, X_2, \cdots, X_n$ 之和 $\sum\limits_{i=1}^{n} X_i$ 的标准化变量，当 n 充分大时，近似地有

$$\frac{\sum\limits_{i=1}^{n} X_i - n\mu}{\sigma\sqrt{n}} \sim N(0, 1)$$

一般情况下，很难求出 n 个随机变量之和 $\sum\limits_{i=1}^{n} X_i$ 的分布函数，上式表明，当 n 充分大时，可以通过标准正态分布函数 $\Phi(x)$ 给出其近似的分布。这样，就可以利用正态分布对 $\sum\limits_{i=1}^{n} X_i$ 作理论分析或计算。比如，常用于样本均值的分布函数的近似计算及样本均值与总体均值 μ 的偏差研究的近似计算。

将 $\dfrac{\sum\limits_{i=1}^{n} X_i - n\mu}{\sigma\sqrt{n}} \sim N(0, 1)$ 左端改写成 $\dfrac{\frac{1}{n}\sum\limits_{i=1}^{n} X_i - \mu}{\sigma / \sqrt{n}} = \dfrac{\bar{X} - \mu}{\sigma / \sqrt{n}}$，这样上述结果可写成：当 n 充分大时，近似的有

$$\frac{\bar{X} - \mu}{\sigma / \sqrt{n}} \sim N(0, 1) \text{ 或 } \bar{X} \sim N\left(\mu, \frac{\sigma^2}{n}\right) \tag{3.2.5}$$

这是独立同分布中心极限定理结果的另一个形式。就是说，均值为 μ，方差为 $\sigma^2 > 0$ 的独立同分布的随机变量 $X_1, X_2, \cdots, X_n$ 的算术平均值 $\bar{X} = \dfrac{1}{n}\sum\limits_{i=1}^{n} X_i$，当 n 充分大时，近似服从均值为 μ，方差为 σ^2/n 的正态分布。这一结果是统计学中大样本统计推断的基础。

＊样本均数的标准误

在绪论中已介绍过标准误的概念，即度量抽样误差的大小的量。现结合均数

的抽样试验的例子,来说明样本均数的标准误。

例　假设正常男子红细胞计数 $X \sim N(5.00, 0.50^2)$ 的正态总体,从该总体中重复进行 100 次抽样,每个样本容量为 10,结果为

样本号	红细胞计数 (X) $(10^{12}/L)$						$\bar{X}$	S
1	5.59	5.11	4.26	5.11	4.74	⋯	5.55	5.04	0.44
2	4.65	4.65	5.59	5.70	4.46	⋯	5.32	5.03	0.52
3	4.56	4.87	5.21	4.53	4.53	⋯	4.23	4.71	0.33
4	4.08	4.73	4.84	4.88	4.65	⋯	5.33	4.66	0.46
⋮	⋮	⋮	⋮	⋮	⋮	⋮	⋮	⋮	⋮
100	5.16	4.49	5.26	5.02	4.64	⋯	4.56	4.90	0.29

由上表可知,从同一总体中随机抽取样本容量 $n=10$ 的若干样本,第 i 个样本计算的样本均数 $\bar{X}_i$,并不等于相应的总体均数 5.00,且各样本均数也不完全相同。这种由于样本的随机性所造成的来自同一总体的样本均数 $\bar{X}_i$ 之间,及样本均数 $\bar{X}_i$ 与相应的总体均数 5.00 之间的差异,称为均数的抽样误差。

从正态总体 $N(\mu, \sigma^2)$ 中随机抽取样本量为 n 的样本,每抽取一个样本可计算一个样本均数,重复 100 次抽样可得到 100 个样本均数 $\bar{X}_i$ $(i=1,2,\cdots,100)$,$\bar{X}_1$,$\bar{X}_2,\cdots,\bar{X}_{100}$ 可看成是来自于 $\bar{X}$ 的总体,因为 $X \sim N(\mu, \sigma^2)$,根据式(3.2.5),可知

$$\bar{X} \sim N\left(\mu, \frac{\sigma^2}{n}\right)$$

则 $\sqrt{\sigma^2/n}$ 为样本均数 $\bar{X}$ 的总体标准差,用 $\sigma_{\bar{X}}$ 表示,即:$\sigma_{\bar{X}} = \sigma/\sqrt{n}$。

如上表的抽样试验,$\sigma = 0.50$,均数标准误 $\sigma_{\bar{X}} = 0.50/\sqrt{10} = 0.16$。

样本均数的标准误,是反映样本均数抽样误差大小的指标。由公式 $\sigma_{\bar{X}} = \sigma/\sqrt{n}$ 可知,样本均数 $\bar{X}$ 的标准误 $\sigma_{\bar{X}}$ 的大小与总体标准差成正比,与样本量的平方根成反比。即当样本量 n 一定时,σ 越大,即样本的个体差异越大,$\sigma_{\bar{X}}$ 就越大,样本均数抽样误差就越大;σ 越小,$\sigma_{\bar{X}}$ 就越小,即样本均数抽样误差就越小。当 σ 固定时,n 越大,$\sigma_{\bar{X}}$ 就越小;n 越小,$\sigma_{\bar{X}}$ 就越大。故影响抽样误差大小的主要因素是样本量。σ 作为总体参数(常数)通常是未知的,因而,在实际工作中常用样本标准差 S 来估计。通过样本估计标准误的计算公式为:

$$S_{\bar{X}} = S/\sqrt{n}$$

定理 3.2.1 设总体 $X \sim N(\mu, \sigma^2)$，则有

$$U = \frac{\bar{X} - \mu}{\sigma / \sqrt{n}} \sim N(0, 1) \qquad (3.2.6)$$

定理 3.2.2 设 $X_1, X_2, \cdots, X_n$ 为总体 $X \sim N(\mu, \sigma^2)$ 的样本，则有

$$\chi^2 = \frac{n-1}{\sigma^2} S^2 \sim \chi^2(n-1) \qquad (3.2.7)$$

附 证明 $X_1, X_2, \cdots, X_n$ 与总体 X 独立同分布，得

$$\chi^2 = \frac{n-1}{\sigma^2} S^2 = \sum_{i=1}^{n} \left(\frac{X_i - \bar{X}}{\sigma} \right)^2 = \sum_{i=1}^{n} \left(\frac{X_i - \mu + \mu - \bar{X}}{\sigma} \right)^2$$

$$= \sum_{i=1}^{n} \left(\frac{X_i - \mu}{\sigma} \right)^2 - \left(\frac{\bar{X} - \mu}{\sigma / \sqrt{n}} \right)^2$$

由 $\dfrac{X_i - \mu}{\sigma} \sim N(0, 1)$，$\dfrac{\bar{X} - \mu}{\sigma / \sqrt{n}} \sim N(0, 1)$

根据 χ^2 分布的定义知

$$\sum_{i=1}^{n} \left(\frac{X_i - \mu}{\sigma} \right)^2 \sim \chi^2(n), \quad \left(\frac{\bar{X} - \mu}{\sigma / \sqrt{n}} \right)^2 \sim \chi^2(1)$$

由 χ^2 分布的性质，有 $\chi^2 = \dfrac{n-1}{\sigma^2} S^2 \sim \chi^2(n-1)$。

定理 3.2.3 设总体分布为 $X \sim N(\mu, \sigma^2)$，则有

$$t = \frac{\bar{X} - \mu}{S / \sqrt{n}} \sim t(n-1) \qquad (3.2.8)$$

附 证明 由 $\dfrac{\bar{X} - \mu}{\sigma / \sqrt{n}} \sim N(0, 1)$，$\dfrac{n-1}{\sigma^2} S^2 \sim \chi^2(n-1)$

$$t = \frac{\bar{X} - \mu}{S / \sqrt{n}} = \frac{\dfrac{\bar{X} - \mu}{\sigma / \sqrt{n}}}{\sqrt{\dfrac{n-1}{\sigma^2} \dfrac{S^2}{(n-1)}}} \sim t(n-1)$$

定理 3.2.4 设 $X_1, X_2, \cdots, X_{n_1}$ 为总体 $X \sim N(\mu_1, \sigma_1^2)$ 的样本，$Y_1, Y_2, \cdots,$ Y_{n_2} 为总体 $Y \sim N(\mu_2, \sigma_2^2)$ 的样本，且这两个样本相互独立，则有

$$U = \frac{(\bar{X} - \bar{Y}) - (\mu_1 - \mu_2)}{\sqrt{\sigma_1^2 / n_1 + \sigma_2^2 / n_2}} \sim N(0, 1) \qquad (3.2.9)$$

附 证明 由式(3.2.5)，可以得到

$$\bar{X} \sim N\left(\mu_1, \frac{\sigma^2}{n_1}\right), \bar{Y} \sim N\left(\mu_2, \frac{\sigma^2}{n_2}\right)$$

因为 $\bar{X}$ 与 $\bar{Y}$ 相互独立,有

$$\bar{X} - \bar{Y} \sim N\left(\mu_1 - \mu_2, \frac{\sigma_1^2}{n_1} + \frac{\sigma_2^2}{n_2}\right)$$

标准化后,有

$$U = \frac{(\bar{X} - \bar{Y}) - (\mu_1 - \mu_2)}{\sqrt{\sigma_1^2/n_1 + \sigma_2^2/n_2}} \sim N(0, 1)$$

定理 3.2.5　设 $X_1, X_2, \cdots, X_{n_1}$ 为总体 $X \sim N(\mu_1, \sigma_1^2)$ 的样本,$Y_1, Y_2, \cdots,$ Y_{n_2} 为总体 $Y \sim N(\mu_2, \sigma_2^2)$ 的样本,且这两个样本相互独立,则有

$$(1) F = \frac{S_1^2/\sigma_1^2}{S_2^2/\sigma_2^2} \sim F(n_1 - 1, n_2 - 1) \tag{3.2.10}$$

$(2) \sigma_1^2 = \sigma_2^2 = \sigma^2$ 未知时,有

$$t = \frac{(\bar{X} - \bar{Y}) - (\mu_1 - \mu_2)}{\sqrt{\dfrac{(n_1 - 1)S_1^2 + (n_2 - 1)S_2^2}{n_1 + n_2 - 2}\left(\dfrac{1}{n_1} + \dfrac{1}{n_2}\right)}}, df = n_1 + n_2 - 2 \tag{3.2.11}$$

附　证明　(1)由式(3.2.7)及(3.2.4),得到

$$\chi_1^2 = \frac{n_1 - 1}{\sigma_1^2} S_1^2 \sim \chi^2(n_1 - 1), \chi_2^2 = \frac{n_2 - 1}{\sigma_2^2} S_2^2 \sim \chi^2(n_2 - 1)$$

$$F = \frac{S_1^2/\sigma_1^2}{S_2^2/\sigma_2^2} = \frac{\dfrac{n_1 - 1}{\sigma_1^2} S_1^2/(n_1 - 1)}{\dfrac{n_2 - 1}{\sigma_2^2} S_2^2/(n_2 - 1)} \sim F(n_1 - 1, n_2 - 1)$$

(2)由式(3.2.9)

$$U = \frac{(\bar{X} - \bar{Y}) - (\mu_1 - \mu_2)}{\sigma\sqrt{1/n_1 + 1/n_2}} \sim N(0, 1)$$

由式(3.2.7),可以得到

$$\frac{n_1 - 1}{\sigma^2} S_1^2 \sim \chi^2(n_1 - 1), \frac{n_2 - 1}{\sigma^2} S_2^2 \sim \chi^2(n_2 - 1)$$

从而有　$\chi^2 = \dfrac{n_1 - 1}{\sigma^2} S_1^2 + \dfrac{n_2 - 1}{\sigma^2} S_2^2 \sim \chi^2(n_1 + n_2 - 2)$

记　$S_w^2 = \dfrac{(n_1 - 1)S_1^2 + (n_2 - 1)S_2^2}{n_1 + n_2 - 2}$

根据 t 分布的定义知

$$t = \frac{(\bar{X} - \bar{Y}) - (\mu_1 - \mu_2)}{S_\omega \sqrt{1/n_1 + 1/n_2}} = \frac{U}{\sqrt{\chi^2/(n_1 + n_2 - 2)}} \sim t(n_1 + n_2 - 2)$$

本节所介绍的几个分布及定理,在下面各章中都起着非常重要的作用。应注意,它们都是在总体为正态分布这一基本假定下得到的。

阅读材料

哥塞特与 t 分布

哥塞特(William Seety Gosset,1876—1937)年轻时在牛津大学新学院(New College)学习数学和化学。大学毕业后,1899 年到都柏林(Dublin)市的一个由基尼斯(Guinness)开设的酿酒公司担任酿造化学技师,从事统计和实验分析工作。当时,在公司里,大学出身的技师相当多,而哥塞特的数学造诣很深,因此,他想用自己擅长的数学,做一些统计分析,搞出一点成绩。但首先碰到的困难,是供应实验用的麦子数量有限,而且每批进厂原料的质量都有波动,对温度的变化又较敏感。这就使得哥塞特注意到传统的大样本理论有很大的局限性,他甚至怀疑原来的统计学能否解决他们酿酒现场的实际问题。这就使他不得不另辟蹊径,从取小样本着手来分析那些实验所取得的数据。但是,小样本实验存在的最大问题就是误差怎样解决? 如何从中尽可能得到较为可靠的信息?

哥塞特在发现小样本理论之前,在啤酒公司已从事许多次化学分析,而这些化学试样实际上均为小样本,因此,经常碰到测量误差(errors of measurement)的问题,对于误差的各种现象已获得大量感性认识。而其他学者所从事的理论研究也使哥塞特受到很大启发,如英国天文学家艾利(George Biddell Airy)于 1861 年所出版的《关于观察误差的数学论》(On the Algebraical and Numerical Theory of Errors of Observation)和美国梅里曼(Mansfield Merriman)1884 年出版的《最小平方法教科书》(A Text-book on The Method of Least Squares)等著作。哥塞特的小样本理论的产生,不仅受其影响,并且有些材料还直接取之于这些著作。

1907 年起,哥塞特在《生物计量学》杂志第 5 期上第一次发表论文。题目是:"关于血球计数器的计算误差"(On the error of counting with a haemocytometer)。论文中,他叙述了 400 个小方格(yeast cells)内酵母细胞的分布情况,论证了细胞数分布既服从泊松分布、又存在样本误差问题。这篇富有特色的论文发表后,他开始结识了一些统计学界的名流,受到了他们的鼓励。于是他下决心解决大样本理论所无法解决的小样本实验精确性问题。同年,他借助于大容器,把纸牌卡片弄乱,然后抽取几张纸牌;再弄乱,再抽取几张纸牌,以计算每个观察值,来获得小样本分布函数。最后,运用概率论中的正态误差理论,终于创立了新的统计理论。

1908 年,哥塞特首次以"学生"(Student)为笔名,在该年第 6 期《生物计量学》杂志上发表了"平均数的概率误差"(The probable error of a mean)。由于这篇文章提供了"学生 t 检验"的基础,为此,许多统计学家把 1908 年看作是统计推断理论发展史上的里程碑。后来,哥塞特又连续发表了"相关系数的概率误差"(The probable error of a correlation efficient),载《生物计量学》1909 年第 6 期;"非随机抽取的样本平均数分布"(The distribution of the means of samples which are not drawn at random),载《生物计量学》1909 年第 7 期,等等。

哥塞特发表的论文虽然不多,但都是他亲自从事实验研究所取得的精美果实,是高质量的,甚至是划时代的。他在这些论文中,第一,比较了平均误差和标准误差的两种计算方法;第二,研究了泊松分布应用中的样本误差问题;第三,建立了关系数的抽样分布;第四,导入了"学生"分布,即 t 分布。这些论文的完成,为"小样本理论"(small sampling theory)奠定了基础,同时,也为以后的样本资料(sampling data)的统计分析与解释开创了一条崭新路子。

习题 3

1. 统计量的含义是什么?

2. 设总体 $X \sim N(\mu, \sigma^2)$,其中 μ 已知,σ^2 未知,X_1, X_2, X_3 是从中抽取的简单随机样本,指出下列各项中哪些是统计量? 哪些不是统计量,为什么?

$$\frac{1}{\sigma^2}(X_1^2 + X_2^2 + X_3^2),\ X_1 + 3\mu,\ \max(X_1, X_2, X_3),\ \frac{1}{3}(X_1 + X_2 + X_3)$$

3. 查表求 $\chi^2_{0.01}(12)$,$\chi^2_{0.99}(12)$,$t_{0.01}(12)$,$t_{0.99}(12)$,$F_{0.01}(10, 12)$,$F_{0.99}(10, 12)$ 的值。

4. 设总体 X 服从正态分布 $N(\mu, 5^2)$,

(1)从总体中抽取容量为 64 的样本,求样本均值 $\bar{X}$ 与总体均值 μ 之差的绝对值小于 1 的概率 $P(|\bar{X} - \mu| < 1)$;

(2)抽取样本容量 n 为多大时,才能使概率 $P(|\bar{X} - \mu| < 1)$ 达到 0.95?

第4章 参数估计

现实世界中存在着形形色色的数据,分析这些数据需要多种多样的方法。对总体参数的推断概括起来可以归纳成两大类:一是参数估计,二是假设检验。本章讨论总体的参数估计。

总体是由总体分布来刻画的。在实际问题中,根据问题本身的专业知识或以往的经验或适当的统计方法,有时可以判断总体分布的类型。总体分布的参数往往是未知的,需要通过样本来估计。

通过样本来估计总体的参数,称为**参数估计**,它是统计推断的一种重要形式。

例如,(1)为了研究人们的市场消费行为,要先搞清楚人们的收入状况。假设某城市人均年收入 $X \sim N(\mu, \sigma^2)$,但参数 μ 和 σ^2 的具体值并不知道,需要通过样本来估计。

(2)假定某城市在单位时间(比如一个月)内交通事故发生次数 $X \sim P(\lambda)$。参数 λ 未知,需要从样本来估计。

参数估计是利用样本来估计总体分布中的未知参数。参数估计包含两种形式:一是点估计,即用某个实数作估计;二是区间估计,即用某个区间作估计。

4.1 点估计

先通过一个例子来了解点估计的含义。

例 4.1.1 已知某地区新生婴儿的体重 $X \sim N(\mu, \sigma^2)$,μ, σ^2 未知,随机抽查 100 个婴儿,测得 100 个体重数据(单位:kg):9,7,6,6.5,5,…,5.2,而全部信息就由这 100 个数组成。据此,应如何估计总体均值 μ 呢?

为估计 μ,需要构造出适当的样本的函数 $\hat{\mu}(X_1, X_2, \cdots, X_n)$,如 $\hat{u} = \bar{X}$,每当有了样本,就代入该函数中算出一个值,用来估计 μ。如例 4.1.1,$\hat{u} = \bar{X} = \dfrac{1}{100}(9 + 7 + \cdots + 5.2)$,作为总体均值 μ 的估计值,称为点估计值。称 $\hat{\mu}(X_1, X_2, \cdots, X_n)$ 为参数 μ 的点估计量。

点估计的一般提法:设总体 X 的分布函数 $F(x, \theta)$ 的形式为已知,θ 是待估参数。$X_1, X_2, \cdots, X_n$ 是总体 X 的一个样本,$x_1, x_2, \cdots, x_n$ 是相应的一个样本值。

点估计问题就是构造一个适当的统计量 $\hat{\theta}(X_1, X_2, \cdots, X_n)$，用它的观测值 $\hat{\theta}(x_1, x_2, \cdots, x_n)$ 作为未知参数 θ 的近似值。则称 $\hat{\theta}(X_1, X_2, \cdots, X_n)$ 为 θ 的**点估计量**，$\hat{\theta}(x_1, x_2, \cdots, x_n)$ 为 θ 的**点估计值**。

在不致混淆的情况下，统称估计量和估计值为估计，并都简记为 $\hat{\theta}$。由于估计量是样本的函数，因此，对于不同的样本值，$\hat{\theta}$ 的估计值一般是不同的。这种用样本统计量来估计总体未知参数的方法称为参数的**点估计法**。常用的构造估计量的方法有矩估计法、极大似然法、最小二乘法、贝叶斯法等，在此不做讨论，只给出几个常用估计量。

根据估计量的求法，可以得到总体均值 μ 和总体方差 σ^2 的估计量分别为

$$\hat{\mu} = \bar{X} = \frac{1}{n} \sum_{i=1}^{n} X_i \tag{4.1.1}$$

$$\hat{\sigma}^2 = S^2 = \frac{1}{n-1} \sum_{i=1}^{n} (X_i - \bar{X})^2 \tag{4.1.2}$$

例 4.1.2 在某炸药制造厂，一天中发生着火现象的次数 X 是一个随机变量，假设它服从以 $\lambda > 0$ 为参数的泊松分布，参数 λ 为未知。设有以下的样本值，试估计参数 λ。

着火次数 X	0	1	2	3	4	5	6	
发生 X 次着火的天数 n_k	125	90	15	11	6	2	1	总天数:250

解 由 $X \sim P(\lambda)$

则 $\mu = E(X) = \lambda$

又 $\hat{\mu} = \bar{X} = \frac{1}{n} \sum_{i=1}^{n} X_i$

则 $\hat{\lambda} = \frac{1}{n} \sum_{i=1}^{n} X_i$

$$= \frac{1}{250}(0 \times 125 + 1 \times 90 + 2 \times 15 + 3 \times 11 + 4 \times 6 + 5 \times 2 + 6 \times 1) = 0.772$$

即参数 λ 的估计值为 0.772。

4.2 估计量的评价标准

对于总体的同一未知参数，用不同的估计方法求出的估计量可能不同，原则上这些统计量都可以作为未知参数的估计量，那么采用哪一个估计量更好？这就

涉及用什么标准来评价估计量的问题。下面介绍几种常用的评价标准。

4.2.1 无偏性

无偏性 设 $\hat{\theta}=\hat{\theta}(X_1,X_2,\cdots,X_n)$ 为未知参数 θ 的一个估计量,若 $\hat{\theta}$ 的数学期望存在,且满足

$$E(\hat{\theta})=\theta \qquad\qquad (4.2.1)$$

则称 $\hat{\theta}$ 为 θ 的一个**无偏估计**。

估计量的无偏性是说对于某些样本值,由这一估计量得到的估计值应围绕参数的真值 θ 上下波动,有些偏大,有些则偏小。反复将这一估计量使用多次,就"平均"来说其偏差为零。在科学技术中,称 $E(\hat{\theta})-\theta$ 为以 $\hat{\theta}$ 作为 θ 的估计的系统误差。无偏估计的实际意义就是无系统误差。

可以证明,样本均值 $\bar{X}=\dfrac{1}{n}\sum\limits_{i=1}^{n}X_i$ 是总体均值 μ 的无偏估计量,样本方差 $S^2=\dfrac{1}{n-1}\sum(X_i-\bar{X})^2$ 是总体方差 σ^2 的无偏估计量。

例 4.2.1 设总体 X 的期望为 μ,$X_1,X_2,\cdots,X_n$ 为来自总体 X 的一个样本,判断下列统计量是否为 μ 的无偏估计?

(1) $X_i(i=1,2,\cdots,n)$

(2) $\bar{X}=\dfrac{1}{n}\sum\limits_{i=1}^{n}X_i$

(3) $\dfrac{1}{2}X_1+\dfrac{1}{3}X_3+\dfrac{1}{6}X_n$

(4) $\dfrac{1}{3}X_1+\dfrac{1}{3}X_2$

解 (1)由于 $E(X_i)=E(X)=\mu(i=1,2,\cdots,n)$

得 $X_i(i=1,2,\cdots,n)$ 是 μ 的无偏估计。

(2)由于 $E(\bar{X})=E(\dfrac{1}{n}\sum\limits_{i=1}^{n}X_i)=\dfrac{1}{n}\sum\limits_{i=1}^{n}E(X_i)=\dfrac{1}{n}\cdot n\mu=\mu$

得 $\bar{X}$ 是 μ 的无偏估计。

(3)由于 $E(\dfrac{1}{2}X_1+\dfrac{1}{3}X_3+\dfrac{1}{6}X_n)=\dfrac{1}{2}E(X_1)+\dfrac{1}{3}E(X_3)+\dfrac{1}{6}E(X_n)$

$$=(\dfrac{1}{2}+\dfrac{1}{3}+\dfrac{1}{6})\mu=\mu$$

得 $\dfrac{1}{2}X_1 + \dfrac{1}{3}X_3 + \dfrac{1}{6}X_n$ 是 μ 的无偏估计。

(4)由于 $E\left(\dfrac{1}{3}X_1 + \dfrac{1}{3}X_2\right) = \dfrac{1}{3}E(X_1) + \dfrac{1}{3}E(X_2) = \dfrac{2}{3}\mu \neq \mu$

得 $\dfrac{1}{3}X_1 + \dfrac{1}{3}X_2$ 不是 μ 的无偏估计。

由此可见,一个未知参数可以有不同的无偏估计量。

附 例 设 μ, σ^2 分别为总体 X 的均值和方差,$X_1, X_2, \cdots, X_n$ 为总体 X 的一个样本,验证 $\hat{\sigma}^2 = \dfrac{1}{n}\sum\limits_{i=1}^{n}(X_i - \bar{X})^2$ 作为 σ^2 的估计量,是否满足无偏性?

解 因为 $E(\hat{\sigma}^2) = E\left[\dfrac{1}{n}\sum\limits_{i=1}^{n}(X_i - \bar{X})^2\right] = E\left[\dfrac{1}{n}\sum\limits_{i=1}^{n}((X_i - \mu) - (\bar{X} - \mu))^2\right]$

$$= \dfrac{1}{n}\sum\limits_{i=1}^{n}E(X_i - \mu)^2 - E(\bar{X} - \mu)^2 = \dfrac{1}{n}\sum\limits_{i=1}^{n}D(X_i) - D(\bar{X})$$

由于 $D(X_i) = D(X) = \sigma^2 \quad (i = 1, 2, \cdots, n)$

$$D(\bar{X}) = D\left(\dfrac{1}{n}\sum\limits_{i=1}^{n}X_i\right) = \dfrac{1}{n^2}\sum\limits_{i=1}^{n}D(X_i) = \dfrac{\sigma^2}{n}$$

所以 $E(\hat{\sigma}^2) = \dfrac{1}{n}\cdot n\sigma^2 - \dfrac{\sigma^2}{n} = \dfrac{n-1}{n}\sigma^2 \neq \sigma^2$

故 $\hat{\sigma}^2$ 不是 σ^2 的无偏估计。

这里若将 $\hat{\sigma}^2$ 进行调整,即以 $n/(n-1)$ 乘 $\hat{\sigma}^2$,所得估计就是无偏估计,因为

$$E\left(\dfrac{n}{n-1}\hat{\sigma}^2\right) = \dfrac{n}{n-1}E(\hat{\sigma}^2) = \dfrac{n}{n-1}\dfrac{n-1}{n}\sigma^2 = \sigma^2$$

而 $\dfrac{n}{n-1}\hat{\sigma}^2 = \dfrac{1}{n-1}\sum\limits_{i=1}^{n}(X_i - \bar{X})^2 = S^2$

因此样本方差 S^2 为 σ^2 的无偏估计。

4.2.2 有效性

现在来比较参数 θ 的两个无偏估计量 $\hat{\theta}_1$ 和 $\hat{\theta}_2$。 如果在样本容量 n 相同的情况下,应选择取值最集中的估计量,如果 $\hat{\theta}_1$ 的观察值较 $\hat{\theta}_2$ 更密集在真值 θ 附近,可以认为 $\hat{\theta}_1$ 较 $\hat{\theta}_2$ 更理想。由于方差是随机变量取值与其数学期望(此时数学期望 $E(\hat{\theta}_1) = E(\hat{\theta}_2)$)的偏离程度的度量,所以无偏估计以方差小者为好。这就引出了估计量有效性的概念。

有效性 设 $\hat{\theta}_1$ 与 $\hat{\theta}_2$ 都是 θ 的无偏估计量,如果

$$D(\hat{\theta}_1) < D(\hat{\theta}_2) \tag{4.2.2}$$

则称 $\hat{\theta}_1$ 较 $\hat{\theta}_2$ 有效。

例 4.2.2 求证:当样本容量 $n \geqslant 3$ 时,用 $\bar{X} = \dfrac{1}{n}\sum\limits_{i=1}^{n}X_i$ 作为 μ 的估计量比 X_i 和 $\dfrac{1}{2}X_1 + \dfrac{1}{4}X_2 + \dfrac{1}{12}X_3$ 作为估计量都有效。

解 根据例 4.2.1 知,它们都是 μ 的无偏估计量

$$D(\bar{X}) = D(\frac{1}{n}\sum_{i=1}^{n}X_i) = \frac{1}{n^2}\sum_{i=1}^{n}D(X_i) = \frac{1}{n}D(X)$$

$$D(X_i) = D(X)$$

$$D(\frac{1}{2}X_1 + \frac{1}{4}X_2 + \frac{1}{12}X_3) = \frac{1}{4}D(X_1) + \frac{1}{16}D(X_2) + \frac{1}{144}D(X_3) = \frac{50}{144}D(X)$$

而当 $n \geqslant 3$ 时,有 $D(\bar{X}) < D(\dfrac{1}{2}X_1 + \dfrac{1}{4}X_2 + \dfrac{1}{12}X_3) < D(X_i)$。

所以原命题成立。

注意,在判断估计量的有效性时,首先必须在估计量为无偏估计的前提下再判断其方差大小。

4.2.3 一致性

无偏性与有效性都是在样本容量 n 固定的前提下提出的。在实际中希望随着样本容量 n 的增大,一个估计量的值稳定于待估参数的真值。这样,对估计量又有一致性的要求。

一致性 设 $\hat{\theta}_n = \hat{\theta}(X_1, X_2, \cdots, X_n)$ 为参数 θ 的估计量,若对任给的 $\varepsilon > 0$,有

$$\lim_{n\to\infty} P\{|\hat{\theta}_n - \theta| < \varepsilon\} = 1$$

则称 $\hat{\theta}_n$ 为 θ 的**一致估计**。

一致估计又称为相合估计,其直观意义是当样本容量充分大时,估计值很接近未知参数的真值。一致估计从理论上保证了样本容量越大,则估计的误差就会越小。一致性是对一个估计量的基本要求。若估计量不具有一致性,那么无论样本容量 n 取得多大,都不能将 θ 估计得足够准确,这样的估计量是不可取的。

附 辛钦大数定理 设 $X_1, X_2, \cdots, X_n, \cdots$ 是相互独立同分布的随机变量序列,且具有数学期望 $E(X_i) = \mu$,作前 n 个变量的算术平均值 $\bar{X}_n = \dfrac{1}{n}\sum\limits_{i=1}^{n}X_i$,则对于任意正数 ε,有

$$\lim_{n \to \infty} P\{\,|\,\frac{1}{n}\sum_{i=1}^{n}X_i - \mu\,| < \varepsilon\} = 1$$

通俗地说,辛钦大数定理说明,对于独立同分布且具有均值 μ 的 $X_1, X_2, \cdots,$ X_n,当 n 充分大时,算术平均值比较稳定地围绕在总体的数学期望附近。由此可以看出,样本均值是总体均值的一致估计。

例 4.2.3　某种片剂的崩解时间 $X \sim N(\mu, \sigma^2)$。今随机抽取 5 丸测得崩解时间(单位:分钟)为:36、40、38、41、35,计算 μ 及 σ^2 的无偏点估计。

解　$\bar{X} = \frac{1}{5}(36 + 40 + 38 + 41 + 35) = 38$

$$S^2 = \frac{1}{4}\big[(36-38)^2 + (40-38)^2 + (38-38)^2 + (41-38)^2 + (35-38)^2\big] = 6.5$$

故 μ 及 σ^2 的无偏点估计分别为 $\hat{\mu} = 38, \hat{\sigma}^2 = 6.5$。

4.3　区间估计

对于未知参数 θ,除了给出它的点估计外,还希望知道做出相应估计的误差是多少,即所求真值所在的范围,并知道这个范围包含参数 θ 真值的可信程度,这样的范围通常以区间的形式给出,这种形式的估计称为区间估计,这样的区间即所谓的置信区间。

置信区间　设总体 X 的分布函数 $F(x, \theta)$ 含有一个未知参数 θ,对于给定 $\alpha(0 < \alpha < 1)$,若由来自 X 的样本 $X_1, X_2, \cdots, X_n$ 确定的两个统计量 $\hat{\theta}_1(X_1, X_2, \cdots, X_n)$ 和 $\hat{\theta}_2(X_1, X_2, \cdots, X_n)$ 满足

$$P\{\hat{\theta}_1(X_1, X_2, \cdots, X_n) < \theta < \hat{\theta}_2(X_1, X_2, \cdots, X_n)\} = 1 - \alpha \qquad (4.3.1)$$

则称随机区间 $(\hat{\theta}_1, \hat{\theta}_2)$ 为 θ 的置信度为 $1 - \alpha$ 的**置信区间**(confidence interval), $\hat{\theta}_1(x_1, x_2, \cdots, x_n)$, $\hat{\theta}_2(x_1, x_2, \cdots, x_n)$ 分别称为置信下限和置信上限,$1 - \alpha$ 称为**置信度**或置信水平。

式(4.3.1)中随机变量 $\hat{\theta}_1(X_1, X_2, \cdots, X_n)$ 和 $\hat{\theta}_2(X_1, X_2, \cdots, X_n)$ 是两个统计量,而置信区间 $(\hat{\theta}_1, \hat{\theta}_2)$ 的两个端点对于每一次确定的试验,是确定的值,不同的试验,结果是有差异的。区间估计的意义在于:若反复抽样多次(各次的样本容量相同),每一个样本确定一个区间 $(\hat{\theta}_1, \hat{\theta}_2)$,每个这样的区间要么包含 θ 的真值,要么不包含 θ 的真值。在这些区间中,包含 θ 真值的约占 $100(1-\alpha)\%$,不包含 θ 真值的仅占 $100\alpha\%$。例如,若 $\alpha = 0.01$,反复抽样 1000 次,则得到的 1000 个区间中不包含 θ 真值的区间仅为 10 个。

寻求未知参数 θ 的置信区间的一般思路如下：

(1)寻找一个含有未知参数 θ 的样本函数 $Z(X_1, X_2, \cdots, X_n)$，且其分布为已知。

(2)对于给定的置信水平为 $1-\alpha$，确定两个常数 a、b 使得

$$P\{a < Z(X_1, X_2, \cdots, X_n) < b\} = 1-\alpha$$

若能从 $\quad a < Z(X_1, X_2, \cdots, X_n) < b$

得到与之等价的 θ 的不等式 $\quad \hat{\theta}_1 < \theta < \hat{\theta}_2$

其中 $\hat{\theta}_1 = \hat{\theta}_1(X_1, X_2, \cdots, X_n)$，$\hat{\theta}_2 = \hat{\theta}_2(X_1, X_2, \cdots, X_n)$ 都是统计量，那么 $(\hat{\theta}_1, \hat{\theta}_2)$ 就是 θ 的一个置信水平为 $1-\alpha$ 的置信区间。

由于正态分布的广泛应用，在此主要讨论正态总体未知参数的区间估计。

4.3.1　正态总体均值的区间估计

1. σ^2 已知时 μ 的区间估计

设总体 $X \sim N(\mu, \sigma^2)$，σ^2 已知，μ 未知，$X_1, X_2, \cdots, X_n$ 是来自 X 的样本，求 μ 的置信水平为 $1-\alpha$ 的置信区间。

按照前述求置信区间的思路，因为 $\bar{X}$ 为 μ 的无偏估计量，构造样本函数

$$\frac{\bar{X} - \mu}{\sigma/\sqrt{n}} \sim N(0, 1)$$

对于给定置信水平 $1-\alpha$，根据标准正态分布的上 α 分位点，有

$$P\left\{\left|\frac{\bar{X} - \mu}{\sigma/\sqrt{n}}\right| < u_{\alpha/2}\right\} = 1-\alpha$$

见图 4.3.1，即

$$P\left\{\bar{X} - u_{\alpha/2}\frac{\sigma}{\sqrt{n}} < \mu < \bar{X} + u_{\alpha/2}\frac{\sigma}{\sqrt{n}}\right\} = 1-\alpha$$

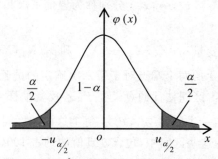

图 4.3.1　σ^2 已知时 μ 的区间估计示意图

于是,得到 μ 的置信水平为 $1-\alpha$ 的置信区间 $\left(\bar{X}-u_{\alpha/2}\dfrac{\sigma}{\sqrt{n}},\bar{X}+u_{\alpha/2}\dfrac{\sigma}{\sqrt{n}}\right)$,通常写成

$$\bar{X}\pm u_{\alpha/2}\frac{\sigma}{\sqrt{n}} \tag{4.3.2}$$

若取 $1-\alpha=0.95$,即 $\alpha=0.05$,查附表 4 得,$u_{\frac{\alpha}{2}}=u_{0.025}=1.96$。

于是得到一个置信水平为 0.95 的置信区间为 $\bar{X}\pm1.96\dfrac{\sigma}{\sqrt{n}}$,即

$$\left(\bar{X}-1.96\frac{\sigma}{\sqrt{n}},\bar{X}+1.96\frac{\sigma}{\sqrt{n}}\right)$$

置信度为 $1-\alpha$ 的置信区间并不是唯一的。以例 4.3.1 来说,给定 $\alpha=0.05$,则有

$$P\left\{-u_{0.04}<\frac{\bar{X}-\mu}{\sigma/\sqrt{n}}<u_{0.01}\right\}=0.95$$

见图 4.3.2,即

$$P\left\{\bar{X}-u_{0.04}\frac{\sigma}{\sqrt{n}}<\mu<\bar{X}+u_{0.01}\frac{\sigma}{\sqrt{n}}\right\}=1-\alpha$$

故

$$\left(\bar{X}-u_{0.04}\frac{\sigma}{\sqrt{n}}\bar{X}+u_{0.01}\frac{\sigma}{\sqrt{n}}\right)$$

也是 μ 的置信水平为 0.95 的置信区间。

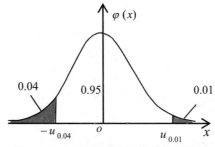

图 4.3.2 μ 的不对称区间估计示意图

比较这两个置信区间可知,由 $\bar{X}\pm1.96\sigma/\sqrt{n}$ 所确定的长度为

$$2\times1.96\sigma/\sqrt{n}=3.92\sigma/\sqrt{n}$$

这一长度要比 $(\bar{X}-u_{0.04}\sigma/\sqrt{n},\bar{X}+u_{0.01}\sigma/\sqrt{n})$ 确定的长度

$$(u_{0.04}+u_{0.01})\sigma/\sqrt{n}=(1.75+2.33)\sigma/\sqrt{n}=4.08\sigma/\sqrt{n}$$

短。置信区间短表示估计的精度高。因而对于给定的 α，取前者比较合理。易知，像 $N(0,1)$ 分布那样的，其概率密度函数的图形是单峰且对称的情况，当 n 固定时，选取对称区间的分位点，得到的置信区间为最短的置信区间。

例 4.3.1 已知某种灯泡的寿命 X（单位：小时）服从 $N(\mu,8)$。现从这批灯泡中抽出10个，测出其寿命分别为1050,1100,1080,1120,1200,1250,1040,1130,1300,1200,若 $\alpha=0.05$，试求 X 的期望 μ 的置信区间。

解 已知 $X\sim N(\mu,8)$，σ 已知，$\sigma^2=8$，$n=10$，$\alpha=0.05$

$$\bar{x}=\frac{1050+1100+1080+1120+1200+1250+1040+1130+1300+1200}{10}=1147$$

查附表 4，$\mu_{0.05/2}=1.96$，

故 μ 的置信度为 0.95 的置信区间为

$$\bar{X}\pm u_{a/2}\frac{\sigma}{\sqrt{n}}=1147\pm 1.96\times\frac{\sqrt{8}}{\sqrt{10}}=1147\pm 1.75$$

即 $(1145.25,1148.75)$ 为所求的置信区间。

注意，这已经不是随机区间了，但仍称它为置信度为 0.95 的置信区间。其含义是现在抽样得到的区间 $(1145.25,1148.75)$，属于包含 μ 的区间的可信度为 95%，或"该区间包含 μ"的可信度为 95%。

2. σ^2 未知时 μ 的区间估计

总体方差 σ^2 未知时，不能使用式(4.3.2)，因其中含有未知参数 σ。考虑到 S^2 是 σ^2 的无偏估计，将式(4.3.2)中的 σ 换成 $S=\sqrt{S^2}$，由第 3 章的定理 3.2.3,知

$$\frac{\bar{X}-\mu}{S/\sqrt{n}}\sim t(n-1)$$

对于给定 α，由

$$P\left\{\left|\frac{\bar{X}-\mu}{S/\sqrt{n}}\right|<t_{a/2}(n-1)\right\}=1-\alpha$$

即 $\quad P\left\{\bar{X}-t_{a/2}(n-1)\frac{S}{\sqrt{n}}<\mu<\bar{X}+t_{a/2}(n-1)\frac{S}{\sqrt{n}}\right\}=1-\alpha$

得 μ 的置信度为 $1-\alpha$ 的置信区间为

$$\left(\bar{X} - \frac{S}{\sqrt{n}} t_{\alpha/2}(n-1), \bar{X} + \frac{S}{\sqrt{n}} t_{\alpha/2}(n-1)\right)$$

写成

$$\bar{X} \pm \frac{S}{\sqrt{n}} t_{\alpha/2}(n-1) \tag{4.3.3}$$

例 4.3.2 在一批中药饮片中,随机抽取 25 片,称得平均片重 0.5g,标准差 0.08g。已知药片的重量服从正态分布,试求药片重量的 95% 的置信区间。

解 由题意,σ^2 未知,$\bar{x} = 0.5, s = 0.08, n = 25, \alpha = 1 - 0.95 = 0.05$

查附表 6,$t_{\alpha/2}(n-1) = t_{0.0/2}(24) = 2.064$,

故 μ 的置信度 0.95 的置信区间为

$$\bar{X} \pm \frac{S}{\sqrt{n}} t_{\alpha/2}(n-1) = 0.5 \pm 2.064 \times \frac{0.08}{\sqrt{25}} = 0.5 \pm 0.033$$

即 $(0.467, 0.533)$ 为所求的置信区间。

在实际问题中,总体方差 σ^2 未知的情况较多,故式(4.3.3)比式(4.3.2)有更大的实用价值。

特别地,对于大样本非正态总体的情况,设总体 X 的均值与方差分别为 μ,σ^2,$X_1, X_2, \cdots, X_n$ 是来自总体 X 的样本。

由中心极限定理知,无论总体服从什么分布,当 n 充分大(一般要求 $n \geqslant 50$)时,有

$$\bar{X} \sim N(\mu, \sigma^2/n)$$

即

$$\frac{\bar{X} - \mu}{\sigma/\sqrt{n}} \sim N(0,1)$$

对于给定 α,由

$$P\left\{\left|\frac{\bar{X} - \mu}{\sigma/\sqrt{n}}\right| < u_{\alpha/2}\right\} = 1 - \alpha$$

即

$$P\left\{\bar{X} - u_{\alpha/2}\frac{\sigma}{\sqrt{n}} < \mu < \bar{X} + u_{\alpha/2}\frac{\sigma}{\sqrt{n}}\right\} = 1 - \alpha$$

得 μ 的置信度为 $1 - \alpha$ 的置信区间为

$$\left(\bar{X} - u_{a/2}\frac{\sigma}{\sqrt{n}}, \bar{X} + u_{a/2}\frac{\sigma}{\sqrt{n}}\right) \tag{4.3.4}$$

在实际应用中，σ^2 一般未知，若总体方差 σ^2 未知时，由于 S^2 是 σ^2 的一致无偏估计量，所以在 n 充分大时，可用 S^2 近似代替 σ^2。故得到 μ 的置信度为 $1-\alpha$ 的置信区间为

$$\left(\bar{X} - u_{a/2}\frac{S}{\sqrt{n}}, \bar{X} + u_{a/2}\frac{S}{\sqrt{n}}\right) \tag{4.3.5}$$

例 4.3.3　在某市参加英语四级考生中，随机抽取 64 人，笔试平均得分为 71.3，标准差为 10.3。求该市考生笔试得分总体均数置信度为 0.95 的置信区间。

解　由题意，σ^2 未知，$n=64$ 为大样本

$\bar{x}=71.3$，$s=10.3$，$\alpha=1-0.95=0.05$

查附表 4，$u_{a/2}=u_{0.05/2}=1.96$，

故 μ 的置信度为 0.95 的置信区间为

$$\bar{X} \pm u_{a/2}\frac{S}{\sqrt{n}} = 71.3 \pm 1.96 \times 10.3/\sqrt{64} \approx 71.3 \pm 2.52$$

即 (68.78, 73.82) 为所求的置信区间。

4.3.2　正态总体方差的区间估计

根据实际问题的需要，此处只介绍 μ 未知的情况。

由第 3 章定理 3.3.2，根据求置信区间的思路，因为 S^2 为 σ^2 的无偏估计量，构造样本函数

$$\frac{(n-1)S^2}{\sigma^2} \sim \chi^2(n-1)$$

对于给定 α，有

$$P\left\{\chi^2_{1-a/2}(n-1) < \frac{(n-1)S^2}{\sigma^2} < \chi^2_{a/2}(n-1)\right\} = 1-\alpha$$

见图 4.3.3，即

$$P\left\{\frac{(n-1)S^2}{\chi^2_{a/2}(n-1)} < \sigma^2 < \frac{(n-1)S^2}{\chi^2_{1-a/2}(n-1)}\right\} = 1-\alpha$$

故总体方差 σ^2 的置信度为 $1-\alpha$ 的置信区间为

$$\left(\frac{(n-1)S^2}{\chi^2_{\alpha/2}(n-1)}, \frac{(n-1)S^2}{\chi^2_{1-\alpha/2}(n-1)}\right) \tag{4.3.6}$$

标准差 σ 的置信度为 $1-\alpha$ 的置信区间为

$$\left(\frac{\sqrt{n-1}\cdot S}{\sqrt{\chi^2_{\alpha/2}(n-1)}}, \frac{\sqrt{n-1}\cdot S}{\sqrt{\chi^2_{1-\alpha/2}(n-1)}}\right) \tag{4.3.7}$$

注意,概率密度函数不对称时,如 χ^2 分布和 F 分布,习惯上仍将 α 平分为两部分,如图 4.3.3 所示,取上分位点 $\chi^2_{1-\alpha/2}(n-1)$ 和 $\chi^2_{\alpha/2}(n-1)$ 来确定置信区间。

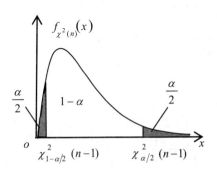

图 4.3.3　σ^2 的区间估计示意图

例 4.3.4　有一大批糖果。现从中随机地取 16 袋,称得重量(单位:g)如下:

506	508	499	503	504	510	497	512
514	505	493	496	506	502	509	496

设袋装糖果的重量近似服从正态分布,试求总体标准差 σ 的置信水平为 0.95 的置信区间。

解　由样本数据计算得 $s=6.2022$

$$n=16, df=16-1=15, \frac{\alpha}{2}=0.025, 1-\frac{\alpha}{2}=0.975$$

查附表 5,$\chi^2_{0.025}(15)=27.488, \chi^2_{0.975}(15)=6.262,$

σ 的置信水平为 0.95 的置信区间为

$$\left(\frac{\sqrt{n-1}\cdot S}{\sqrt{\chi^2_{\alpha/2}(n-1)}}, \frac{\sqrt{n-1}\cdot S}{\sqrt{\chi^2_{1-\alpha/2}(n-1)}}\right) = \left(\frac{\sqrt{15}\times 6.2022}{\sqrt{6.262}}, \frac{\sqrt{15}\times 6.2022}{\sqrt{27.488}}\right)$$
$$= (4.58, 9.60)$$

附 两个正态总体 $N(\mu_1,\sigma_1^2)$，$N(\mu_2,\sigma_2^2)$ 的情况

在实际中常遇到下面的问题：已知产品的某一质量指标服从正态分布，但由于原料、设备条件，操作人员不同，或工艺过程的改变等因素，引起总体均值、总体方差有所改变。需要知道这些变化有多大，这就需要考虑两个正态均值差或方差比的估计问题。

1. 两个正态总体均值差的区间估计

（1）设总体 $X \sim N(\mu_1,\sigma_1^2)$，$Y \sim N(\mu_2,\sigma_2^2)$，$\sigma_1^2,\sigma_2^2$ 已知；$X_1,X_2,\cdots,X_{n_1},Y_1$，$Y_2,\cdots,Y_{n_2}$ 是分别来自总体 X,Y 的样本。

由第 3 章定理 3.2.4，知

$$U = \frac{(\bar{X}-\bar{Y})-(\mu_1-\mu_2)}{\sqrt{\dfrac{\sigma_1^2}{n_1}+\dfrac{\sigma_2^2}{n_2}}} \sim N(0,1)$$

对于给定 α，由

$$P\left\{-u_{\alpha/2} < \frac{(\bar{X}-\bar{Y})-(\mu_1-\mu_2)}{\sqrt{\dfrac{\sigma_1^2}{n_1}+\dfrac{\sigma_2^2}{n_2}}} < u_{\alpha/2}\right\} = 1-\alpha$$

故在 σ_1^2,σ_2^2 已知的假设下，两个正态总体均值差 $\mu_1-\mu_2$ 的置信度为 $1-\alpha$ 的置信区间为

$$\left(\bar{X}-\bar{Y}-u_{\alpha/2}\sqrt{\dfrac{\sigma_1^2}{n_1}+\dfrac{\sigma_2^2}{n_2}},\ \bar{X}-\bar{Y}+u_{\alpha/2}\sqrt{\dfrac{\sigma_1^2}{n_1}+\dfrac{\sigma_2^2}{n_2}}\right)$$

（2）设总体 $X \sim N(\mu_1,\sigma_1^2)$，$Y \sim N(\mu_2,\sigma_2^2)$，$\sigma_1^2,\sigma_2^2$ 未知，但 $\sigma_1^2=\sigma_2^2$，X_1,X_2，$\cdots,X_{n_1},Y_1,Y_2,\cdots,Y_{n_2}$ 是分别来自总体 X,Y 的样本。

由第 3 章定理 3.2.5，知，

$$T = \frac{(\bar{X}-\bar{Y})-(\mu_1-\mu_2)}{S_w\sqrt{\dfrac{1}{n_1}+\dfrac{1}{n_2}}} \sim t(n_1+n_2-2)$$

其中

$$S_w = \sqrt{\frac{(n_1-1)S_1^2+(n_2-1)S_2^2}{n_1+n_2-2}}$$

对于给定 α，由

$$P\left\{-t_{\alpha/2}(n_1+n_2-2) < \frac{(\bar{X}-\bar{Y})-(\mu_1-\mu_2)}{S_w\sqrt{\dfrac{1}{n_1}+\dfrac{1}{n_2}}} < t_{\alpha/2}(n_1+n_2-2)\right\} = 1-\alpha$$

故在 σ_1^2, σ_2^2 未知且相等的假设下,两个正态总体均值差 $\mu_1 - \mu_2$ 的置信度为 $1-\alpha$ 的置信区间为

$$\left(\bar{X} - \bar{Y} - t_{\alpha/2}(n_1 + n_2 - 2)S_w\sqrt{\frac{1}{n_1} + \frac{1}{n_2}}, \right.$$

$$\left. \bar{X} - \bar{Y} + t_{\alpha/2}(n_1 + n_2 - 2)S_w\sqrt{\frac{1}{n_1} + \frac{1}{n_2}} \right)$$

例 两批导线,从第一批中抽取 4 根,从第二批中抽取 5 根,测得它们的电阻(单位:Ω)如下:

第一批	0.143	0.142	0.143	0.138	
第二批	0.140	0.142	0.136	0.140	0.138

设两批导线的电阻分别服从正态分布 $N(\mu_1, \sigma_1^2)$,$N(\mu_2, \sigma_2^2)$,其中参数 μ_1,μ_2,σ_1^2,σ_2^2 均未知,假设 $\sigma_1^2 = \sigma_2^2$,试求这两批电阻的均值差 $\mu_1 - \mu_2$ 的置信度为 0.90 的置信区间。

解 由已给的样本观测值可知:

$$n_1 = 4, \quad \bar{x} = 0.1415, \quad s_1^2 = 5.67 \times 10^{-6}$$

$$n_2 = 5, \quad \bar{Y} = 0.1392, \quad s_2^2 = 5.20 \times 10^{-6}$$

计算

$$S_w = \sqrt{\frac{(n_1 - 1)s_1^2 + (n_2 - 1)s_2^2}{n_1 + n_2 - 2}} = \sqrt{\frac{3 \times 5.67 \times 10^{-6} + 4 \times 5.20 \times 10^{-6}}{4 + 5 - 2}}$$

$$\approx 2.324 \times 10^{-3}$$

对于 $1 - \alpha = 0.90$,$\alpha = 0.10$,查附表 6,得 $t_{0.05}(7) = 1.895$,故由上式可得 $\mu_1 - \mu_2$ 的置信区间为 $(-0.0007, 0.0053)$。

2. 两个正态总体方差比的区间估计

设总体 $X \sim N(\mu_1, \sigma_1^2)$,$Y \sim N(\mu_2, \sigma_2^2)$,其中参数均未知;$X_1, X_2, \cdots, X_{n_1}$,$Y_1, Y_2, \cdots, Y_{n_2}$ 是分别来自总体 X, Y 的样本。

由第 3 章定理 3.2.5,知

$$F = \frac{S_1^2/\sigma_1^2}{S_2^2/\sigma_2^2} \sim F(n_1 - 1, n_2 - 1)$$

对于给定的 α，可找到实数 $F_{1-\alpha/2}(n_1-1,n_2-1)$，$F_{\alpha/2}(n_1-1,n_2-1)$ 使得

$$P\left\{F_{1-\alpha/2}(n_1-1,n_2-1)<\frac{S_1^2/\sigma_1^2}{S_2^2/\sigma_2^2}<F_{\alpha/2}(n_1-1,n_2-1)\right\}=1-\alpha$$

故两个正态总体方差比 σ_1^2/σ_2^2 的置信度为 $1-\alpha$ 的置信区间为

$$\left(\frac{S_1^2/S_2^2}{F_{\alpha/2}(n_1-1,n_2-1)},\frac{S_1^2/S_2^2}{F_{1-\alpha/2}(n_1-1,n_2-1)}\right)$$

例 某钢铁公司的管理人员为比较新旧两个电炉的温度稳定性，抽测了新电炉的 31 个温度数据及旧电炉的 25 个温度数据，并计算得样本方差分别为 $s_1^2=75$，$s_2^2=100$。设新电炉的温度 $X\sim N(\mu_1,\sigma_1^2)$，旧电炉的温度 $Y\sim N(\mu_2,\sigma_2^2)$。试求 σ_1^2/σ_2^2 的 0.95 的置信区间。

解 该问题属于两个正态总体方差比的估计问题，对于 $1-\alpha=0.95$，$\alpha=0.05$ 查附表 7，得：$F_{\alpha/2}(n_1-1,n_2-1)=F_{0.025}(30,24)=2.21$，

$$F_{1-\alpha/2}(n_1-1,n_2-1)=F_{0.975}(30,24)=\frac{1}{F_{0.025}(24,30)}=\frac{1}{2.14}$$

故可得 σ_1^2/σ_2^2 的 0.95 的置信区间为

$$\left(\frac{1}{2.21}\times\frac{75}{100},2.14\times\frac{75}{100}\right)=(0.34,16.1)$$

附 单侧置信区间

在前面的讨论中，对于总体的未知参数 θ 的区间估计，总是同时构造两个统计量 $(\hat{\theta}_1,\hat{\theta}_2)$，由此得 θ 的双侧置信区间 $(\hat{\theta}_1,\hat{\theta}_2)$。这种置信区间的特点是同时关注未知参数 θ 的置信下限 $\hat{\theta}_1$ 与置信上限 $\hat{\theta}_2$。然而在实际问题中，有时人们只关注未知参数的置信下限或置信上限，如对于设备、元件的平均寿命估计问题，通常只关注其信下限；在考虑化学药品中杂质含量时，通常只关注其置信上限。这就引出了单侧置信区间的问题。

设 θ 是总体 X 的一个未知参数，对于给定值 $\alpha(0<\alpha<1)$，如果统计量 $\hat{\theta}_l(X_1,X_2,\cdots,X_n)$ 满足 $P(\theta>\hat{\theta}_l)=1-\alpha$，则称随机区间 $(\hat{\theta}_l,+\infty)$ 是 θ 的置信度为 $1-\alpha$ 的单侧置信区间，$\hat{\theta}_l$ 为参数 θ 的置信度为 $1-\alpha$ 的单侧置信下限；类似地，如果统计量 $\hat{\theta}_u(X_1,X_2,\cdots,X_n)$ 满足 $P(\theta<\hat{\theta}_u)=1-\alpha$，则称随机区间 $(-\infty,\hat{\theta}_u)$ 是 θ 的置信度为 $1-\alpha$ 的单侧置信区间，$\hat{\theta}_u$ 为参数 θ 的置信度为 $1-\alpha$ 的

单侧置信上限。

正态总体均值的单侧置信限

1.总体方差 σ^2 已知时

(1)由 $\dfrac{\bar{X}-\mu}{\sigma/\sqrt{n}} \sim N(0,1)$

对于给定 α,由标准正态分布上 α 分位点,存在实数 u_α,使得

$$P\left\{\frac{\bar{X}-\mu}{\sigma/\sqrt{n}} < u_\alpha\right\} = 1-\alpha, \text{即 } P\left\{\mu > \bar{X} - u_\alpha\frac{\sigma}{\sqrt{n}}\right\} = 1-\alpha$$

所以,参数 μ 的置信度为 $1-\alpha$ 的单侧置信下限为

$$\hat{\mu}_l = \bar{X} - u_\alpha\frac{\sigma}{\sqrt{n}}$$

(2)同理,对于给定 α,根据标准正态分布上 α 分位点,存在实数 $-u_\alpha$,使得

$$P\left\{\frac{\bar{X}-\mu}{\sigma/\sqrt{n}} > -u_\alpha\right\} = 1-\alpha, \text{即 } P\left\{\mu < \bar{X} + u_\alpha\frac{\sigma}{\sqrt{n}}\right\} = 1-\alpha$$

所以,参数 μ 的置信度为 $1-\alpha$ 的单侧置信上限为

$$\hat{\mu}_u = \bar{X} + u_\alpha\frac{\sigma}{\sqrt{n}}$$

2.总体方差 σ^2 未知时

(1)由

$$\frac{\bar{X}-\mu}{S/\sqrt{n}} \sim t(n-1)$$

对于给定 α,由 t 分布上 α 分位数点,存在实数 $t_\alpha(n-1)$,使得

$$P\left\{\frac{\bar{X}-\mu}{S/\sqrt{n}} < t_\alpha(n-1)\right\} = 1-\alpha$$

即

$$P\left\{\mu > \bar{X} - t_\alpha(n-1)\frac{S}{\sqrt{n}}\right\} = 1-\alpha$$

所以,参数 μ 的置信度为 $1-\alpha$ 的单侧置信下限为

$$\hat{\mu}_l = \bar{X} - t_\alpha(n-1)\frac{S}{\sqrt{n}}$$

(2)同理,对于给定 α,根据 t 分布的性质,存在实数 $-t_\alpha(n-1)$,使得

$$P\left\{\frac{\bar{X}-\mu}{S/\sqrt{n}} > -t_\alpha(n-1)\right\} = 1-\alpha$$

即

$$P\left\{\mu < \bar{X} + t_a(n-1)\frac{S}{\sqrt{n}}\right\} = 1 - \alpha$$

所以，参数 μ 的置信度为 $1-\alpha$ 的单侧置信上限为

$$\hat{\mu}_u = \bar{X} + t_a(n-1)\frac{S}{\sqrt{n}}$$

＊离散总体参数估计

在总体中重复抽取 n 个个体，相当于进行 n 次伯努利试验，事件 A 出现次数 X 是服从二项分布的离散型变量，即 $X \sim B(n,p)$。总体均数 $E(X)=np$，总体方差 $D(X)=npq$，$q=1-p$。

定理　若 $X \sim B(n,p)$，$\hat{p}=X/n$，则

$$E(\hat{p}) = p, D(\hat{p}) = \frac{pq}{n}$$

证明　由 $E(X)=np$，总体方差 $D(X)=npq$，可以得到

$$E(\hat{p}) = E\left(\frac{X}{n}\right) = \frac{1}{n}E(X) = \frac{1}{n} \cdot np = p$$

$$D(\hat{p}) = D\left(\frac{X}{n}\right) = \frac{1}{n^2}D(X) = \frac{1}{n^2} \cdot npq = \frac{pq}{n}$$

由上述定理可知，样本率 $\hat{p}$ 是总体率 p 的无偏点估计，并且在 n 足够大时，近似地有

$$\hat{p} \sim N\left(p, \frac{pq}{n}\right), \frac{\hat{p}-p}{\sqrt{pq/n}} \sim N(0,1)$$

记 $\hat{q}=1-\hat{p}$，在样本容量 $n \geqslant 50$ 时，用 $\sqrt{\hat{p}\hat{q}/n}$ 近似代替 $\sqrt{pq/n}$，得到

$$\frac{\hat{p}-p}{\sqrt{\hat{p}\hat{q}/n}} \sim N(0,1)$$

故总体率 p 的 $1-\alpha$ 置信区间为

$$\hat{p} \pm u_{a/2}\sqrt{\frac{\hat{p}\hat{q}}{n}} \quad (\hat{q}=1-\hat{p})$$

例　某医院用复方当归注射液静脉滴注治疗脑动脉硬化症 188 例，其中显效 83 例，求复方当归注射液显效率的 95% 置信区间。

解　188 例患者中显效人数服从二项分布。由 $n=188 > 50$，$m=83$，得到
$$\hat{p}=83/188=0.4415, \hat{q}=1-0.4415=0.5585$$

故复方当归注射液显效率 p 的 95% 置信区间为

$$0.4415 \pm 1.960 \times \sqrt{\frac{0.4415 \times 0.5585}{188}}$$

即：$(0.3705, 0.5125)$。

阅读材料

血液检查中的混合样本监测法

第二次世界大战期间，必须招募很多人到军队，要检查申请者中某种罕见的疾病。需要对每一个人进行血液检查，这无疑是一项巨大的工作。尽管被淘汰的比率很低，但这个检验是决定一个人是否能参军的关键。如何保证"有问题的"会被淘汰掉，同时又减少检验次数呢？这里介绍一个统计学家富有才气的解答。

假设申请者中平均 20 个人中有一个人患有此病，也就是说，将申请者 20 个人分为一组，对每一组进行 20 次血液检验，则平均每一组有一例呈阳性。显然，如果把几个人的血样混合起来进行检查，仅当至少有一个人的血呈阳性时混合血样才呈阳性。代替 20 次单个检验，我们把 20 个人分为两组，对 10 个人一组的两个混合血液样本分别进行检验。平均来说，此时一个混合样本呈阳性，另一个呈阴性。然后仅对呈阳性的混合样本进行单个检验，以确认哪一个人的血液是阳性的。这样，对每 20 个人一组平均仅需 $2+10=12$ 次检验，即减少了 20 次中的 8 次，或减少 40%。可以看到，如果把 20 个样本按 5 个一组进行混合，则平均实验总数仅有 $4+5=9$ 次，这是对 20 个申请者一组进行检验所需次数的最佳值，减少了 11 次，即 55%。

类似上述问题的求最佳值过程依赖于要调查疾病的流行率。如果假设某种疾病个人患病的比率为 α，则进行血液检查时，混合样本人数大小的最佳值应为使 $1-a^n+1/n$ 最大的 n。

这个思想非常巧妙，可用于其他领域。例如，常常要对来自不同水源的水进行检验，确定是否被污染。按上面所描述的混合样本和分组的试验手段，则有可能在不增加实验设备的情况下，检验大量来自不同水源的样本并能做出精密的检查。混合样本监测的方法现已广泛实践于环境保护研究和其他领域，用于削减实验检测费用。

习题 4

1.什么是点估计？什么是区间估计？

2.评价估计量的基本标准？

3.设有总体 X，其均值和方差分别为 μ 与 σ^2。X_1, X_2 是 X 的一个样本，试验证下列统计量：

$$(1)\ \hat{\mu}_1 = \frac{1}{4}X_1 + \frac{3}{4}X_2；(2)\ \hat{\mu}_2 = \frac{1}{3}X_1 + \frac{2}{3}X_2；(3)\ \hat{\mu}_3 = \frac{3}{8}X_1 + \frac{5}{8}X_2$$

均为 μ 的无偏估计量，并比较其有效性。

4.随机地从一批零件中抽取 16 个，测得其长度（单位:cm）为

2.14	2.10	2.13	2.15	2.13	2.12	2.13	2.10
2.15	2.12	2.14	2.10	2.13	2.11	2.14	2.11

设该零件长度服从正态分布 $N(\mu, \sigma^2)$，就下述两种情形分别求总体均值 μ 的 90% 的置信区间。(1)若已知 $\sigma = 0.01$；(2)若 σ 未知。

5.某药的某种成分含量服从正态分布，方差 $\sigma^2 = 0.108^2$。现测定 9 个样品，含量的均数 $\overline{X} = 4.484$，根据 $\alpha = 0.05$，求含量总体均数的置信区间。

6.从一批药丸随机抽取 25 丸，测得平均丸重为 1.5 g、标准差为 0.08 g，求该批药丸平均丸重总体均数置信度为 95% 的置信区间。

7.检查某市 12 岁健康女学生 144 人的血红蛋白含量，样本均数 119.62g/L，样本标准差 9.98g/L，求该市 12 岁健康女生血红蛋白含量总体均数置信度为 95% 的置信区间。

8.在某市调查 14 个城镇居民户，得平均户均购买食用植物油数量的样本均值和样本标准差分别为 $\overline{x} = 8.7\text{kg}, s = 1.67\text{kg}$。假设户均食用植物油量 X（单位:kg）服从正态分布 $N(\mu, \sigma^2)$，试求：

(1)置信度为 0.95 的总体均值 μ 的置信区间；

(2)置信度为 0.90 的总体方差 σ^2 的置信区间。

9.随机地取某种炮弹 9 发做试验，得炮口速度的样本标准差 $s = 11\text{m/s}$。设炮口速度服从正态分布，求这种炮弹的炮口速度的标准差 σ 的置信度为 0.95 的置信区间。

第 5 章 假设检验

统计推断的另一类重要问题是假设检验问题。在总体的分布函数完全未知或只知其形式，但不知其参数的情况下，为了推断总体的某些性质，提出某些关于总体的论断或猜测，这就是假设。假设检验包括：参数假设检验，即总体分布已知，检验关于未知参数的某个假设；非参数假设检验，即总体分布未知时的假设检验问题。例如，对于正态总体提出总体均值等于 μ_0 的假设；又如，提出总体分布是否服从泊松分布的假设等。假设检验是根据样本对所提出的假设作出判断：不拒绝或拒绝。本章主要介绍参数的假设检验问题。

5.1 假设检验基本原理

5.1.1 假设检验的基本思想

先看两个实例。

例 5.1.1 某车间用一台包装机包装葡萄糖。包得的袋装糖重是一个随机变量，它服从正态分布。当机器正常时，其均值为 $\mu_0 = 0.5\text{kg}$，标准差为 0.015kg。某日开工后为检验包装机是否正常，随机地抽取它所包装的糖 9 袋，称得净重为（单位：kg）：

0.497	0.506	0.518	0.524	0.498	0.511	0.520	0.515	0.512

问机器是否正常？

此题是要检验某车间的包装机是否正常，即包装机包得的袋装糖重这一随机变量的均数是否等于 $\mu_0 = 0.5\text{kg}$。为此，先做这样的假设：$H_0: \mu = 0.5, H_1: \mu \neq 0.5$。

例 5.1.2 假设人体注射麻疹疫苗后的抗体强度服从正态分布，从某厂产品随机抽取疫苗为 16 人注射，测得抗体强度为 1.2,2.5,1.9,1.5,2.7,1.7,2.2,2.2,3.0,2.4,1.8,2.6,3.1,2.3,2.4,2.1。根据样本能否证实该厂产品的平均抗体强度高于 1.9？

此题是要检验某厂生产的麻疹疫苗的抗体强度这一随机变量的均数是否高

于 1.9。为此，可做这样的假设：$H_0: \mu \leqslant 1.9, H_1: \mu > 1.9$。

上述两个问题的共同特点：研究对象是随机变量，要解决上述问题，首先要对总体做出某种假设，然后根据样本信息，来判断所做假设是否成立，即根据样本对"假设"进行检验。

这里，先结合例 5.1.1 来说明参数假设检验的基本思想和做法。

首先，确定要研究的对象，即总体。以 μ, σ 分别表示这一天袋装糖重的总体 X 的均值和标准差。根据实际情况，总体标准差比较稳定，可以认为 $\sigma = 0.015$。则研究的总体 $X \sim N(\mu, 0.015^2)$，这里 μ 未知。

其次，明确要解决的问题，即通过样本来推断总体 X 的均值 μ 是否等于 $\mu_0 = 0.5$？$\mu = 0.5$ 表示机器正常，$\mu \neq 0.5$ 表示机器不正常。为此，提出两个相互对立的假设 $H_0: \mu = 0.5$ 和 $H_1: \mu \neq 0.5$。

第三，检验假设是否成立。通常的做法是，给出一个合理的法则，根据这一法则，利用已知样本作出决策，是拒绝 H_0，还是拒绝 H_1。如果作出的决策是不拒绝 H_0，则认为 $\mu = 0.5$，即认为这天包装机工作正常，否则认为这天包装机工作不正常。

由于要检验的假设涉及总体均值 μ，所以，首先想到是否可以借助样本均值 $\bar{X}$ 这一统计量来进行判断。$\bar{X}$ 是 μ 的无偏估计，$\bar{X}$ 的观察值 $\bar{x}$ 的大小在一定程度上反映 μ 的大小。因此，如果假设 H_0 为真，则观察值 $\bar{x}$ 与 μ_0 的偏差 $|\bar{x} - \mu_0|$ 就不应该太大；若 $|\bar{x} - \mu_0|$ 过分大，就怀疑假设 H_0 的正确性，从而拒绝 H_0。考虑到当假设 H_0 为真时 $\dfrac{\bar{X} - \mu_0}{\sigma/\sqrt{n}} \sim N(0,1)$，衡量 $|\bar{x} - \mu_0|$ 的大小可以归结为衡量 $\left|\dfrac{\bar{x} - \mu_0}{\sigma/\sqrt{n}}\right|$ 的大小。

基于此想法，合理的思路是找出一个界限 k，当观察值 $\bar{x}$ 满足 $\left|\dfrac{\bar{x} - \mu_0}{\sigma/\sqrt{n}}\right| \geqslant k$ 时就拒绝假设 H_0；反之，$\left|\dfrac{\bar{x} - \mu_0}{\sigma/\sqrt{n}}\right| < k$ 时，就不能拒绝假设 H_0。

由于做出决策的依据是一个样本，当实际上 H_0 为真时，仍可能做出拒绝 H_0 的错误决策，假设犯这种错误的概率记为 $P\{$ 当 H_0 为真时拒绝 $H_0\}$，希望犯这类错误的概率控制在一定限度内，即给出一个较小的数 $\alpha(0 < \alpha < 1)$，使犯这类错误的概率不超过 α，使得

$$P\{\text{当 } H_0 \text{ 为真时拒绝 } H_0\} \leqslant \alpha \qquad (5.1.1)$$

为了确定常数 k，考虑统计量 $U = \dfrac{\bar{X} - \mu_0}{\sigma/\sqrt{n}}$。因为允许犯这类错误的概率最大

为 α，令(5.1.1)式右端取等号，即令

$P\{$当 H_0 为真时拒绝 $H_0\}=\alpha$，而

$$P\{当 H_0 为真时拒绝 H_0\}=P\left\{\left|\frac{\bar{X}-\mu_0}{\sigma/\sqrt{n}}\right|\geqslant k\right\}，所以有$$

$$P\left\{\left|\frac{\bar{X}-\mu_0}{\sigma/\sqrt{n}}\right|\geqslant k\right\}=\alpha$$

由于 H_0 为真时，$U=\dfrac{\bar{X}-\mu_0}{\sigma/\sqrt{n}}\sim N(0,1)$，由标准正态分布上 α 分位点的定义

有 $k=u_{\alpha/2}$，如图 5.1.1 所示。

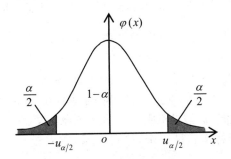

图 5.1.1 检验准则示意图

因此，若 U 的观察值满足

$$|U|=\left|\frac{\bar{x}-\mu_0}{\sigma/\sqrt{n}}\right|\geqslant k=u_{\alpha/2}，则拒绝 H_0；$$

$$|U|=\left|\frac{\bar{x}-\mu_0}{\sigma/\sqrt{n}}\right|<k=u_{\alpha/2}，则不拒绝 H_0。$$

例如，在本例中，取 $\alpha=0.05$，则有 $k=u_{\alpha/2}=u_{0.025}=1.96$，又已知 $n=9$，$\sigma=0.015$，由样本计算得 $\bar{x}=0.511$，有

$$\left|\frac{\bar{x}-\mu_0}{\sigma/\sqrt{n}}\right|=\left|\frac{0.511-0.5}{0.015/\sqrt{9}}\right|=2.2>1.96$$

于是拒绝 H_0，认为这天包装机不正常。

上例中采用的检验法则用到了人们在实践中普遍采用的一个原理——**小概率原理**，即小概率事件在一次试验中基本上是不会发生。例如，假设在 100 支某注射液针剂中有一支是失效的，从中抽取一支，"恰为失效的那支"这个事件发生的概率仅为 0.01，是个小概率事件。现在作一次抽取试验，如果抽到的是失效的那支，也就是说，小概率事件竟然在一次试验中发生了，这不得不怀疑原来的"假

设"有问题。也就是说,拒绝了原来"100 支某注射液针剂中有一支是失效"的假设。那么多么小的概率可以算是小概率事件?通常把概率不超过 0.1,或 0.05,或 0.01 的事件当成小概率事件,小概率值记为 α。

因此,若 H_0 为真,即当 $\mu = \mu_0$ 时,$\left\{ \left| \dfrac{\bar{X} - \mu_0}{\sigma / \sqrt{n}} \right| \geqslant u_{\alpha/2} \right\}$ 是一个小概率事件。根据小概率原理,如果 H_0 为真,则由一次试验得到的观察值 $\bar{x}$ 满足不等式 $\left| \dfrac{\bar{x} - \mu_0}{\sigma / \sqrt{n}} \right| \geqslant u_{\alpha/2}$ 几乎是不会发生的。现在在一次试验中竟然发生了,就有理由怀疑原来的假设 H_0 的正确性,因而拒绝 H_0;若出现的观察值 $\bar{x}$ 满足不等式 $\left| \dfrac{\bar{x} - \mu_0}{\sigma / \sqrt{n}} \right| < u_{\alpha/2}$,此时没有理由拒绝假设 H_0,因此只能不拒绝假设 H_0。

假设检验的基本思想是所谓概率性质的反证法,即为了检验原假设是否正确,首先假定原假设 H_0 成立,在原假设 H_0 成立的条件下,根据抽样理论和样本信息进行推断,如果得到现有结论是小概率事件,则根据小概率原理——小概率事件在一次试验中几乎不可能发生,如果小概率事件在一次试验中发生了,即认为不合理或出现矛盾,则可推断原假设不成立,从而拒绝原假设,反之,则不能拒绝原假设。

在上述作法中,当样本容量固定,选定 α 后,数 k 就可以确定,然后按照统计量 $U = \dfrac{\bar{x} - \mu_0}{\sigma / \sqrt{n}}$ 的观察值的绝对值 $|U|$ 大于等于 k 还是小于 k 来作出决策。数 k 是检验上述假设的关键。如果 $|U| = \left| \dfrac{\bar{x} - \mu_0}{\sigma / \sqrt{n}} \right| \geqslant k$,则称 $\bar{x}$ 与 μ_0 的差异有统计学意义,这时拒绝 H_0;反之,如果 $|U| = \left| \dfrac{\bar{x} - \mu_0}{\sigma / \sqrt{n}} \right| < k$,则称 $\bar{x}$ 与 μ_0 的差异无统计学意义,这时不拒绝 H_0。数 α 称为**显著性水平**,关于 $\bar{x}$ 与 μ_0 有无显著差异的判断是在显著性水平之下作出的。统计量 $U = \dfrac{\bar{X} - \mu_0}{\sigma / \sqrt{n}}$ 称为**检验统计量**。

前面的检验问题通常叙述成:在显著性水平 α 下,检验假设

$$H_0 : \mu = \mu_0, \quad H_1 : \mu \neq \mu_0 \tag{5.1.2}$$

H_0 称为**原假设**或**零假设**,H_1 称为**备择假设**。当检验统计量取某个区域的值时,拒绝原假设 H_0,则称此区域为**拒绝域**,拒绝域的边界点称为**临界点**。如在上例中,拒绝域为 $|U| \geqslant u_{\alpha/2}$,而 $U = -u_{\alpha/2}$,$U = u_{\alpha/2}$ 为临界点。

5.1.2 假设检验的一般步骤

由假设检验的基本思想可得假设检验的一般步骤为:

(1)提出检验假设。根据具体的实际问题,提出检验假设,一般包括原假设和备择假设。如例 5.1.1 中原假设 $H_0:\mu=0.5$,备择假设 $H_1:\mu\neq0.5$。

(2)计算检验统计量。根据假设的情况和样本的信息,构造一个分布已知的统计量并计算出具体值。如例 5.1.1 构造统计量为 $U=\dfrac{\overline{X}-\mu_0}{\sigma/\sqrt{n}}\sim N(0,1)$,根据样本信息计算出 $|U|=\left|\dfrac{\overline{x}-\mu_0}{\sigma/\sqrt{n}}\right|=\left|\dfrac{0.511-0.5}{0.015/\sqrt{9}}\right|=2.2$。

(3)确定临界值。如例 5.1.1,根据给定 $\alpha=0.05$,有临界值 $k=u_{\alpha/2}=u_{0.025}=1.96$。

(4)作出统计推断。通过比较检验统计量和临界值的大小,进行统计推断。如例 5.1.1,由于 $|U|=2.2>u_{\alpha/2}=1.96$,小概率事件发生,所以在水平 $\alpha=0.05$ 下,拒绝原假设 H_0,差异有统计学意义,认为这一天包装机工作不正常。

上面讨论的假设检验方法称为临界值法。下面介绍一下另一种检验方法,即 **P 值检验法**。P 值的含义是在 H_0 成立的条件下,从总体中抽样,抽到大于等于(或小于等于)现有样本获得的检验统计量值的概率。在计算机统计软件中,一般都给出检验问题的 P 值。虽然 P 值的概念是建立在相同条件下大量重复性试验的基础上,但实际工作中只能根据一次试验得出结论。临界值法和 P 值法原理相同,只是看待问题的角度不同。实际上,对于给定显著水平 α,在临界值法中,若检验统计量的值落在拒绝域内(如 $|U|\geqslant u_{\alpha/2}$),即有 $P\leqslant\alpha$,则拒绝 H_0。反之,若检验统计量的值未落在拒绝域内(如 $|U|<u_{\alpha/2}$),即有 $P>\alpha$,则不能拒绝 H_0。所以利用 P 值检验法进行假设检验法步骤与前面介绍的临界值法类似,只要把临界值法第(3)步"确定临界值"改成为"确定 P 值"就可以了。

以例 5.1.1 为例,利用 P 值检验法的检验步骤为:

(1)提出检验假设。$H_0:\mu=0.5$,$H_1:\mu\neq0.5$。

(2)计算检验统计量。$|U|=\left|\dfrac{\overline{x}-\mu_0}{\sigma/\sqrt{n}}\right|=\left|\dfrac{0.511-0.5}{0.015/\sqrt{9}}\right|=2.2$。

(3)确定 P 值。$P\{|U|\geqslant2.2\}=2(1-\Phi(2.2))=0.0278$。

(4)进行统计推断。因为 $P=0.0278<0.05$,小概率事件在一次试验中发生了,所以拒绝原假设。

5.1.3 假设检验的两类错误

由于检验法则是根据样本作出的,总有可能作出错误的决策。小概率事件在一次试验中毕竟有发生的可能性,所以当这个小概率事件在一次试验中发生了,则在拒绝或不拒绝假设 H_0 时可能要犯两类错误。在假设 H_0 实际为真时,可能

拒绝 H_0，称这类"弃真"的错误为第 Ⅰ 类错误，由于仅当小概率事件发生时才拒绝 H_0，所以犯第 Ⅰ 类错误的概率为 α；在原假设 H_0 实际上不真时，也有可能不拒绝 H_0，称这类"纳伪"的错误为第 Ⅱ 类错误。在确定检验法则时，希望犯这两类错误的概率都较小。但是，一般来说，当样本容量固定时，若减少犯一类错误的概率，则犯另一类错误的概率往往增大。所以，一般情况下，总是控制犯第 Ⅰ 类错误的概率，使它不大于 α，α 的大小视具体情况而定。这种只对犯第 Ⅰ 类错误的概率加以控制，而不考虑犯第 Ⅱ 类错误的概率的检验，称为**显著性检验**。

5.2 正态总体均值的假设检验

5.2.1 单个正态总体均值的假设检验

1. σ^2 已知，关于 μ 的检验（U 检验）

在前面已经讨论过正态总体 $X \sim N(\mu, \sigma^2)$，当 σ^2 已知时关于 μ 的检验问题。该问题利用检验统计量为 $U = \dfrac{\bar{X} - \mu_0}{\sigma / \sqrt{n}}$ 来确定拒绝域（见表 5.2.1）。这种检验方法常称为 **U 检验法**（或 **Z 检验法**）。

形如式（5.1.2）中的备择假设 H_1，表示 μ 可能大于 μ_0，也可能小于 μ_0，此备择假设称为**双边备择假设**，称形如式（5.1.2）的假设检验为**双边假设检验**。

在实践中，有时关心的问题不是总体均值为某个值，而是关心总体均值是否超过（或低于）某一个数值 μ_0。例如，工厂生产的一种产品的某项指标平均值为 μ_0，采用新技术或新配方后，认为产品质量应提高，这时所考虑的该指标的平均值 μ 越大越好。如果能判断在新技术或新配方下总体均值较以往正常生产的均值大，则可考虑采用新技术或新配方。此时需要检验假设

$$H_0 : \mu \leqslant \mu_0, \quad H_1 : \mu > \mu_0 \tag{5.2.1}$$

形如式（5.2.1）的假设检验，称为**右边检验**。其拒绝域为

$$U = \frac{\bar{x} - \mu_0}{\sigma / \sqrt{n}} \geqslant u_\alpha \tag{5.2.2}$$

类似地，有时需要检验

$$H_0 : \mu \geqslant \mu_0, \quad H_1 : \mu < \mu_0 \tag{5.2.3}$$

形如式（5.2.3）的假设检验，称为**左边检验**。其拒绝域为

$$U = \frac{\bar{x} - \mu_0}{\sigma / \sqrt{n}} \leqslant -u_\alpha \tag{5.2.4}$$

附 单边检验的拒绝域

设总体 $X \sim N(\mu, \sigma^2)$，μ 未知，σ 已知，$X_1, X_2, \cdots, X_n$ 是来自总体 X 的样本。给定显著性水平 α，来求检验问题(5.2.1)

$$H_0 : \mu \leqslant \mu_0, \quad H_1 : \mu > \mu_0$$

的拒绝域。

当 H_1 为真时，观察值 $\bar{x}$ 往往偏大，拒绝域的形式为 $\bar{x} \geqslant k$（k 是某一正常数），如何确定常数 k，其做法与例 5.1.1 中的做法类似。

$$P\{\text{当 } H_0 \text{ 为真时拒绝 } H_0\} = P\{\bar{X} \geqslant k\}$$

$$= P\left\{\frac{\bar{X} - \mu_0}{\sigma/\sqrt{n}} \geqslant \frac{k - \mu_0}{\sigma/\sqrt{n}}\right\}$$

$$\leqslant P\left\{\frac{\bar{X} - \mu}{\sigma/\sqrt{n}} \geqslant \frac{k - \mu_0}{\sigma/\sqrt{n}}\right\}$$

说明：上述不等式成立，是由于当 $H_0 : \mu \leqslant \mu_0$ 成立时，有 $\dfrac{\bar{X} - \mu}{\sigma/\sqrt{n}} \geqslant \dfrac{\bar{X} - \mu_0}{\sigma/\sqrt{n}}$，事件

$$\left\{\frac{\bar{X} - \mu_0}{\sigma/\sqrt{n}} \geqslant k\right\} \subset \left\{\frac{\bar{X} - \mu}{\sigma/\sqrt{n}} \geqslant k\right\}$$

则有 $\quad P\left\{\dfrac{\bar{X} - \mu_0}{\sigma/\sqrt{n}} \geqslant k\right\} \leqslant P\left\{\dfrac{\bar{X} - \mu}{\sigma/\sqrt{n}} \geqslant k\right\}$

要控制 $P\{$当 H_0 为真时拒绝 $H_0\} \leqslant \alpha$，只需令

$$P\left\{\frac{\bar{X} - \mu}{\sigma/\sqrt{n}} \geqslant \frac{k - \mu_0}{\sigma/\sqrt{n}}\right\} = \alpha$$

由于 $\dfrac{\bar{X} - \mu}{\sigma/\sqrt{n}} \sim N(0,1)$，由标准正态分布上 α 分位点的定义，可得 $\dfrac{k - \mu_0}{\sigma/\sqrt{n}} = u_\alpha$（如下图所示），即 $k = \mu_0 + \dfrac{\sigma}{\sqrt{n}} u_\alpha$。

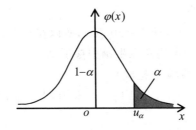

由此可得检验问题(5.2.1)的拒绝域为

$$\bar{X} \geqslant \mu_0 + \frac{\sigma}{\sqrt{n}} u_\alpha$$

即

$$U = \frac{\bar{X} - \mu_0}{\sigma / \sqrt{n}} \geqslant u_\alpha$$

所以,右边检验问题(5.2.1),$H_0 : \mu \leqslant \mu_0$,$H_1 : \mu > \mu_0$ 的拒绝域为

$$U = \frac{\bar{X} - \mu_0}{\sigma / \sqrt{n}} \geqslant u_\alpha$$

类似地,可得左边检验问题(5.2.3),$H_0 : \mu \geqslant \mu_0$,$H_1 : \mu < \mu_0$ 的拒绝域为

$$U = \frac{\bar{X} - \mu_0}{\sigma / \sqrt{n}} \leqslant - u_\alpha$$

例 5.2.1 某公司从生产商购买牛奶。公司怀疑生产商在牛奶中掺水以谋利。通过测定牛奶的冰点,可以检验出牛奶是否掺水。天然牛奶的冰点温度近似服从正态分布,均值 $\mu_0 = -0.545\,^\circ C$,标准差 $\sigma = 0.008\,^\circ C$。牛奶掺水可使冰点温度升高而接近水的冰点温度。测得生产商提交的 5 批牛奶的冰点温度,其均值为 $\bar{x} = -0.535\,^\circ C$,问是否可以认为生产商提交的 5 批牛奶中掺了水?($\alpha = 0.05$)

解 (1)提出检验假设

$H_0 : \mu \leqslant -0.545$　（即设牛奶未掺水）

$H_1 : \mu > -0.545$　（即设牛奶已掺水）

(2)计算检验统计量

已知 $\bar{x} = -0.535$,$\mu_0 = -0.545$,$\sigma = 0.008$,$n = 5$,

$$U = \frac{-0.535 - (-0.545)}{0.008 / \sqrt{5}} \approx 2.795$$

(3)确定临界值

由于 $\alpha = 0.05$,查附表 5 得 $u_{0.05} = 1.645$。

(4)进行统计推断

由于 $U = 2.795 > 1.645$(即 $P < 0.05$),所以在水平 $\alpha = 0.05$ 下,拒绝 H_0,差异有统计学意义,可以认为牛奶商在牛奶中掺了水。

2. σ^2 未知,关于 μ 的检验(t 检验)

设正态总体 $X \sim N(\mu, \sigma^2)$,其中 μ, σ^2 未知,求检验问题

$$H_0 : \mu = \mu_0, H_1 : \mu \neq \mu_0$$

的拒绝域。

设 $X_1, X_2, \cdots, X_n$ 是来自 X 的样本。因为 σ^2 未知,不能用 $U = \dfrac{\bar{X} - \mu_0}{\sigma/\sqrt{n}}$ 来确定

拒绝域,注意到 S^2 是 σ^2 的无偏估计,用 S^2 来代替 σ^2,采用 $t = \dfrac{\bar{X} - \mu_0}{S/\sqrt{n}}$ 作为检验统计

量,当 $|t| = \left| \dfrac{\bar{x} - \mu_0}{s/\sqrt{n}} \right|$ 过分大时就拒绝 H_0,拒绝域的形式为 $|t| = \left| \dfrac{\bar{x} - \mu_0}{s/\sqrt{n}} \right| \geqslant k$。

由第 3 章定理 3.2.3 可知,当 H_0 为真时,$t = \dfrac{\bar{X} - \mu_0}{S/\sqrt{n}} \sim t(n-1)$,对于显著

性水平 α,可查附表 6 得 t 分布的分位点 $t_{\alpha/2}$,如图 5.2.1 所示,得拒绝域为

$$|t| = \left| \frac{\bar{x} - \mu_0}{s/\sqrt{n}} \right| \geqslant t_{\alpha/2}(n-1) \tag{5.2.5}$$

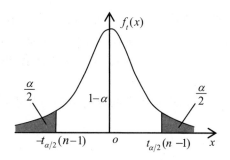

图 5.2.1　t 检验双边检验拒绝域示意图

对于正态总体 $X \sim N(\mu, \sigma^2)$,σ^2 未知时关于 μ 的单边检验的拒绝域见表
5.2.1。这种用 t 统计量得出的检验方法常称为 **t 检验法**。

在实际中,正态总体的方差常常未知,所以常用 t 检验法来检验关于正态总体
均值的检验问题。

表 5.2.1　单个正态总体均值的假设检验

	原假设	备择假设	检验统计量	H_0 为真时 统计量的分布	拒绝域
σ^2 已知	$\mu = \mu_0$ $\mu \leqslant \mu_0$ $\mu \geqslant \mu_0$	$\mu \neq \mu_0$ $\mu > \mu_0$ $\mu < \mu_0$	$U = \dfrac{\bar{X} - \mu_0}{\sigma/\sqrt{n}}$	$U \sim N(0,1)$	$\|U\| \geqslant u_{\alpha/2}$ $U \geqslant u_\alpha$ $U \leqslant -u_\alpha$
σ^2 未知	$\mu = \mu_0$ $\mu \leqslant \mu_0$ $\mu \geqslant \mu_0$	$\mu \neq \mu_0$ $\mu > \mu_0$ $\mu < \mu_0$	$t = \dfrac{\bar{X} - \mu_0}{S/\sqrt{n}}$	$t \sim t(n-1)$	$\|t\| \geqslant t_{\alpha/2}(n-1)$ $t \geqslant t_\alpha(n-1)$ $t \leqslant -t_\alpha(n-1)$

例 5.2.2 例 5.1.1 中，假设 σ^2 未知。

解 （1）提出检验假设

$H_0 : \mu = 0.5, H_1 : \mu \neq 0.5$

（2）计算检验统计量

据题意，σ^2 未知，$n = 9, \bar{x} = 0.511, s = 0.009$，得：

$$|t| = \left| \frac{\bar{x} - \mu_0}{s / \sqrt{n}} \right| = \left| \frac{0.511 - 0.5}{0.009 / \sqrt{9}} \right| = 3.667$$

（3）确定临界值

由 $\alpha = 0.05$，查表得：$t_{\alpha/2}(9 - 1) = t_{0.025}(8) = 2.3060$。

（4）进行统计推断

由 $|t| = 3.667 > 2.3060$（即 $P < 0.05$），所以在水平 $\alpha = 0.05$ 下，拒绝 H_0，差异有统计学意义，认为这天包装机不正常。

例 5.2.3 正常人的脉搏数平均为 72 次/分，某职业病院测得 10 例慢性四乙基铅中毒患者的脉搏数（单位：次/分）：54,67,68,70,66,78,67,70,65,69。假定患者的脉搏数近似服从正态分布，试问四乙基铅中毒患者的脉搏数是否显著低于正常人？（$\alpha = 0.05$）

这里所考查的是四乙基铅中毒患者的脉搏数是否比正常人低，而 σ^2 未知，这是一个左边 t 检验问题。

解 （1）提出检验假设

$H_0 : \mu \geqslant \mu_0 = 72, H_1 : \mu < 72$

（2）计算检验统计量

据题意，σ^2 未知，$n = 10, \bar{x} = 67.4, s = 5.9292$，得：

$$t = \frac{\bar{x} - \mu_0}{s / \sqrt{n}} = \frac{67.4 - 72}{5.9292 / \sqrt{10}} = -2.4534$$

（3）确定临界值

由 $\alpha = 0.05$，查表得：$t_\alpha(n - 1) = t_{0.05}(9) = 1.833$。

（4）进行统计推断

由 $t = -2.4534 < -1.833$（即 $P < 0.05$），所以在水平 $\alpha = 0.05$ 下，拒绝 H_0，差异有统计学意义，可以认为四乙基铅中毒患者的脉搏数显著低于正常人。

例 5.2.4 某药厂进行有关麻疹疫苗效果的研究，用 X 表示一个人用这种疫苗注射后的抗体强度，假定随机变量 X 是服从正态分布，另一家与之竞争的乙药厂生产的同种疫苗的平均抗体强度为 1.9，若甲厂为证实其产品有更高的平均抗体强度，从产品中随机地抽取了 16 个样本值 1.2,2.5,1.9,1.5,2.7,1.7,2.2,2.2,3.0,2.4,1.8,2.6,3.1,2.3,2.4,2.1。试问据该样本值能否证实甲厂平均抗

体强度高于乙厂？（$\alpha = 0.05$）

这里所关心的是甲厂疫苗平均抗体强度是否高于乙厂的平均抗体强度 1.9，而 σ^2 未知，故采用右边 t 检验。

解 （1）提出检验假设

$H_0 : \mu \leqslant \mu_0 = 1.9, H_1 : \mu > \mu_0 = 1.9$

（2）计算检验统计量

据题意，σ^2 未知，$n = 16, \bar{x} = 2.225, s = 0.518$，得：

$$t = \frac{\bar{x} - \mu_0}{s/\sqrt{n}} = \frac{2.225 - 1.9}{0.518/\sqrt{16}} = 2.51$$

（3）确定临界值

由 $\alpha = 0.05$，查附表 6 得：$t_\alpha(n-1) = t_{0.05}(15) = 1.753$。

（4）进行统计推断

由 $t = 2.51 > 1.753 = t_\alpha(n-1)$（即 $P < 0.05$），所以在水平 $\alpha = 0.05$ 下，拒绝 H_0，差异有统计学意义，可以认为甲厂生产的疫苗平均体抗强度高于乙厂。

5.2.2 两个正态总体均值差的假设检验

设 $X_1, X_2, \cdots, X_{n_1}$ 是来自正态总体 $X \sim N(\mu_1, \sigma_1^2)$ 的样本，$Y_1, Y_2, \cdots, Y_{n_2}$ 是来自正态总体 $Y \sim N(\mu_2, \sigma_2^2)$ 的样本，且两个样本独立。$\mu_1, \mu_2, \sigma_1^2, \sigma_2^2$ 未知，记它们的样本均值分别为 $\bar{X}, \bar{Y}$，样本方差分别为 S_1^2, S_2^2。

关于两个正态总体均值差异的假设检验也可分为三种情况：

1. $H_0 : \mu_1 = \mu_2, H_1 : \mu_1 \neq \mu_2$（双边检验）

2. $H_0 : \mu_1 \geqslant \mu_2, H_1 : \mu_1 < \mu_2$（左边检验）

3. $H_0 : \mu_1 \leqslant \mu_2, H_1 : \mu_1 > \mu_2$（右边检验）

现在求检验问题

$H_0 : \mu_1 = \mu_2, H_1 : \mu_1 \neq \mu_2$

的拒绝域。取显著性水平为 α。

假定 σ_1^2, σ_2^2 未知且 $\sigma_1^2 = \sigma_2^2$，引用下述 t 统计量作为检验统计量。

$$t = \frac{\bar{X} - \bar{Y}}{S_\omega \sqrt{\dfrac{1}{n_1} + \dfrac{1}{n_2}}}$$

其中，$S_\omega = \sqrt{\dfrac{(n_1-1)S_1^2 + (n_2-1)S_2^2}{n_1 + n_2 - 2}}$。

当 H_0 成立时，则由第 3 章定理 3.2.5，知 $t \sim t(n_1 + n_2 - 2)$ 与单个正态总体的 t

检验法相仿,其拒绝域的形式为

$$|t| = \left| \frac{\bar{x} - \bar{Y}}{s_\omega \sqrt{\frac{1}{n_1} + \frac{1}{n_2}}} \right| \geqslant t_{a/2}(n_1 + n_2 - 2) \tag{5.2.6}$$

$$s_\omega = \sqrt{\frac{(n_1 - 1)s_1^2 + (n_2 - 1)s_2^2}{n_1 + n_2 - 2}}$$

关于另外两种情况,即单边检验问题的拒绝域见表5.2.2。

表5.2.2　两个正态总体均值差的假设检验

	原假设	备择假设	检验统计量	H_0 为真时统计量的分布	拒绝域
σ_1^2, σ_2^2 已知	$\mu_1 = \mu_2$ $\mu_1 \leqslant \mu_2$ $\mu_1 \geqslant \mu_2$	$\mu_1 \neq \mu_2$ $\mu_1 > \mu_2$ $\mu_1 < \mu_2$	$U = \dfrac{\bar{X} - \bar{Y}}{\sqrt{\dfrac{\sigma_1^2}{n_1} + \dfrac{\sigma_2^2}{n_2}}}$	$U \sim N(0,1)$	$\|U\| \geqslant u_{a/2}$ $U \geqslant u_a$ $U \leqslant -u_a$
$\sigma_1^2 = \sigma_2^2$ $= \sigma^2$ 未知	$\mu_1 = \mu_2$ $\mu_1 \leqslant \mu_2$ $\mu_1 \geqslant \mu_2$	$\mu_1 \neq \mu_2$ $\mu_1 > \mu_2$ $\mu_1 < \mu_2$	$t = \dfrac{\bar{X} - \bar{Y}}{S_\omega \sqrt{\dfrac{1}{n_1} + \dfrac{1}{n_2}}}$ $S_\omega =$ $\sqrt{\dfrac{(n_1 - 1)S_1^2 + (n_2 - 1)S_2^2}{n_1 + n_2 - 2}}$	$t \sim t$ $(n_1 + n_2 - 2)$	$\|t\| \geqslant t_{a/2}(n_1 + n_2 - 2)$ $t \geqslant t_a(n_1 + n_2 - 2)$ $t \leqslant -t_a(n_1 + n_2 - 2)$

当两个正态总体的方差均已知(不一定相等),可用 U 检验来检验两正态总体均值差的假设问题,见表5.2.2。

附　假定 $\sigma_1^2 \neq \sigma_2^2$。

小样本时,可用 t' 检验,即

$$t' = \frac{\bar{X} - \bar{Y}}{\sqrt{S_1^2/n_1 + S_2^2/n_2}} (\sigma_1^2, \sigma_2^2 \text{ 未知})$$

$$df = \frac{(S_1^2/n_1 + S_2^2/n_2)^2}{\dfrac{1}{n_1 - 1}(S_1^2/n_1)^2 + \dfrac{1}{n_2 - 1}(S_2^2/n_2)^2}$$

在 σ_1^2, σ_2^2 未知情况下,判断两者是否相等可根据5.3.2中方差齐性检验来进行判断。

例5.2.5　假设有两种药 A、B,欲比较它们在服用2小时后血液中的含量是否一样。对药品 A,随机抽取8个病人,他们服药2小时后,测得血液中药的浓度(用适当的单位)为:1.23,1.42,1.41,1.62,1.55,1.51,1.60,1.76;对药品 B,

随机抽取 6 个病人,他们服药 2 小时后,测得血液中药的浓度为:1.76,1.41,1.87,1.49,1.67,1.81。假定这两组观测值抽自于具有共同方差的两个正态总体(显著性水平 $\alpha = 0.10$)。试检验病人血液中这两种药的浓度是否不同?

解　(1)提出检验假设

$H_0: \mu_1 = \mu_2, H_1: \mu_1 \neq \mu_2$

(2)计算检验统计量

因为 σ_1^2, σ_2^2 未知,且 $\sigma_1^2 = \sigma_2^2$,$n_1 = 8$,$n_2 = 6$,$df = 8 + 6 - 2 = 12$,$\bar{x} = 1.51$,$s_1^2 = 0.026$,$\bar{y} = 1.67$,$s_2^2 = 0.034$,

$$s_\omega = \sqrt{\frac{(n_1 - 1)s_1^2 + (n_2 - 1)s_2^2}{n_1 + n_2 - 2}} = \sqrt{\frac{(8-1) \times 0.026 + (6-1) \times 0.034}{8 + 6 - 2}}$$
$$= 0.1713$$

$$|t| = \left| \frac{\bar{x} - \bar{y}}{s_\omega \sqrt{\frac{1}{n_1} + \frac{1}{n_2}}} \right| = \left| \frac{1.51 - 1.67}{0.1713 \sqrt{\frac{1}{8} + \frac{1}{6}}} \right| = 1.7295$$

(3)确定临界值

由 $\alpha = 0.10$,查附表 6,得 $t_{\alpha/2} = t_{0.10/2}(12) = t_{0.05}(12) = 1.782$。

(4)进行统计推断

因为 $|t| = 1.7295 < 1.782$(即 $P > 0.10$),所以在水平 $\alpha = 0.10$ 下,不能拒绝 H_0,差异无统计学意义,即根据目前试验结果,不能认为病人血液中这两种药浓度有显著不同。

在具体实施时,单侧检验比双侧检验有更严格的要求,一般不轻易使用,而使用相对稳妥的双侧检验。

5.2.3　基于成对数据的假设检验

前面介绍的是来自于两个正态总体数据的假设检验,称为成组 t 检验。有时为了比较两种产品、两种仪器、两种方法等的差异,常在相同的条件下做对比试验,得到一批成对的观察值。然后分析观察数据作出推断。

例如为了考察一种降血压药的效果,测试了 n 个高血压病人服药前后的血压分别为 $X_1, X_2, \cdots, X_n$ 和 $Y_1, Y_2, \cdots, Y_n$。这里 (X_i, Y_i) 是第 i 个病人服药前和服药后的血压。它们是成对出现的,称为成对数据。一方面,$X_1, X_2, \cdots, X_n$ 是 n 个不同病人的血压,由于人的体质诸方面的条件不同,所以这 n 个观测值不能看成来自同一个正态总体的样本。同样,$Y_1, Y_2, \cdots, Y_n$ 也不能看成来自同一个正态总体的样本。另一方面,对于每对数据而言,它们是同一人用药前后测得的结果,因此它们不是两个独立的随机变量的观察值。综上所述,对于成对数据的假设检验不能用表 5.2.2 中所述的检验方法来做检验。(X_i, Y_i) 是在同一人身上观测到的血压,两个数据的差异 $X_i - Y_i$ 可看成降血压药的效果,所以可把 $D_i = X_i - Y_i (i = 1, 2, \cdots, n)$ 看成来自正态总体 $N(\mu_D, \sigma_D^2)$ 的样本,其中 μ_D 是降血压药的平均效果,进而可以利用表 5.2.1 的检验方法来作检验。

一般地,设 n 对相互独立的观察结果:$(X_i, Y_i)(i = 1, 2, \cdots, n)$,令 $D_i = X_i - Y_i (i = 1, 2, \cdots, n)$,则 $D_1, D_2, \cdots, D_n$ 相互独立,又因为 $D_1, D_2, \cdots, D_n$ 是由同一因素所引起的,可认为它们服从同一分布,假设 $D \sim N(\mu_D, \sigma_D^2)(i = 1, 2, \cdots, n)$。也就是说,$D_1, D_2, \cdots, D_n$ 构成正态总体 $N(\mu_D, \sigma_D^2)$ 的一个样本,其中 μ_D、σ_D^2 未知,基于这一样本,需要检验假设:

(1) $H_0 : \mu_D = 0$, $H_1 : \mu_D \neq 0$

(2) $H_0 : \mu_D \leqslant 0$, $H_1 : \mu_D > 0$

(3) $H_0 : \mu_D \geqslant 0$, $H_1 : \mu_D < 0$

分别记 $D_1, D_2, \cdots, D_n$ 的样本均值和样本方差的观察值为 $\bar{d}$、s_D^2,用统计量 $\dfrac{\bar{d}}{S_D / \sqrt{n}}$ 作检验统计量,按表 5.2.1 中 σ_D^2 未知中关于单个正态总体均值的 t 检验。

检验问题 (1)、(2)、(3) 的拒绝域分别为(显著性水平为 α):

$$|t| = \left| \frac{\bar{d}}{S_D / \sqrt{n}} \right| \geqslant t_{\alpha/2}(n-1)$$

$$t = \left| \frac{\bar{d}}{S_D / \sqrt{n}} \right| \geqslant t_\alpha(n-1)$$

$$t = \frac{\bar{d}}{S_D / \sqrt{n}} \leqslant -t_\alpha(n-1)$$

例 5.2.6 某医院用某种中药治疗高血压患者,测得治疗前后舒张压数据(单位:kPa),见表 5.2.3。试判断此中药治疗高血压是否有效。

表 5.2.3 治疗高血压前后舒张压数据

治疗前 x	13.6	14.9	17.3	16.5	14.2	14.5	14.6
治疗后 y	11.9	15.3	17.2	14.6	11.5	12.2	13.8

解 按题意采用成对 t 检验的方法。

设 $D_i = x_i - y_i (i = 1, 2, \cdots, 7)$ 是来自正态总体 $N(\mu_D, \sigma_D^2)$ 的样本,其中 x_i 为治疗前的舒张压,y_i 为治疗后的舒张压。

(1) 提出检验假设

$H_0 : \mu_D = 0, H_1 : \mu_D \neq 0$

（2）计算检验统计量

已知 $n=7$，$df=7-1=6$，$\bar{d}=1.3$，$s_D=1.159$，

$$|t|=\left|\frac{\bar{d}}{s_D/\sqrt{n}}\right|=\frac{1.3}{1.159/\sqrt{7}}=2.968$$

（3）确定临界值

由 $\alpha=0.05$，查附表6，得 $t_{0.05/2}(6)=2.447$。

（4）进行统计推断

由于 $|t|=2.968>2.447$（即 $P<0.05$），所以在水平 $\alpha=0.05$ 下，拒绝 H_0，差异有统计学意义，可以认为治疗前后的舒张压不同。由差的均值 $1.3>0$，可以认为治疗前的舒张压高于治疗后，说明此药治疗高血压有效。

为了减少繁杂的手工计算，可以直接利用 SPSS 软件输出结果进行基于成对数据的均值检验，具体见第10章10.3.3节基于成对数据均值的检验的 SPSS 软件实现。

例 5.2.7 对12份血清分别用原方法（检测时间20分钟）和新方法（检测时间10分钟）测谷丙转氨酶（单位：nmol·S^{-1}/L），结果见表5.2.4。问两法所得结果有无差别？（$\alpha=0.05$）

表 5.2.4　12 份血清的谷丙转氨酶

编号	1	2	3	4	5	6	7	8	9	10	11	12
原法	60	142	195	80	242	220	190	25	212	38	236	95
新法	80	152	243	82	240	220	205	38	243	44	200	100

SPSS 结果如图 5.2.2 所示：

成对样本检验

		成对差分					t	df	Sig.(双侧)
		均值	标准差	均值的标准误	差分的95%置信区间 下限	上限			
对1	原法 - 新法	-9.333	20.178	5.825	-22.154	3.487	-1.602	11	.137

图 5.2.2　例 5.2.7 SPSS 输出结果

解 按题意采用成对 t 检验的方法。

设 $D_i=x_i-y_i(i=1,2,\cdots,7)$ 是来自正态总体 $N(\mu_D,\sigma_D^2)$ 的样本，其中 x_i 为原法检测结果，y_i 新法检测结果。

（1）提出检验假设。$H_0:\mu_D=0$，$H_1:\mu_D\neq 0$。

（2）计算检验统计量。$|t|=1.602$。

（3）确定 P 值。$P=0.137$。

(4)进行统计推断。由于 $P=0.137>0.05$，所以在水平 $\alpha=0.05$ 下，不能拒绝 H_0，差异无统计学意义，还不能认为两法测谷丙转氨酶结果有差别。

5.3　正态总体方差的假设检验

现在来讨论有关正态总体方差的假设检验问题。

5.3.1　单个正态总体方差的假设检验

设总体 $X \sim N(\mu,\sigma^2)$，μ,σ^2 均未知，$X_1,X_2,\cdots,X_n$ 是来自总体 X 的样本。要求检验假设 $H_0:\sigma^2=\sigma_0^2$，$H_1:\sigma^2 \neq \sigma_0^2$，$\sigma_0^2$ 是已知常数，显著性水平为 α。

由于样本方差 S^2 是 σ^2 的无偏估计，当 H_0 为真时，其观察值 s^2 与 σ_0^2 的比值 $\dfrac{s^2}{\sigma_0^2}$，一般来说，应在 1 的附近摆动，而不应过分大于 1 或过分小于 1。由第 3 章定理 3.2.2 知，当 H_0 为真时，$\chi^2 = \dfrac{(n-1)S^2}{\sigma_0^2} \sim \chi^2(n-1)$ 取 $\chi^2 = \dfrac{(n-1)S^2}{\sigma_0^2}$ 作为检验统计量。

合理的思路是找出两个界限 k_1 和 k_2，使得

(1)当 $\dfrac{(n-1)S^2}{\sigma_0^2} \leqslant k_1$ 或 $\dfrac{(n-1)S^2}{\sigma_0^2} \geqslant k_2$ 时，就拒绝原假设 H_0；

(2)当 $k_1 < \dfrac{(n-1)S^2}{\sigma_0^2} < k_2$ 时，不拒绝原假设 H_0。

下面确定 k_1、k_2 的值，

$$P\{当 H_0 为真时拒绝 H_0\} = P\left\{\frac{(n-1)S^2}{\sigma_0^2} \leqslant k_1\right\} \bigcup P\left\{\frac{(n-1)S^2}{\sigma_0^2} \geqslant k_2\right\} = \alpha$$

为计算方便起见，习惯上取

$$P\left\{\frac{(n-1)S^2}{\sigma_0^2} \leqslant k_1\right\} = \frac{\alpha}{2} \text{ 或 } P\left\{\frac{(n-1)S^2}{\sigma_0^2} \geqslant k_2\right\} = \frac{\alpha}{2}$$

由 χ^2 分布的上 α 分位点(如图 5.3.1 所示)，有

$$k_1 = \chi_{1-\alpha/2}^2(n-1), \quad k_2 = \chi_{\alpha/2}^2(n-1)$$

于是得拒绝域为

$$\frac{(n-1)S^2}{\sigma_0^2} \leqslant \chi_{1-\alpha/2}^2(n-1) \text{ 或 } \frac{(n-1)S^2}{\sigma_0^2} \geqslant \chi_{\alpha/2}^2(n-1) \tag{5.3.1}$$

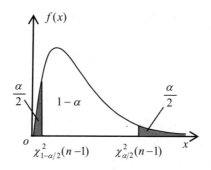

图 5.3.1　χ^2 检验双边检验拒绝域示意图

上述检验法称为 χ^2 **检验法**,关于 σ^2 的另外两个检验问题见表 5.3.1。如,机器加工出的产品的尺寸服从正态分布,方差 σ^2 刻画了生产过程的稳定性。σ^2 越大,表示整个生产过程综合误差越大。因此,需要知道 σ^2 是否超过了一个预定界限。

例 5.3.1　某厂生产的某种型号的电池,其寿命(单位:小时)长期以来服从方差 $\sigma^2 = 5000$ 的正态分布。现有一批这种电池,从它的生产情况来看,寿命的波动性有所改变。现随机取 26 只电池,测出其寿命的样本方差 $s^2 = 9200$。问根据这一数据能否推断这批电池的寿命的波动性较以往的有显著性变化?($\alpha = 0.02$)

解　(1)提出检验假设

$H_0 : \sigma^2 = 5000$, $H_1 : \sigma^2 \neq 5000$

(2)计算检验统计量

因为 $n = 26$, $df = 25$, $s^2 = 9200$,得

$$\chi^2 = \frac{(n-1)S^2}{\sigma_0^2} = \frac{(26-1) \times 9200}{5000} = 46$$

(3)确定临界值

由 $\alpha = 0.02$,查附表 5 得

$\chi^2_{1-\alpha/2}(n-1) = \chi^2_{0.99}(25) = 11.524$, $\chi^2_{\alpha/2}(n-1) = \chi^2_{0.01}(25) = 44.314$

(4)进行统计推断

由 $\chi^2 = 46 > 44.314$(即 $P < 0.02$),所以在水平 $\alpha = 0.02$ 下,拒绝 H_0,差异有统计学意义,认为这批电池寿命的波动性较以往的有显著的变化。

5.3.2　两个正态总体方差的假设检验

设 $X_1, X_2, \cdots, X_{n_1}$ 是来自正态总体 $X \sim N(\mu_1, \sigma_1^2)$ 的样本,$Y_1, Y_2, \cdots, Y_{n_2}$ 是来自正态总体 $Y \sim N(\mu_2, \sigma_2^2)$ 的样本,且两个样本独立。样本方差分别记为

$S_1^2, S_2^2, \mu_1, \mu_2, \sigma_1^2, \sigma_2^2$ 均为未知,现需假设检验(显著性水平为 α)

$$H_0 : \sigma_1^2 = \sigma_2^2, H_1 : \sigma_1^2 \neq \sigma_2^2$$

这个检验主要用于上一节实施两个正态总体均值差的 t 检验。在用 t 检验时,前提条件是方差未知相等。那么实际上由于方差未知,并不知道两个总体的方差相等,所以假设 $\sigma_1^2 = \sigma_2^2$,通过检验后不拒绝此假设,认为两个总体的方差相等。两总体方差相等的检验也称两总体**方差齐性检验**。在两个正态总体均值差的 t 检验前,如果不清楚两个总体的方差是否相等,就要先进行方差齐性检验,如果方差齐可用 t 检验;如果方差不齐则用 t' 检验。

因为两总体 $N(\mu_1, \sigma_1^2)$ 和 $N(\mu_2, \sigma_2^2)$ 的样本方差 S_1^2 和 S_2^2 是方差 σ_1^2 和 σ_2^2 的无偏估计,所以直观上,S_1^2/S_2^2 是 σ_1^2/σ_2^2 的一个估计。当 H_0 成立时,$\sigma_1^2/\sigma_2^2 = 1$,作为它们的估计,S_1^2/S_2^2 也应与 1 相差不远,这个比值过大或过小都应拒绝原假设。由第 3 章定理 3.2.5 知,当 H_0 为真时,

$$F = \frac{S_1^2}{S_2^2} \sim F(n_1 - 1, n_2 - 1)$$

取 $F = \dfrac{S_1^2}{S_2^2}$ 作为检验统计量。

合理的思路是找出两个界限 k_1 和 k_2 ,使得

(1)当 $\dfrac{S_1^2}{S_2^2} \leqslant k_1$ 或 $\dfrac{S_1^2}{S_2^2} \geqslant k_2$ 时,就拒绝原假设 H_0 ;

(2)当 $k_1 < \dfrac{S_1^2}{S_2^2} < k_2$ 时,不拒绝原假设 H_0 。

下面确定 k_1、k_2 的值。

$$P\{\text{当 } H_0 \text{ 为真时拒绝 } H_0\} = P\left\{\frac{S_1^2}{S_2^2} \leqslant k_1\right\} \bigcup P\left\{\frac{S_1^2}{S_2^2} \geqslant k_2\right\} = \alpha$$

为计算方便起见,习惯上取

$$P\left\{\frac{S_1^2}{S_2^2} \leqslant k_1\right\} = \frac{\alpha}{2} \text{ 或 } P\left\{\frac{S_1^2}{S_2^2} \geqslant k_2\right\} = \frac{\alpha}{2}$$

由 F 分布的上 α 分位点得(如图 5.3.2 所示,其中 $m_1 = n_1 - 1, m_2 = n_2 - 1$)

$$k_1 = F_{1-\alpha/2}(n_1 - 1, n_2 - 1), k_2 = F_{\alpha/2}(n_1 - 1, n_2 - 1)$$

于是得拒绝域为

$$\frac{S_1^2}{S_2^2} \leqslant F_{1-\alpha/2}(n_1 - 1, n_2 - 1) \text{ 或 } \frac{S_1^2}{S_2^2} \geqslant F_{\alpha/2}(n_1 - 1, n_2 - 1) \tag{5.3.2}$$

上述检验方法称为 **F 检验法**。关于 σ_1^2, σ_2^2 另外两个检验问题的拒绝域由表

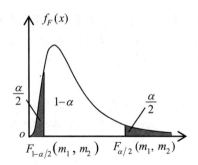

图 5.3.2 F检验双边检验拒绝域的示意图

5.3.1给出。

表 5.3.1 正态总体方差的假设检验

	原假设	备择假设	检验统计量	拒绝域
单个正态总体	$\sigma^2 = \sigma_0^2$	$\sigma^2 \neq \sigma_0^2$	$\chi^2 = \dfrac{(n-1)S^2}{\sigma_0^2}$	$\chi^2 \leqslant \chi_{1-\alpha/2}^2(n-1)$ 或 $\chi^2 \geqslant \chi_{\alpha/2}^2(n-1)$
	$\sigma^2 \leqslant \sigma_0^2$	$\sigma^2 > \sigma_0^2$		$\chi^2 \geqslant \chi_\alpha^2(n-1)$
	$\sigma^2 \geqslant \sigma_0^2$	$\sigma^2 < \sigma_0^2$		$\chi^2 \leqslant \chi_{1-\alpha}^2(n-1)$
两个正态总体	$\sigma_1^2 = \sigma_2^2$	$\sigma_1^2 \neq \sigma_2^2$	$F = \dfrac{S_1^2}{S_2^2}$	$F \leqslant F_{1-\alpha/2}(n_1-1, n_2-1)$ 或 $F \geqslant F_{\alpha/2}(n_1-1, n_2-1)$
	$\sigma_1^2 \leqslant \sigma_2^2$	$\sigma_1^2 > \sigma_2^2$		$F \geqslant F_\alpha(n_1-1, n_2-1)$
	$\sigma_1^2 \geqslant \sigma_2^2$	$\sigma_1^2 < \sigma_2^2$		$F \leqslant F_{1-\alpha}(n_1-1, n_2-1)$

例 5.3.2 设例5.2.5中的两个样本分别来自总体 $N(\mu_A, \sigma_A^2)$，$N(\mu_B, \sigma_B^2)$，且两个样本独立。试检验 $H_0 : \sigma_A^2 = \sigma_B^2$，$H_1 : \sigma_A^2 \neq \sigma_B^2$。以说明例5.2.5中假设 $\sigma_A^2 = \sigma_B^2$ 是合理的。($\alpha = 0.05$)

解 (1)提出检验假设

$H_0 : \sigma_A^2 = \sigma_B^2$，$H_1 : \sigma_A^2 \neq \sigma_B^2$

(2)计算检验统计量

已知 $s_A^2 = 0.026$，$s_B^2 = 0.034$，$F = s_A^2 / s_B^2 = 0.026/0.034 \approx 0.76$

(3)确定临界值

$n_A = 8$，$n_B = 6$，$\alpha = 0.05$，查附表7得，

$$F_{0.025}(7,5) = 6.85 \text{ 或 } F_{0.975}(7,5) = \frac{1}{F_{0.025}(5,7)} = \frac{1}{5.29} = 0.19$$

(4)进行统计推断

由于 $0.19 < F < 6.85$(即 $P > 0.05$)，所以在水平 $\alpha = 0.05$ 下，不能拒绝 H_0，

差异无统计学意义,不能认为两总体方差不等。说明两总体方差相等是合理的。

为了减少繁杂的手工计算过程,可以直接根据 SPSS 软件输出结果进行两个正态总体均值差的假设检验,具体见第 10 章 10.3.4 节基于两个正态总体均值差的假设检验的 SPSS 软件实现。

例 5.3.3 测定功能性子宫出血症中实热组与虚寒组的免疫功能,其淋巴细胞转化率如表 5.3.2 所示。比较实热组与虚寒组的淋巴细胞转化率均数是否不同。

表 5.3.2 实热组与虚寒组的免疫功能淋巴细胞转化率

实热组	0.709	0.755	0.655	0.705	0.723				
虚寒组	0.617	0.608	0.623	0.635	0.593	0.684	0.695	0.718	0.606	0.618

SPSS 结果如图 5.3.3 所示。

独立样本检验

		方差方程的 Levene 检验		均值方程的 t 检验					差分的 95% 置信区间	
		F	Sig.	t	df	Sig.(双侧)	均值差值	标准误差值	下限	上限
x	假设方差相等	.938	.350	3.093	13	.009	.069700	.022534	.021019	.118381
	假设方差不相等			3.292	9.558	.009	.069700	.021175	.022221	.117179

图 5.3.3 例 5.3.3 SPSS 结果

解 采用成组 t 检验的方法

1. 方差齐性检验

(1)提出检验假设。$H_0:\sigma_1^2 = \sigma_2^2$,$H_1:\sigma_1^2 \neq \sigma_2^2$。

(2)计算检验统计量。$F = 0.938$。

(3)确定 P 值。$P = 0.350$。

(4)进行统计推断。因为 $P = 0.350 > 0.05$,不拒绝原假设 $H_0:\sigma_1^2 = \sigma_2^2$。

2. t 检验

(1)提出检验假设。$H_0:\mu_1 = \mu_2$,$H_1:\mu_1 \neq \mu_2$。

(2)计算检验统计量。$|t| = 3.093$。

(3)确定 P 值。$P = 0.009$。

(4)进行统计推断。因为 $P = 0.009 < 0.05$,所以在水平 $\alpha = 0.05$ 下,拒绝 H_0,差异有统计学意义。可以认为实热组与虚寒组的淋巴细胞转化率均数不同。

附 置信区间与假设检验之间的关系

置信区间与假设检验之间有明显的联系,考察置信区间与双边假设检验之间的对应关系。

设 $X_1, X_2, \cdots, X_n$ 是一个来自总体的样本,$x_1, x_2, \cdots, x_n$ 是对应的样本值,设 $(\hat{\theta}_1(X_1, X_2, \cdots, X_n), \hat{\theta}_2(X_1, X_2, \cdots, X_n))$ 是参数 θ 的一个置信度为 $1 - \alpha$ 的置信

区间,则对于任意 θ 的可能取值,都有

$$P\{\hat{\theta}_1(X_1,X_2,\cdots,X_n)<\theta<\hat{\theta}_2(X_1,X_2,\cdots,X_n)\}\geqslant 1-\alpha \tag{1}$$

显著性水平为 α 的双边检验

$$H_0:\theta=\theta_0,H_1:\theta\neq\theta_0 \tag{2}$$

由(1)式 ,当 H_0 为真时,有

$$P\{\hat{\theta}_1(X_1,X_2,\cdots,X_n)<\theta_0<\hat{\theta}_2(X_1,X_2,\cdots,X_n)\}\geqslant 1-\alpha$$

即有

$$P\{\{\theta_0\leqslant\hat{\theta}_1(X_1,X_2,\cdots,X_n)\}\bigcup\{\theta_0\geqslant\hat{\theta}_2(X_1,X_2,\cdots,X_n)\}\}\leqslant\alpha$$

根据显著性水平为 α 的双边检验的拒绝域的定义,检验假设(2)的拒绝域为

$$\theta_0\leqslant\hat{\theta}_1(X_1,X_2,\cdots,X_n)\ 或\ \theta_0\geqslant\hat{\theta}_2(X_1,X_2,\cdots,X_n)$$

接受域为

$$\hat{\theta}_1(X_1,X_2,\cdots,X_n)<\theta_0<\hat{\theta}_2(X_1,X_2,\cdots,X_n)$$

这说明,当要检验假设(2)时,可以先求出 θ 的一个置信度为 $1-\alpha$ 的置信区间 $(\hat{\theta}_1,\hat{\theta}_2)$,然后考察 $(\hat{\theta}_1,\hat{\theta}_2)$ 是否包含 θ_0,若 $\theta_0\in(\hat{\theta}_1,\hat{\theta}_2)$,则不拒绝 H_0,若 $\theta_0\notin(\hat{\theta}_1,\hat{\theta}_2)$,则拒绝 H_0。 反之,根据显著性水平为 α 的检验假设问题 $H_0:\theta=\theta_0$,$H_1:\theta\neq\theta_0$ 的接受域,可以得到参数 θ 的一个置信度为 $1-\alpha$ 的置信区间。

还可验证,置信度为 $1-\alpha$ 的单侧置信区间 $(-\infty,\hat{\theta}(X_1,X_2,\cdots,X_n))$ 与显著性水平为 α 的左边检验问题有类似的对应关系;置信度为 $1-\alpha$ 的单侧置信区间 $(\hat{\theta}(X_1,X_2,\cdots,X_n),+\infty)$ 与显著性水平为 α 的右边检验问题有类似的对应关系。

*离散总体参数的假设检验

由第 4 章离散总体的参数估计知,样本率 $\hat{p}$ 在 $n\geqslant 50$,近似地有成立。

$$\hat{p}\sim N\left(p,\sqrt{\frac{pq}{n}}\right)$$

检验单个样本总体率 p 与常量 p_0 的差异是否有统计学意义时,可用 U 检验统计量

$$U=\frac{\hat{p}-p_0}{\sqrt{p_0q_0/n}}$$

进行检验,结果见表 1 所示。

表 1　单个样本总体率的假设检验

	原假设	备择假设	检验统计量	H_0 为真时统计量的分布	拒绝域
二项分布 $n \geqslant 50$	$p = p_0$ $p \leqslant p_0$ $p \geqslant p_0$	$p \neq p_0$ $p > p_0$ $p < p_0$	$U = \dfrac{\hat{p} - p_0}{\sqrt{p_0 q_0 / n}}$	$U \sim N(0,1)$	$\|U\| \geqslant u_{\alpha/2}$ $U \geqslant u_\alpha$ $U \leqslant -u_\alpha$

现讨论两个样本的总体率 p_1 与 p_2 是否有统计学意义。

定理　设两个二项总体的总体率分别为 p_1，p_2，分别抽取容量为 $n_1 \geqslant 50$，$n_2 \geqslant 50$ 的样本，样本率分别为 $p_1 = m_1/n_1$，$p_2 = m_2/n_2$，则近似地有

$$\frac{(\hat{p}_1 - \hat{p}_2) - (p_1 - p_2)}{\sqrt{\dfrac{p_1 q_1}{n_1} + \dfrac{p_2 q_2}{n_2}}} \sim N(0,1)$$

假设 $H_0 : p_1 = p_2$，$H_1 : p_1 \neq p_2$，在 $H_0 : p_1 = p_2$ 的假定下，全部数据视为一个总体的样本，用联合样本率作为总体率的估计值，即

$$\hat{p} = \frac{m_1 + m_2}{n_1 + n_2}$$

于是得到

$$U = \frac{\hat{p}_1 - \hat{p}_2}{\sqrt{\hat{p}\hat{q}\left(\dfrac{1}{n_1} + \dfrac{1}{n_2}\right)}} \sim N(0,1)$$

其中 $\hat{q} = 1 - \hat{p}$，用 U 作为检验统计量，结果见表 2 所示。

表 2　两个样本总体率的假设检验

	原假设	备择假设	检验统计量	H_0 为真时统计量的分布	拒绝域
二项分布 大样本	$p_1 = p_2$ $p_1 \leqslant p_2$ $p_1 \geqslant p_2$	$p_1 \neq p_2$ $p_1 > p_2$ $p_1 < p_2$	$U = \dfrac{\hat{p}_1 - \hat{p}_2}{\sqrt{\hat{p}\hat{q}\left(\dfrac{1}{n_1} + \dfrac{1}{n_2}\right)}}$	$U \sim N(0,1)$	$\|U\| \geqslant u_{\alpha/2}$ $U \geqslant u_\alpha$ $U \leqslant -u_\alpha$

例 1　根据以往经验，胃溃疡患者 20% 发生胃出血症状。某医院观察 65 岁以上胃溃疡患者 304 例，有 96 例发生胃出血症状。试问不同年龄的胃溃疡患者胃出血症状是否不同？($\alpha = 0.10$)

解　304 例患者中胃出血人数服从二项分布，由 $n = 304 > 50$，$m = 96$，得到

$\hat{p} = 96/304 = 0.3158$

(1)提出检验假设

$H_0 : p = 0.20, H_1 : p \neq 0.20$

(2)计算检验统计量

$$U = \frac{0.3158 - 0.20}{\sqrt{0.20 \times 0.80/304}} = 5.0471$$

(3)确定临界值

由 $\alpha = 0.10$，查附表 4 有 $u_{\alpha/2} = u_{0.05} = 1.645$。

(4)进行统计推断

由于 $|U| = 5.0471 > 1.645$（即 $P < 0.10$），所以在水平 $\alpha = 0.10$ 下，拒绝 H_0，差异有统计学意义。由 $p > 0.20$，可以认为 65 岁以上胃溃疡患者比较容易胃出血。

例 2　抽查库房保存的两批首乌注射液，第一批随机抽取 240 支，发现 15 支变质；第二批随机抽取 180 支，发现 14 支变质。试问第一批首乌注射液的变质率是否低于第二批？（$\alpha = 0.05$）

解　第一批 240 支、第二批 180 支注射液中的变质支数均服从二项分布

由 $n_1 = 240 > 50, m_1 = 15, n_2 = 180 > 50, m_2 = 14$，得到

$$\hat{p}_1 = \frac{15}{240} = 0.0625$$

$$\hat{p}_2 = \frac{14}{180} = 0.0778$$

$$\hat{p} = \frac{15 + 14}{240 + 180} = 0.0690$$

$$\hat{q} = 1 - \hat{p} = 0.9310$$

(1)提出检验假设

$H_0 : p_1 \geqslant p_2, \quad H_1 : p_1 < p_2$

(2)计算检验统计量

$$U = \frac{0.0625 - 0.0778}{\sqrt{0.0690 \times 0.9310 \times \left(\dfrac{1}{240} + \dfrac{1}{180}\right)}} = -0.6111$$

(3)确定临界值

由 $\alpha = 0.05$，查附表 4 有 $u_\alpha = u_{0.05} = 1.645$。

(4)进行统计推断

由于 $U = -0.6111 > -1.645$（即 $P > 0.05$），所以在水平 $\alpha = 0.05$ 下，不能拒

绝 H_0，差异无统计学意义，还不能认为第一批首乌注射液的变质率低于第二批。

阅读材料

奈曼和皮尔逊的故事

近代意义下的假设检验，就其理论体系的建立来说，始于奈曼（Jerzy Ney-man，1894—1981）和伊根·皮尔逊（Egon Pearso，1895—1980）在 20 世纪 20～30 年代的工作。就其实用层面看，则由卡尔·皮尔逊和费歇尔两位大师所主导。

这里借用了伊根·皮尔逊写的一篇文章《The Neyman-Pearson Story：1926—1934》的题目，文章刊载于他与肯德尔合编的文集《概率统计史研究》（1970 年出版），文中回忆了他与奈曼的个人交往及合作建立假设检验理论的往事。他们二人也因这项成就而载入 20 世纪统计学发展的史册。对奈曼而言，除了此项成就外，另一项广为人知的有基本意义的成就，是在 1930 年代建立的置信区间理论。

伊根·皮尔逊的经历比较简单，年轻时即追随其父学习和研究统计学：待奈曼 1925 年秋到大学学院参加卡尔·皮尔逊主持的研究生班时，伊根在班上协助其父任辅导，后来到 1933 年卡尔·皮尔逊退休并将其职务一分为二时，伊根接替了其统计系主任的工作直至退休。

据说他为人性格比较内向，不善与人交往。在当时统计界名流中，唯有 Student 与他保持良好的关系。他 1926 年开始与 Student 通信以来，书信往来一直到 Student 去世的 1937 年。他很珍视这份友谊，临去世前两年他还在编辑他与 Student 的往来信件，共百余封，其中包含了不少这段时期有关统计学的珍贵史料。

费歇尔当时接替了卡尔·皮尔逊的另一半职务：高尔登优生学讲座教授，与伊根同在一座楼的相邻两层。费歇尔对这一安排并不满意，因为他认为，他自己是同时继承这两大职务的唯一适当人选。但二人在学术观点和其他方面也未曾有过严重的冲突或失和，实际上自 20 世纪 20 年代中期起，伊根已背离了其父的那一套大样本统计，转而归到费歇尔的小样本旗下。历史事实表明，他这一立场的转变，是他日后在开创假设检验理论方面取得巨大成就的根源。他与奈曼的交往始于 1925 年秋奈曼前去大学学院就学于卡尔·皮尔逊时，这经历只有一年，1926 年至 1934 年期间奈曼不长住英国。1934 年奈曼来大学学院工作至 1938 年去美。尔后二人天各一方，见面很少。他与奈曼合作的那八个年头二人不在一处，主要依靠通信及因学术会议和旅游度假等的短暂会面。

奈曼 1894 年出生在俄国临近罗马尼亚的杰宾里。1912 年举家迁至哈尔科夫,当年进入哈尔科夫大学学习数学和物理。在这里发生了一件对他一生有重大影响的事件,是他听了当时著名概率学者伯恩斯坦的讲课。他在年轻时即对纯数学有强烈的兴趣并有很高的素养,与伯恩斯坦等名师的熏陶有关。这对他日后研究数理统计学的风格留下了印记。

1921 年他去彼得奇什的国立农业学院申请工作,任高级统计助理,这是他统计生涯的开始,1925 年得到政府资助去卡尔·皮尔逊那里深造。在这期间经 Student 介绍,于 1926 年 7 月会见了费歇尔。他在卡尔·皮尔逊那里待了一年,于 1926 年秋因洛克菲勒基金的资助,在巴黎进修了一年。据说他离开大学学院的原因是对那里的统计学表示失望,认为没有多少数学。由此看来,他这种重视统计学中数学严格性的观点,是早已形成并终其一生一以贯之的。

在巴黎期间他听过勒维、勒贝格和波莱尔这些大师的讲课,对他影响很大。此后直到 1934 年,他绝大部分时间在波兰任职,与伊根的合作研究就在这段时间。1934 年再去大学学院任教师,到 1938 年 4 月应美国加州伯克利大学数学系之聘去该系任教授。这一事件对美国统计学的发展,以及对他自己,都是一个转折点。

20 世纪 30 年代后期的美国统计学与英国相比,尚属"第三世界"的性质。加州伯克利大学当时的数学系主任埃文斯是一个很重视应用数学的人,也了解统计学的重要性。学校在他的建议下着手自英国引进一位统计界重量级人物来加州伯克利大学数学系。当时考虑了包括费歇尔及其弟子在内的一些人,最后眼光锁定在奈曼身上。在这里除了其他一些因素外,奈曼关于在统计学中坚持严谨数学的主张起了一定作用,因为埃文斯主张严谨的统计学是数学的一个组成部分。顺便说一句,埃文斯的这种观点也使奈曼关于在加州伯克利大学建立统计系的主张推迟到 1955 年才实现,虽然加州伯克利大学的统计实验室早就起到了系的作用。这个实验室是奈曼到加州伯克利大学工作不久,于 1938 年建立的,它在二战后逐步取代伦敦大学学院的统计系,成为国际统计学的主要中心。自 1945 年开始他主持了多届伯克利国际概率统计讨论会,对推动国际上统计学的研究和国际统计学术交流起了重大的作用。

习题 5

1. 假设检验的步骤如何?检验中最关键的是什么?为什么?

2. 双侧检验与单侧检验有何区别和联系?为什么?

3. 什么是小概率原理?它在假设检验中有何作用?

4. 某批大黄流浸膏 5 个样品中的固体含量(单位:%)测定为:32.5、32.7、32.4、32.6、32.4。若测定值总体服从正态分布,问在 $\alpha=0.05$ 的显著性水平下,能否不拒绝假设:这批大黄流浸膏的固体含量的均值为32.5。

5.某药品的有效期为3年(1095天),改进配方后,任取5件留样观察,测得有效期(单位:天)为:1050、1100、1150、1250、1280。该药有效期服从正态分布,判断改进配方后有效期是否提高。

6.设某地区有108名成年男子,其脉搏平均每分钟73.7次,标准差每分钟8.8次,问根据该数据,在显著性水平$\alpha=0.05$下,能否得出该地区成年男子平均每分钟脉搏次数较正常人(平均每分钟72次)高的结论。

7.要求一种元件使用寿命不得低于1000小时,今从一批这种元件中随机抽取25件测得其寿命的平均值为950小时,已知该种元件寿命服从标准差为$\sigma=100$小时的正态分布,试在显著性水平$\alpha=0.05$下确定这批元件是否合格。

8.某种导线要求其电阻的标准差不得超过0.005(单位:Ω)。今在生产的一批导线中取样品9根,测得$s=0.007$。设总体为正态分布,问在水平$\alpha=0.05$下能否认为这批导线的标准差显著地偏大。

9.高效液相色谱法测定甘草和炙甘草中甘草酸的含量(单位:g/100g),数据如表5-1所示。试判断甘草与炙甘草中甘草酸的含量是否不同。

表5-1　甘草与炙甘草中甘草酸的含量

甘草	3.3	2.2	2.2	4.4	2.9
炙甘草	2.6	1.7	1.8	3.5	2.4

10.为考察某减肥药的疗效,某医生对9名志愿者服药一个疗程后的体重(单位:kg)进行测量,数据如表5-2所示,试判断该减肥药是否有效。

表5-2　9名志愿者服药一个疗程后的体重

编号	1	2	3	4	5	6	7	8	9
药前	101	131	130	143	137	124	84	90	67
药后	100	136	126	150	126	128	73	86	57

11.某医院试验中药青兰在改变兔脑血流图方面的作用,对5只兔测得用药前后的数据如表5-3所示,判断该中药是否有改变兔脑血流图的作用。

表5-3　青兰用药前后的兔脑血流图数据

兔编号	1	2	3	4	5
治疗前	2.0	5.0	4.0	5.0	6.0
治疗后	3.0	6.0	4.5	5.5	8.0

12. 测得两批电子器件的样品的电阻(单位:Ω)为

A 批(X)	0.140	0.138	0.143	0.142	0.144	0.137
B 批(Y)	0.135	0.140	0.142	0.136	0.138	0.140

设这两批电子器件的电阻值总体分别服从分布 $X \sim N(\mu_1, \sigma_1^2)$,$Y \sim N(\mu_2, \sigma_2^2)$。且这两样本独立。分析这两批电子器件的电阻是否相同。

第6章 方差分析

在第 5 章介绍了两个样本均值比较的 t 检验,而在实际中,经常会遇到多个样本均值比较的问题,方差分析法是处理这类问题的一种常采用的统计方法。方差分析(analysis of variance,ANOVA)是英国著名统计学家 R. A. Fisher 于 1923 年提出的。其理论依据是 F 分布,故又称 F 检验。

在比较多个样本均值是否相等时,若多次重复使用 t 检验,不仅使过程烦琐,而且还会产生较大的误差,提高犯第 I 类错误的概率,使用方差分析就可以避免此类问题发生。

方差分析是把所有数据放在一起讨论,通过一次比较就对所有各组是否有显著差异作出判断。如果发现差异无统计学意义,则认为它们是相同的;如果发现差异有统计学意义,再进一步比较各组的差异。方差分析的用途非常广泛,可用于多个样本均值比较、分析多个因素间的交互作用、回归方程的假设检验、方差齐性检验等。本章主要介绍多个样本均值比较。

6.1 相关术语

6.1.1 试验指标

在试验中,把将要考察的指标称为**试验指标**。在研究试验方案时,要根据试验目的,确定出最能客观反映试验结果的指标。它可以是单一的指标(包括综合评价指标),也可以是多个指标。按试验指标性质可分为定性指标与定量指标。定性指标是指由人的感官直接评定的指标,如颜色、味道、外观等。定量指标是指能和某种仪器或工具准确测量的指标,如产率、吸光度、峰高、谱线强度、光电流等。

6.1.2 因素

影响试验指标的原因或条件称为**试验因素**或**处理因素**,简称**因素**,通常用大写英文字母 A, B, C 等表示。因素可分为两类,一类是人们可以控制的(可控因素),如原料剂量、反应温度、溶液浓度等,另一类是人们不能控制的(不可控因素),如测量误差等。以下所讨论的因素都是指可控因素。根据所考察的试验因素的多少，试验可以分为**单因素试验**（只考察一个因素）、**双因素试验**（考察两个因素）和**多因素试验**（考察三个及三个以上因素）。

6.1.3　水平

因素所处的不同状态（处理的某种特定状态或数量上的差别）称为**因素的水平**，简称**水平**，通常用表示该因素的字母加下标表示，如因素 A 的第 i 个水平可表示为 A_i。

6.1.4　试验处理

试验处理，通常也称**处理**（treatment），指对受试对象给予的某种外部干预或措施，是试验中实施的因素水平的一个组合。试验处理根据所涉及的因素数分为单因素处理和多因素处理。当试验中涉及的因素只有一个时，称为**单因素处理**。如果试验中涉及的因素有两个或两个以上时，则称**多因素处理**。

例 6.1.1　设有三台机器，用来生产规格相同的铝合金薄板。取样，测量薄板的厚度（单位：cm），结果如表 6.1.1 所示。

表 6.1.1　铝合金薄板的厚度

机器 I	机器 II	机器 III
0.236	0.257	0.258
0.238	0.253	0.264
0.248	0.255	0.259
0.245	0.254	0.267
0.243	0.261	0.262

薄板的厚度是试验指标；机器是因素，在此试验中，只考察机器这一个因素，而其他因素完全相同时对试验指标的影响，故为单因素试验；不同的三台机器就是机器这个因素的 3 个不同的水平。试验目的是考察各台机器所生产的薄板的厚度有无显著的差异，即考察机器这一因素对厚度有无显著的影响。

例 6.1.2　为研究乙醇浓度对提取浸膏量的影响，某中药厂取乙醇 50%、60%、70%、90%、95% 5 个浓度，所得浸膏量的观测值如表 6.1.2 所示。

表 6.1.2　提取的浸膏量

水平	观测值			
50%	67	67	55	42
60%	60	69	50	35
70%	79	64	81	70
90%	90	70	79	88
95%	98	96	91	66

浸膏量是试验指标;乙醇浓度是因素,在此试验中,考察乙醇浓度这一个因素,而其他因素完全相同时对试验指标的影响,故为单因素试验;不同的 5 个浓度就是乙醇浓度这个因素的 5 个不同的水平。试验目的是考察不同的乙醇浓度对提取的浸膏量有无显著的差异,即考察乙醇浓度这一因素对浸膏量有无显著的影响。

例 6.1.3 一火箭使用了四种燃料,三种推进器作射程(单位:海里)试验。每种燃料与每种推进器的组合各发射火箭两次,得结果如表 6.1.3 所示。

表 6.1.3　火箭射程的数据

燃料(A)	推进器(B)		
	B_1	B_2	B_3
A_1	58.2	56.2	65.3
	52.6	41.2	60.8
A_2	49.1	54.1	51.6
	42.8	50.5	48.4
A_3	60.1	70.9	39.2
	58.3	73.2	40.7
A_4	75.8	58.2	48.7
	71.5	51.0	41.4

射程是试验指标;燃料和推进器是因素,在此试验中,考察燃料和推进器这两个因素,而其他因素完全相同时对试验指标的影响,故为双因素试验;燃料和推进器分别有 4 个和 3 个不同的水平。试验目的在于考察燃料和推进器在不同的水平下,对射程有无显著的差异,即考察燃料和推进器这两个因素对射程有无影响。

例 6.1.4 据推测,原料的粒度和水分可能影响某片剂的贮存期。现考察粗粒、细粒 2 种规格及含 5％、3％、1％ 3 种水分的原料,抽样测定恒温加热 1 小时后的剩余含量,数据如表 6.1.4 所示。

表 6.1.4　恒温加热 1 小时后有效成分的剩余含量

	含水量	5％	3％	1％
颗粒分组	粗粒	86.88	89.86	89.91
	细粒	84.83	85.86	84.83

恒温加热 1 小时后有效成分的剩余含量是试验指标;原料的粒度和水分是因素,在此试验中考察粒度和水分这两个因素,而其他因素完全相同时对试验指标的影响,故为双因素试验;粒度和水分分别有 2 个和 3 个不同的水平。试验目的在

于考察因素颗粒和水分在不同水平下,对剩余含量有无显著的差异,即考察原料的粒度和水分这两个因素对剩余含量有无影响。

6.2 单因素方差分析

6.2.1 单因素方差分析原理

在例 6.1.1 中,由于同一机器生产的薄板厚度不尽相同,可以看成是一个随机变量的不同取值,把同一机器生产的薄板厚度作为一个总体,三个总体分别用 X_1,X_2,X_3 表示。在每一个水平下进行独立试验,其结果是一个样本,表中数据可看成来自三个不同总体的样本值。将各个总体的均值依次记为 μ_1,μ_2,μ_3,按题意需检验假设

$H_0:\mu_1=\mu_2=\mu_3$

$H_1:\mu_1,\mu_2,\mu_3$ 不全相等

假设各总体均为独立、服从正态分布,且各总体的方差相等,但参数都未知,那么这是一个检验同方差的多个正态总体均值是否相等的问题,

一般地,设因素 A 有 s 个水平 $A_1,A_2,\cdots,A_s$,在水平 $A_j(j=1,2,\cdots,s)$ 下进行 $n_j(n_j\geqslant 2)$ 次独立试验,得到如表 6.2.1 的结果:

表 6.2.1　试验数据

水平	A_1	A_2	$\cdots$	A_s
观 察 值	X_{11}	X_{12}	$\cdots$	X_{1s}
	X_{21}	X_{22}	$\cdots$	X_{2s}
	$\vdots$	$\vdots$	$\vdots$	$\vdots$
	$X_{n_1 1}$	$X_{n_2 2}$	$\cdots$	$X_{n_s s}$

假定各个水平 $A_j(j=1,2,\cdots,s)$ 下的样本 $X_{1j},X_{2j},\cdots X_{n_j j}$ 来自具有相同方差 σ^2,均值分别为 $\mu_j(j=1,2,\cdots,s)$ 的正态总体 $N(\mu_j,\sigma^2)(j=1,2,\cdots,s)$。

检验因素 A 的影响是否显著,即检验假设

$H_0:\mu_1=\mu_2=\cdots=\mu_s$

$H_1:\mu_1,\mu_2,\cdots,\mu_s$ 不全相等　　　　　　　　　　　　　　(6.2.1)

在介绍原理之前,先分析一下影响试验结果变化的原因。引起试验结果变化的原因有随机因素与可控因素两类。随机因素的影响在试验中常常具有人为不可控性,因而是不可避免的,而可控因素是人们可以控制的。可控因素对试验结果的影响显著时,会明显改变试验结果并与随机因素的影响一起出现;在影响不

显著时,试验结果的变化基本上可以归结于随机因素的影响。方差分析的基本思想就是通过对试验结果数据的总变异的分析,将总变异按照变异原因的不同,分解为人为控制的因素带来的变异(因素效应)和随机因素带来的变异(误差效应),并作出其数量估计。

将表 6.2.1 的数据表示成表 6.2.2。

表 6.2.2　试验数据及计算表

水平	A_1	A_2	$\cdots$	A_s
观 察 值	X_{11} X_{21} $\vdots$ $X_{n_1 1}$	X_{12} X_{22} $\vdots$ $X_{n_2 2}$	$\cdots$ $\cdots$ $\vdots$ $\cdots$	X_{1s} X_{2s} $\vdots$ $X_{n_s s}$
样本总和	$T_{.1}$	$T_{.2}$	$\cdots$	$T_{.s}$
样本均值	$\bar{X}_{.1}$	$\bar{X}_{.2}$	$\cdots$	$\bar{X}_{.s}$
总体均值	μ_1	μ_2	$\cdots$	μ_s

由于 $X_{ij} \sim N(\mu_j, \sigma^2)(i=1,2,\cdots,n_j; j=1,2,\cdots,s)$,即有 $X_{ij} - \mu_j \sim N(0, \sigma^2)$,故 $X_{ij} - \mu_j$ 可以看成随机误差,记 $\varepsilon_{ij} = X_{ij} - \mu_j$,则 X_{ij} 可写成

$$\left.\begin{array}{l} X_{ij} = \mu_j + \varepsilon_{ij} \\ \varepsilon_{ij} \sim N(0,\sigma^2),\ \text{各}\ \varepsilon_{ij}\ \text{独立} \\ i = 1,2,\cdots,n_j; j=1,2,\cdots,s \end{array}\right\} \tag{6.2.2}$$

称(6.2.2)式为单因素试验方差分析的**数学模型**。

为了将问题(6.2.2)写成便于讨论的形式,令

$$n = \sum_{j=1}^{s} n_j$$

将 $\mu_1, \mu_2, \cdots, \mu_s$ 的加权平均值 $\dfrac{1}{n}\sum_{j=1}^{s} n_j \mu_j$,记为 μ,即

$$\mu = \frac{1}{n}\sum_{i=1}^{s} n_j \mu_j \tag{6.2.3}$$

令

$$\delta_j = \mu_j - \mu, j=1,2,\cdots,s \tag{6.2.4}$$

此时有 $\sum_{j=1}^{s} n_j \delta_j = 0$,$\delta_j$ 表示水平 A_j 下的总体平均值与总平均的差异,习惯上将 δ_j 称为水平 A_j 的**效应**。

利用这些符号,模型(6.2.2)可改写成

$$
\left.
\begin{aligned}
&X_{ij} = \mu + \delta_j + \varepsilon_{ij} \\
&\varepsilon_{ij} \sim N(0, \sigma^2), \text{ 各 } \varepsilon_{ij} \text{ 独立} \\
&i = 1, 2, \cdots, n_j; j = 1, 2, \cdots, s \\
&\sum_{j=1}^{s} n_j \delta_j = 0
\end{aligned}
\right\}
\tag{6.2.5}
$$

检验假设(6.2.1),等价于检验假设

$$
\begin{aligned}
&H_0 : \delta_1 = \delta_2 = \cdots = \delta_s = 0 \\
&H_1 : \delta_1, \delta_2, \cdots, \delta_s \text{ 不全为零}
\end{aligned}
\tag{6.2.6}
$$

为构造检验统计量,引入总离均差平方和

$$
SS_T = \sum_{j=1}^{s} \sum_{i=1}^{n_j} (X_{ij} - \bar{X})^2
\tag{6.2.7}
$$

其中

$$
\bar{X} = \frac{1}{n} \sum_{j=1}^{s} \sum_{i=1}^{n_j} X_{ij}
\tag{6.2.8}
$$

是数据的总平均。SS_T 能反映全部试验数据之间的差异,因此 SS_T 又称总变异。

从方差分析的基本思想出发,首先要将总离均差平方和(total sun of squares)与总自由度(total degree of freedom)分解为各个变异来源的相应部分。那么,引起观察值出现变异的原因有处理效应和误差效应。处理间平均值的差异由处理效应所致,同一处理内的变异则由随机误差引起。

记水平 A_j 下的样本平均值为 $\bar{X}._j$,又称组内均值,即

$$
\bar{X}._j = \frac{1}{n_j} \sum_{i=1}^{n_j} X_{ij}
\tag{6.2.9}
$$

将 SS_T 写成

$$
\begin{aligned}
SS_T &= \sum_{j=1}^{s} \sum_{i=1}^{n_j} \left[(X_{ij} - \bar{X}._j) + (\bar{X}._j - \bar{X}) \right]^2 \\
&= \sum_{j=1}^{s} \sum_{i=1}^{n_j} (X_{ij} - \bar{X}._j)^2 + \sum_{j=1}^{s} \sum_{i=1}^{n_j} (\bar{X}._j - \bar{X})^2 + 2 \sum_{j=1}^{s} \sum_{i=1}^{n_j} (X_{ij} - \bar{X}._j)(\bar{X}._j - \bar{X})
\end{aligned}
$$

而

$$
\begin{aligned}
2 \sum_{j=1}^{s} \sum_{i=1}^{n_j} (X_{ij} - \bar{X}._j)(\bar{X}._j - \bar{X}) &= 2 \sum_{j=1}^{s} (\bar{X}._j - \bar{X}) \sum_{i=1}^{n_j} (X_{ij} - \bar{X}._j) \\
&= 2 \sum_{j=1}^{s} (\bar{X}._j - \bar{X})(\sum_{i=1}^{n_j} X_{ij} - n_j \bar{X}._j) = 0
\end{aligned}
$$

于是将 SS_T 分解成为

$$SS_T = SS_E + SS_A \tag{6.2.10}$$

其中

$$SS_E = \sum_{j=1}^{s} \sum_{i=1}^{n_j} (X_{ij} - \bar{X}._j)^2 \tag{6.2.11}$$

$$SS_A = \sum_{j=1}^{s} \sum_{i=1}^{n_j} (\bar{X}._j - \bar{X})^2 = \sum_{j=1}^{s} n_j (\bar{X}._j - \bar{X})^2 = \sum_{j=1}^{s} n_j \bar{X}._j^2 - n\bar{X}^2 \tag{6.2.12}$$

上述 SS_E 的各项 $(X_{ij} - \bar{X}._j)^2$ 表示在水平 A_j 下样本观察值与其样本平均值的差异,即组内离均差平方和(简称组内平方和),这是由随机误差所引起的,也称 SS_E 为**误差平方和**。SS_A 的各项 $(\bar{X}._j - \bar{X})^2$ 表示水平 A_j 下的样本平均值与数据总平均的差异,即组间离均差平方和(简称组间平方和),这是由不同水平 A_j 的效应的差异以及随机误差引起的,称 SS_A 为因素 A 的**效应平方和**。SS_T 称为总平方和。式(6.2.10)就是所需要的**平方和分解式**。

为了引出检验问题(6.2.6)的检验统计量,来讨论一下 SS_E、SS_A 的一些统计学特征。

$$
\begin{aligned}
SS_E &= \sum_{j=1}^{s} \sum_{i=1}^{n_j} (X_{ij} - \bar{X}._j)^2 \\
&= \sum_{i=1}^{n_j} (X_{i1} - \bar{X}._1)^2 + \sum_{i=1}^{n_j} (X_{i2} - \bar{X}._2)^2 + \cdots + \sum_{i=1}^{n_j} (X_{is} - \bar{X}._s)^2
\end{aligned}
\tag{6.2.13}
$$

总体 $N(\mu_j, \sigma^2)$ 的样本方差为

$$s_j = \frac{1}{n_j - 1} \sum_{i=1}^{n_j} (X_{ij} - \bar{X}._j)^2$$

于是有

$$\frac{\sum_{i=1}^{n_j} (X_{ij} - \bar{X}._j)^2}{\sigma^2} \sim \chi^2(n_j - 1)$$

因为各 X_{ij} 相互独立,故式(6.2.13)中各平方和相互独立。根据 χ^2 分布的可加性知

$$\frac{SS_E}{\sigma^2} \sim \chi^2 \left(\sum_{J=1}^{s} (n_j - 1) \right)$$

即

$$\frac{SS_E}{\sigma^2} \sim \chi^2(n - s) \tag{6.2.14}$$

还可证明 SS_E 与 SS_A 独立,且当 H_0 为真时

$$\frac{SS_A}{\sigma^2} \sim \chi^2(s-1) \tag{6.2.15}$$

(证明略)。

由式(6.2.14)和式(6.2.15),在 H_0 为真时,有

$$F = \frac{SS_A/(s-1)}{SS_E/(n-s)} = \frac{SS_A/[\sigma^2(s-1)]}{SS_E/[\sigma^2(n-s)]} \sim F(s-1, n-s) \tag{6.2.16}$$

记 $MS_A = \dfrac{SS_A}{s-1}$,并称 MS_A 为**组间均方**;记 $MS_E = \dfrac{SS_E}{n-s}$,并称 MS_E 为**组内均方**。

实际上,$F = \dfrac{MS_A}{MS_E}$ 值是用组间均方与组内均方比较,如果因素 A 的各个水平对总体的影响不大,则 MS_A 较小,因而 $F = \dfrac{MS_A}{MS_E}$ 的值也较小;反之,如果因素 A 的各个水平对总体的影响不同,则 MS_A 较大,因而 F 值也较大。因此,可以选用 $F = \dfrac{MS_A}{MS_E}$ 作为检验统计量,根据 F 值的大小来检验原假设 H_0。

由此可以得到检验问题(6.2.6)的拒绝域:

$$F = \frac{MS_A}{MS_E} = \frac{SS_A/(s-1)}{SS_E/(n-s)} \geqslant F_\alpha(s-1, n-s) \tag{6.2.17}$$

上述分析的结果可列成表6.2.3的形式,称为方差分析表。

表 6.2.3 单因素方差分析表

方差来源	平方和	自由度	均方	F 比值
组间	SS_A	$s-1$	$MS_A = \dfrac{SS_A}{s-1}$	$F = \dfrac{MS_A}{MS_E}$
误差	SS_E	$n-s$	$MS_E = \dfrac{SS_E}{n-s}$	
总计	SS	$n-1$		

6.2.2 单因素方差分析的步骤

综上所述,单因素方差分析的步骤总结如下:

(1)针对问题,提出检验假设;

(2)分别计算离均差平方和 SS_T、SS_A、SS_E 及检验统计量的值,并列出方差分析表;

（3）确定 P 值；

（4）进行统计推断。

在实际中可以直接根据 SPSS 输出结果进行单因素方差分析，具体见第 10 章 10.4.1 的 SPSS 软件实现。

例 6.2.1 研究单味中药对小白鼠细胞免疫机能的影响，把 39 只小白鼠随机分为四组，雌雄尽量各半，用药 15 天后，进行 E-玫瑰花结形成率（E-SFC）测定，数据见表 6.2.4。假设符合式（6.2.2）的条件，分析四种用药情况对小白鼠细胞免疫机能的影响是否相同。SPSS 软件输出的方差分析的结果，如图 6.2.1 所示。（$\alpha = 0.05$）

表 6.2.4 不同中药对小白鼠 E-SFC 的影响

对照组	14	10	12	16	13	14	10	13	9	
淫羊藿组	35	27	33	29	31	40	35	30	28	36
党参组	21	24	18	17	22	19	18	23	20	18
黄芪组	24	20	22	18	17	21	18	22	19	23

单因素方差分析

E-SFC（%）

	平方和	df	均方	F	显著性
组间	1978.944	3	659.648	77.789	.000
组内	296.800	35	8.480		
总数	2275.744	38			

图 6.2.1 例 6.2.1 基于方差齐性的方差分析结果

解 （1）提出检验假设

$H_0 : \mu_1 = \mu_2 = \cdots = \mu_4$

$H_1 : \mu_1, \mu_2, \mu_3, \mu_4$ 不全等

（2）计算检验统计量。$F = 77.789$。

（3）确定 P 值。$P = 0.000$。

（4）进行统计推断。

由于 $P < 0.05$，所以在水平 $\alpha = 0.05$ 下拒绝 H_0，差异有统计学意义，认为四组的 E-玫瑰花结形成率有显著差异，即四种用药情况对小白鼠细胞免疫机能的影响不全相同。

注意，进行单因素方差分析时需满足的三个前提条件：

（1）（独立性）各总体相互独立；

(2)（正态性）各总体服从正态分布；

(3)（方差齐性）各总体方差相等。

即 $X_j \sim N(\mu_j, \sigma^2)(j = 1, 2, \cdots, s)$，且相互独立。

此外，单因素方差分析可看作两个独立样本 t 检验的推广。

6.3 双因素方差分析

6.3.1 双因素等重复试验的方差分析

设有两个因素 A、B 作用于试验指标，因素 A 有 a 个水平 $A_1, A_2, \cdots, A_a$，因素 B 有 b 个水平 $B_1, B_2, \cdots, B_b$，试验处理为 (A_i, B_j)，共 ab 个。

在双因素试验中，有时既要考虑因素 A 或因素 B 对试验结果的影响，又要考虑因素 A 与因素 B 的交互作用（记为 $A \times B$）对试验结果的影响，为此需要对因素 A 与因素 B 的各个水平的每对组合 (A_i, B_j) 分别进行 $r \geqslant 2$ 次重复试验（称为等重复试验），结果如表 6.3.1 所示，

表 6.3.1 重复试验数据

A 因素	B 因素			
	B_1	B_2	$\cdots$	B_b
A_1	$X_{111}, \cdots, X_{11r}$	$X_{121}, \cdots, X_{12r}$	$\cdots$	$X_{1b1}, \cdots, X_{1br}$
A_2	$X_{211}, \cdots, X_{21r}$	$X_{221}, \cdots, X_{22r}$	$\cdots$	$X_{2b1}, \cdots, X_{2br}$
$\vdots$	$\vdots$	$\vdots$	$\vdots$	$\vdots$
A_a	$X_{a11}, \cdots, X_{a1r}$	$X_{a21}, \cdots, X_{a2r}$	$\cdots$	$X_{ab1}, \cdots, X_{abr}$

并设

$$X_{ijk} \sim N(\mu_{ij}, \sigma^2), i = 1, 2, \cdots, a; j = 1, 2, \cdots, b$$

各 X_{ijk} 独立。这里 μ_{ij}, σ^2 均为未知参数。或写成

$$\left. \begin{array}{l} X_{ijk} = \mu_{ij} + \varepsilon_{ijk} \\ \varepsilon_{ijk} \sim N(0, \sigma^2), \text{各 } \varepsilon_{ijk} \text{ 独立} \\ i = 1, 2, \cdots, a \ ; j = 1, 2, \cdots, b \ ; k = 1, 2, \cdots, r \end{array} \right\} \qquad (6.3.1)$$

引入记号：

$$\mu = \frac{1}{ab} \sum_{i=1}^{a} \sum_{j=1}^{b} \mu_{ij} \text{（称为总体均值）}$$

$$\mu_i = \frac{1}{b} \sum_{j=1}^{b} \mu_{ij}, i = 1, 2, \cdots, a \text{（水平 } A_i \text{ 下的总体均值）}$$

$$\mu_j = \frac{1}{a} \sum_{i=1}^{a} \mu_{ij}, j = 1, 2, \cdots, b \text{（水平 } B_j \text{ 下的总体均值）}$$

$$\alpha_i = \mu_i - \mu \text{（称为水平 } A_i \text{ 的效应，反映了 } A_i \text{ 对试验指标的影响）}$$

$$\beta_j = \mu_j - \mu \text{（称为水平 } B_j \text{ 的效应，反映了 } B_j \text{ 对试验指标的影响）}$$

易见

$$\sum_{i=1}^{a} \alpha_i = 0, \sum_{j=1}^{b} \beta_j = 0$$

这样可将 μ_{ij} 表示成

$$\mu_{ij} = \mu + (u_i - \mu) + (\mu_j - \mu) + (\mu_{ij} - \mu_i - \mu_j + \mu), i = 1, 2, \cdots, a; j = 1, 2, \cdots, b$$

记　　$\gamma_{ij} = \mu_{ij} - \mu_i - \mu_j + \mu, i = 1, 2, \cdots, a; j = 1, 2, \cdots, b$

此时　　$\mu_{ij} = \mu + \alpha_i + \beta_j + \gamma_{ij}, i = 1, 2, \cdots, a; j = 1, 2, \cdots, b$ 　　　　(6.3.2)

γ_{ij} 称为水平 A_i 和水平 B_j 的交互效应。这是由 A_i, B_j 搭配起来联合作用而引起的。易见

$$\sum_{i=1}^{a} \gamma_{ij} = 0, j = 1, 2, \cdots, b$$

$$\sum_{j=1}^{b} \gamma_{ij} = 0, i = 1, 2, \cdots, a$$

这样式(6.3.1)可写成

$$\left.\begin{array}{l} X_{ijk} = \mu + \alpha_i + \beta_j + \gamma_{ij} + \varepsilon_{ijk} \\ \varepsilon_{ijk} \sim N(0, \sigma^2), \text{各 } \varepsilon_{ijk} \text{ 独立} \\ i = 1, 2, \cdots, a; j = 1, 2, \cdots, b; k = 1, 2, \cdots, r \\ \sum_{i=1}^{a} \alpha_i = 0, \sum_{j=1}^{b} \beta_j = 0, \sum_{i=1}^{a} \gamma_{ij} = 0, \sum_{j=1}^{b} \gamma_{ij} = 0 \end{array}\right\}$$ 　　(6.3.3)

其中 $\mu, \alpha_i, \beta_j, \gamma_{ij}$ 及 σ^2 都是未知参数。

式(6.3.3)就是研究双因素试验方差分析的**数学模型**。对于这一模型要检验以下三个假设

$$H_{01}: \alpha_1 = \alpha_2 = \cdots = \alpha_a = 0 \tag{6.3.4}$$

$$H_{02}: \beta_1 = \beta_2 = \cdots = \beta_b = 0 \tag{6.3.5}$$

$$H_{03}: \gamma_{11} = \gamma_{12} = \cdots = \gamma_{ab} = 0 \tag{6.3.6}$$

与单因素情况类似，对这些问题的检验方法也是建立在平方和的分解上。先引入记号：

$$\bar{X}_{ij\cdot} = \frac{1}{r} \sum_{k=1}^{r} X_{ijk}, i = 1, 2, \cdots, a; j = 1, 2, \cdots, b$$

表示第 i 行第 j 列的 r 个样本观测值 x_{ijk} $(k=1,2,\cdots,r)$ 的样本均值,

$$\bar{X}_{i..} = \frac{1}{br} \sum_{j=1}^{b} \sum_{k=1}^{r} X_{ijk}, i=1,2,\cdots,a$$

表示第 i 行的所有 br 个样本观测值的样本均值,

$$\bar{X}_{.j.} = \frac{1}{ar} \sum_{i=1}^{a} \sum_{k=1}^{r} X_{ijk}, j=1,2,\cdots,b$$

表示第 j 行的所有 ar 个样本观测值的样本均值,而样本总均值

$$\bar{X} = \frac{1}{abr} \sum_{i=1}^{a} \sum_{j=1}^{b} \sum_{k=1}^{r} X_{ijk} = \frac{1}{a} \sum_{i=1}^{a} \bar{X}_i = \frac{1}{b} \sum_{j=1}^{b} X_j = \frac{1}{ab} \sum_{i=1}^{a} \sum_{j=1}^{b} X_{ij}$$

将平方和分解

$$\begin{aligned} SS_T &= \sum_{i=1}^{a} \sum_{j=1}^{b} \sum_{k=1}^{r} (X_{ijk} - \bar{X})^2 \\ &= SS_E + SS_A + SS_B + SS_{A\times B} \end{aligned} \tag{6.3.7}$$

其中

$$SS_E = \sum_{i=1}^{a} \sum_{j=1}^{b} \sum_{k=1}^{r} (X_{ijk} - \bar{X}_{ij.})^2 \tag{6.3.8}$$

$$SS_A = br \sum_{i=1}^{a} (\bar{X}_{i..} - \bar{X})^2 \tag{6.3.9}$$

$$SS_B = ar \sum_{j=1}^{b} (\bar{X}_{.j.} - \bar{X})^2 \tag{6.3.10}$$

$$SS_{A\times B} = r \sum_{i=1}^{a} \sum_{j=1}^{b} (\bar{X}_{ij.} - \bar{X}_{i..} - \bar{X}_{.j.} - \bar{X})^2 \tag{6.3.11}$$

SS_E 称为**误差平方和**,它反映了试验过程中各种随机因素所引起的随机误差;SS_A、SS_B 分别称为因素 A、因素 B 的**效应平方和**;$SS_{A\times B}$ 称为 A、B **交互效应平方和**。

可以证明,在 H_{01}, H_{02}, H_{03} 都成立时,有

$$\frac{SS_T}{\sigma^2} \sim \chi^2(abr-1) \tag{6.3.12}$$

$$\frac{SS_E}{\sigma^2} \sim \chi^2(ab(r-1)) \tag{6.3.13}$$

$$\frac{SS_A}{\sigma^2} \sim \chi^2(a-1) \tag{6.3.14}$$

$$\frac{SS_B}{\sigma^2} \sim \chi^2(b-1) \tag{6.3.15}$$

$$\frac{SS_{A\times B}}{\sigma^2} \sim \chi^2((a-1)(b-1)) \tag{6.3.16}$$

并且 $\dfrac{SS_E}{\sigma^2}$、$\dfrac{SS_A}{\sigma^2}$、$\dfrac{SS_B}{\sigma^2}$、$\dfrac{SS_{A\times B}}{\sigma^2}$ 相互独立。

当 $H_{01}:\alpha_1 = \alpha_2 = \cdots = \alpha_a = 0$ 为真时,可以证明

$$F_A = \frac{MS_A}{MS_E} = \frac{SS_A/(a-1)}{SS_E/ab(r-1)} \sim F(a-1, ab(r-1)) \qquad (6.3.17)$$

取显著性水平为 α,得假设 H_{01} 的拒绝域为

$$F_A = \frac{MS_A}{MS_E} = \frac{SS_A/(a-1)}{SS_E/ab(r-1)} \geqslant F_\alpha(a-1, ab(r-1)) \qquad (6.3.18)$$

类似地,在显著性水平 α 下,假设 H_{02} 的拒绝域为

$$F_B = \frac{MS_B}{MS_E} = \frac{SS_B/(b-1)}{SS_E/ab(r-1)} \geqslant F_\alpha(b-1, ab(r-1)) \qquad (6.3.19)$$

在显著性水平 α 下,假设 H_{03} 的拒绝域为

$$F_{A\times B} = \frac{MS_{A\times B}}{MS_E} = \frac{SS_{A\times B}/(a-1)}{SS_E/ab(r-1)} \geqslant F_\alpha((a-1)(b-1), ab(r-1))$$

$$(6.3.20)$$

上述分析结果可以汇总成方差分析表 6.3.2。

表 6.3.2　双因素等重复试验方差分析表

方差来源	平方和	自由度	均方	F 比值
因素 A	SS_A	$a-1$	$MS_A = \dfrac{SS_A}{a-1}$	$F_A = \dfrac{MS_A}{MS_E}$
因素 B	SS_B	$b-1$	$MS_B = \dfrac{SS_B}{b-1}$	$F_B = \dfrac{MS_B}{MS_E}$
交互作用	$SS_{A\times B}$	$(a-1)(b-1)$	$MS_{A\times B} = \dfrac{SS_{A\times B}}{(a-1)(b-1)}$	$F_{A\times B} = \dfrac{MS_{A\times B}}{MS_E}$
误差	SS_E	$ab(r-1)$	$MS_E = \dfrac{SS_E}{ab(r-1)}$	
总和	SS_T	$abr-1$		

与单因素方差分析相似,可以直接根据 SPSS 软件进行双因素等重复方差分析。具体见第 10 章 10.4.2 节的 SPSS 软件实现。

例 6.3.1　见例 6.1.3,假设符合双因素方差分析模型所需的条件,检验不同燃料(因素 A)、不同推进器(因素 B)对射程是否有影响?检验交互作用对射程是否有影响?($\alpha = 0.05$)

SPSS 软件的方差分析结果如图 6.3.1 所示。

主体间效应的检验

因变量:射程

源	III 型平方和	df	均方	F	Sig.
校正模型	2401.348[a]	11	218.304	11.056	.000
截距	72578.002	1	72578.002	3675.611	.000
燃料类型	261.675	3	87.225	4.417	.026
推进器类型	370.981	2	185.490	9.394	.004
燃料类型 * 推进器类型	1768.692	6	294.782	14.929	.000
误差	236.950	12	19.746		
总计	75216.300	24			
校正的总计	2638.298	23			

a. R 方 = .910 (调整 R 方 = .828)

图 6.3.1　例 6.3.1 的方差分析结果

解　(1)提出检验假设

$$H_{01}: \alpha_1 = \alpha_2 = \alpha_3 = \alpha_4 = 0$$

$$H_{02}: \beta_1 = \beta_2 = \beta_3 = 0$$

$$H_{03}: \gamma_{11} = \gamma_{12} = \cdots = \gamma_{43} = 0$$

(2)计算检验统计量。$F_A = 4.417, F_B = 9.394, F_{A \times B} = 14.929$。

(3)确定 P 值。$P_A = 0.026, P_B = 0.004, P_{A \times B} = 0.000$。

(4)进行统计推断。

$P_A < 0.05, P_B < 0.05$，所以在显著性水平 $\alpha = 0.05$ 下，拒绝 H_{01} 和 H_{02}，差异均有统计学意义，可以认为不同燃料和不同的射程有显著差异，也就是说，燃料和推进器对火箭射程都有影响。$P_{A \times B} < 0.05$，在显著性水平 $\alpha = 0.05$ 下，拒绝 H_{03}，差异有统计学意义，即燃料和推进器的交互作用对火箭射程有影响。从表 6.1.3 可以看出，A_4 和 B_1 或 A_3 和 B_2 的搭配使火箭射程较其他水平的搭配要远得多。在实际中，就选最优的搭配方式来实施。

6.3.2　双因素无重复试验的方差分析

在以上讨论中，考虑了双因素试验中两个因素的交互作用。如果双因素试验中，两个因素无交互作用，或已知交互作用对试验指标影响很小，则可以不考虑交互作用。此时，每个处理可只做一次试验，称此试验为双因素无重复试验。现对 A、B 两个因素的每一处理 (A_i, B_j) 只做一次试验，所得结果如表 6.3.3 所示。并设　$X_{ij} \sim N(\mu_{ij}, \sigma^2), i = 1, 2, \cdots, a; j = 1, 2, \cdots, b$

且各 X_{ij} 独立。其中 μ_{ij}, σ^2 均为未知参数，或写成

$$\left. \begin{array}{l} X_{ij} = \mu_{ij} + \varepsilon_{ij} \\ \varepsilon_{ij} \sim N(0, \sigma^2) \\ 各 \varepsilon_{ij} 独立 \\ i = 1, 2, \cdots, a; j = 1, 2, \cdots, b \end{array} \right\} \tag{6.3.21}$$

表 6.3.3　双因素无重复试验的数据

因素	B_1	B_2	$\cdots$	B_b
A_1	X_{11}	X_{12}	$\cdots$	X_{1s}
A_2	X_{21}	X_{22}	$\cdots$	X_{2s}
$\vdots$	$\vdots$	$\vdots$	$\vdots$	$\vdots$
A_a	X_{a1}	X_{a2}	$\cdots$	X_{ab}

沿用式(6.3.3)中的符号,由于双因素无重复试验不考虑交互作用,此时 $\gamma_{ij}=0(i=1,2,\cdots,a;j=1,2,\cdots,b)$。故由式(6.3.2)知 $\mu_{ij}=\mu+\alpha_i+\beta_j$,于是式(6.3.21)可写成

$$\left.\begin{array}{l} X_{ij}=\mu+\alpha_i+\beta_j+\varepsilon_{ij} \\ \varepsilon_{ij}\sim N(0,\sigma^2) \text{ 各 } \varepsilon_{ij} \text{ 独立} \\ i=1,2,\cdots,a;j=1,2,\cdots,b \\ \sum_{i=1}^{a}\alpha_i=0, \quad \sum_{j=1}^{b}\beta_j=0 \end{array}\right\} \tag{6.3.22}$$

其中 μ,α_i,β_j 及 σ^2 都是未知参数。

式(6.3.22)就是研究双因素无重复试验方差分析的**数学模型**。对于这一模型要检验

$$H_{01}:\alpha_1=\alpha_2=\cdots=\alpha_a=0 \tag{6.3.23}$$

$$H_{02}:\beta_1=\beta_2=\cdots=\beta_b=0 \tag{6.3.24}$$

与式(6.3.3)同样的讨论,可得双因素无重复试验方差分析表 6.3.4。

表 6.3.4　双因素无重复试验方差分析表

方差来源	平方和	自由度	均方	F 比值
因素 A	SS_A	$a-1$	$MS_A=\dfrac{SS_A}{a-1}$	$F_A=\dfrac{MS_A}{MS_E}$
因素 B	SS_B	$b-1$	$MS_B=\dfrac{SS_B}{b-1}$	$F_B=\dfrac{MS_B}{MS_E}$
误差	SS_E	$(a-1)(b-1)$	$MS_E=\dfrac{SS_E}{(a-1)(b-1)}$	
总和	SS_T	$ab-1$		

与双单因素等重复方差分析相似,可以直接根据 SPSS 软件进行双因素无重复方差分析,具体见第 10 章 10.4.3 节的 SPSS 软件实现。

例 6.3.2　见例 6.1.4,假设符合双因素无重复试验方差分析模型所需的条件,检验不同粒度(因素 A)、不同水分(因素 B)下的恒温加热 1 小时后的剩余含量是否有差异?($\alpha=0.05$)

SPSS 软件的方差分析结果如图 6.3.2 所示。

主体间效应的检验

因变量:抽样值

源	III 型平方和	df	均方	F	Sig.
校正模型	25.016[a]	3	8.339	7.072	.126
截距	45443.585	1	45443.585	38539.274	.000
颗粒分组	20.646	1	20.646	17.509	.053
含水量	4.370	2	2.185	1.853	.350
误差	2.358	2	1.179		
总计	45470.960	6			
校正的总计	27.375	5			

a. R 方 =.914（调整 R 方 =.785）

图 6.3.2 例 6.3.2 的方差分析结果

解 （1）提出检验假设，确定检验水准

$H_{01}: \alpha_1 = \alpha_2 = 0$

$H_{02}: \beta_1 = \beta_2 = \beta_3 = 0$

（2）计算检验统计量。$F_A = 17.509$，$F_B = 1.853$。

（3）确定 P 值。$P_A = 0.053$，$P_B = 0.350$。

（4）进行统计推断。

$P_A > 0.05$，$P_B > 0.05$，不能拒绝 H_{01} 和 H_{02}，差异均无统计学意义，不能认为不同粒度下的恒温加热 1 小时后的剩余含量有差异；不能认为不同水分下，恒温加热 1 小时后的剩余含量有差异。

＊两两均值多重比较

经方差分析，若不能拒绝原假设，即各处理组的均值差异无统计学意义，则不需要做进一步的统计处理，但是当方差分析结果为 $P \leqslant \alpha$ 时，只说明 k 个处理组总体均值不相同或不全相同，不能说明各组总体均值间都有差别。如果要分析哪两组间均值有差别，需进行多个均值间的两两比较。在进行两两比较时，若任由两均值比较 t 检验，将会增加第 I 类错误的概率 α，把本来无差别的两个总体均值判为有差别。例如，有 4 个均值比较，两两比较的次数为 $C_4^2 = 6$ 次，用 t 检验做 6 次比较，设每次检验的 $\alpha = 0.05$，则每次比较不犯第 I 类错误的概率为 $(1-0.05) = 0.95$，6 次不犯第 I 类错误的概率为 $0.95^6 = 0.7351$。此时犯第 I 类错误的概率可能增大至 $1-0.7351 = 0.2649$，远大于预先设定的 0.05，因此，多重均值的比较不能用两样本均值 t 检验来比较。20 世纪 50 年代有 Tukey 首先提出多重比较（multiple comparison）的问题。

常用的多重比较的检验方法有：LSD-t、SNK、Dunnett-t。

1. LSD-t 称最小显著性差异法，在 $H_0: \mu_i = \mu_j$ 假设下，构造 t 统计量

$$t = \frac{\bar{X}_i - \bar{X}_j}{\sqrt{S_e^2(1/n_i + 1/n_j)}}, df = n - s$$

2. Dunnett-t 法,在 $H_0 : \mu_i = \mu_0$ 假设下,构造 t 统计量

$$t = \frac{\bar{X}_i - \bar{X}_0}{\sqrt{S_e^2(1/n_i + 1/n_0)}}, df = n - s$$

是用多个试验组与一个对照组比较,Dunnett-t 界值可查附表8。

3. SNK-q 法,在 $H_0 : \mu_i = \mu_j$ 假设下,构造 q 统计量

$$q = \frac{\bar{X}_i - \bar{X}_j}{\sqrt{\frac{S_e^2}{2}(1/n_i + 1/n_0)}}, df_1 = m, df_2 = n - s$$

q 界值可查附表9,第一自由度 m 为样本均值按大小排列后 $\bar{X}_i$ 到 $\bar{X}_j$ 的样本均值个数。

具体实例见第 10 章 10.4 节的计量资料的统计推断——方差分析。

阅读材料

费歇尔的变异数分析

1923 年发表在《农业科学期刊》上的研究收成变动的论文,费歇尔提出了新的实验方法。不再将某种实验的人工肥料用于整个农场,而是把土地划成小的地块,每个地块进一步区分作物的行,地块中的每一行都给予不同的处理。

任何人观察土地上的作物时,都会很明显地感到有的地块土质好于其他地块。如果要测试两种人工肥料间的区别,可以将一种施于地块的某个地方。但这会将肥料的效应与土壤或者排水等的效应混淆在一起。如果试验在相同的地块不同的年份进行,又会把肥料的效应与气候变化的效应相混淆。

如果同一年里,在相同作物上进行肥料的比较,土壤的差别就会减到最低程度,但因为所处理的作物不会有绝对相同的土壤条件。如果使用足够多的成对比较,在某种意义上,土壤差异所造成的区别就会被平均掉。假定要比较两种肥料,其中一种磷肥的含量是另一种的两倍,将地分成小块,每一块有两行作物。若是将磷肥多的施于北边这行,南边的那行则施磷肥少的。但有人会提出,如果土壤的肥力梯度由北向南,那么北边这行的土质就会比南边那行稍好一点,土壤差异的影响就不会被平均掉。

别急!做下调整,在第一个地块,把磷肥多的施在北边,到了第二地块,它将

被施在南边,这样来回调整。但如果肥力梯度从西北向东南,施以额外的磷肥的行将总是比别的行土质好。也会有人指出,如果肥力梯度从东北向西南,结论正好相反。到底谁对呢?肥力梯度究竟如何分布?肥力梯度这个概念是抽象的,当选择从北到南或从东到西时,肥力的真正形态可能以非常复杂的方式上下变动。也可以想象,当科学家们之间讨论,集中到如何确定土地的肥力梯度时,费歇尔笑咪咪地坐在一边,听任他们卷入复杂的争论。他已经考虑过这些问题,并有了简明的答案。即使是争论触及到他,他仍是静静地坐在那里,吞云吐雾,等容他给出答案的时机。终于,他拿开嘴上的烟斗,说道:"用随机的方法吧!"

的确简单,科学家以随机的方式设计同一地块里不同行农作物的处理,由于随机处理没有固定模式,任何可能的肥力梯度结构都在平均意义上被抵消掉了。费歇尔猛地起身,兴奋地在黑板上写了起来,一行又一行数学符号,手臂在数学公式间挥来挥去,抵消公式两端相同的因子,最后出现的可能是生物科学中最为重要的工具了,在精心设计的科学实验中,如何分解各种不同处理的效应?费歇尔将这个方法称作"方差分析"(ananlysis of variance)。在《作物收成变动研究Ⅱ》中,方差分析第一次面世。

《研究工作者的统计方法》列出了方差分析某些例子的计算公式,但在这篇论文中,他给出了公式的数学推导,不过推导过程还没有详尽到学院派数学家满意的程度。所展示的代数式是为了这样一种特殊情形:比较 3 种类型的人工肥料、10 种不同品种的马铃薯和 4 个地块。如果比较 2 种人工肥料、5 种马铃薯,或者 6 种人工肥料、1 种马铃薯,则需要几个小时的艰苦工作,以调整出新的代数式。当然,费歇尔知道一般公式,对他来说,那是如此的明显,以至于没有必要展示它们。

难怪与费歇尔同时代的人对这个年轻人的成果感到困惑!

习题 6

1.什么是方差分析?方差分析的基本思想是什么?进行方差分析一般有哪些步骤?

2.为研究乙醇浓度对提取浸膏量的影响,某中药厂取乙醇 50%、60%、70%、90%、95% 5 个浓度,所得浸膏量的观测值如表 6-1 所示。判断乙醇浓度对提取浸膏量是否有影响?

3.设有 3 台机器,用来生产规格相同的铝合金薄板。取样,测量薄板的厚度(单位:cm),结果如表 6-2 所示。分析机器对铝合金薄板的生产是否有影响

表 6-1　提取的浸膏量

水平	观测值			
50%	67	67	55	42
60%	60	69	50	35
70%	79	64	81	70
90%	90	70	79	88
95%	98	96	91	66

表 6-2　铝合金薄板的厚度

机器 I	机器 II	机器 III
0.236	0.257	0.258
0.238	0.253	0.264
0.248	0.255	0.259
0.245	0.254	0.267
0.243	0.261	0.262

4. 用 4 种不同的生产工艺生产同种产品,从所生产的产品中各取 3 个,测定其长度(单位:cm),所得结果如表 6-3,试分析不同工艺生产的产品长度是否有差异。

表 6-3　试验数据

生产工艺	产品长度		
A_1	25.6	26.4	27.0
A_2	25.8	24.5	23.4
A_3	27.5	25.3	26.7
A_4	28.2	29.4	28.9

5. 在某种化工产品的生产过程中,选择 3 种浓度:$A_1 = 2\%$,$A_2 = 4\%$,$A_3 = 6\%$;4 种不同的温度:$B_1 = 10℃$,$B_2 = 24℃$,$B_3 = 38℃$,$B_4 = 52℃$。每种浓度和温度的组合都重复试验 2 次,得到产品的收率如下:

表 6-4　产品收率的数据

浓度	温度			
	B_1	B_2	B_3	B_4
A_1	10	11	9	10
	14	11	13	12
A_2	7	8	7	6
	9	10	11	10
A_3	5	13	12	10
	11	14	13	14

分析不同的浓度、不同的温度以及不同浓度与不同温度的交互作用对产品的收率是否有影响?

第7章 列联表的 χ^2 独立性检验

实际工作中常需将试验对象按两个属性（或原则）进行分类，并要考察这些属性之间是否相互独立或影响，解决这类问题的方法称为独立性检验（independence test）。独立性检验常利用列联表（contingency table）进行检验，故又称为列联表独立性检验。列联表将每个观测对象先按行和列两属性分类，行和列的两属性又分别分为 R 类和 C 类，其表中数据有 R 行 C 列，故常称为 $R \times C$ 列联表。比如，例 7.2.2 中表 7.2.3 是按"疗法"和"疗效"分类的 2×2 列联表，例 7.2.3 中表 7.2.5 是按"鼻咽癌"和"血型"分类的 2×4 列联表。列联表独立性检验一般用 χ^2 检验。

7.1 χ^2 统计量

由第 3 章定义 3.2.1 知道，若 $X_1, X_2, \cdots, X_n$ 是总体 $N(0,1)$ 的样本，则 χ^2 统计量为 $\chi^2 = X_1^2 + X_2^2 + \cdots + X_n^2 = \sum_{i=1}^{n} X_i^2 \sim \chi^2(n)$ 设 $X_1, X_2, \cdots, X_n$ 是总体 $N(\mu, \sigma^2)$ 的样本，则有 $\dfrac{X_i - \mu}{\sigma} \sim N(0,1)(i = 1, 2, \cdots, n)$，进而有

$$\chi^2 = \left(\frac{X_1 - \mu}{\sigma}\right)^2 + \left(\frac{X_2 - \mu}{\sigma}\right)^2 + \cdots + \left(\frac{X_n - \mu}{\sigma}\right)^2 = \sum_{i=1}^{n} \left(\frac{X_i - \mu}{\sigma}\right)^2 \sim \chi^2(n)$$

这是连续型随机变量（或计量数据）的分布。

为了便于理解计数数据的 χ^2 统计量，现结合一实例说明其意义。根据遗传学理论，动物的性别比例是 1∶1。统计某羊场一年所产的 876 只羔羊中，有公羔 428 只，母羔 448 只。按 1∶1 的性别比例计算，公、母羔均应为 438 只。以 O 表示实际观察值，E 表示理论值，可将上述情况列成表 7.1.1。

从表 7.1.1 看到，实际观察值与理论值存在一定的差异，这里公、母各相差 10 只。这个差异是属于抽样误差（把对该羊场一年所生羔羊的性别统计当作是一次抽样调查），还是羔羊性别比例发生了实质性的变化？要回答这个问题，首先需要确定一个统计量用以表示实际观察值与理论值偏离的程度；然后判断这一偏离程度是否属于抽样误差，即进行显著性检验。为了度量实际观察值与理论值偏离的程度，最简单的办法是比较两者差数的大小。从表 7.1.1 看出：$O_1 - E_1 = -10$，

表 7.1.1 羔羊性别实际观察值与理论值

性别	实际观察值 O	理论值 E	$O-E$	$(O-E)^2/E$
公	428(O_1)	438(E_1)	-10	0.2283
母	448(O_2)	438(E_2)	10	0.2283
合计	876	876	0	0.4566

$O_2-E_2=10$，由于这两个差数之和为 0，显然不能用 $\sum(O-E)$ 真实地反映理论推算值与实际观测值差值的偏离程度。故采用 $\sum(O-E)^2$，这样就可以消除负号。其值越大，实际观察值与理论值相差亦越大，反之则越小。但利用 $\sum(O-E)^2$ 表示实际观察值与理论值的偏离程度尚有不足。例如，在某动物育种试验中，F_2 代出现如表 7.1.2 所示的分离。

表 7.1.2 动物育种试验中 F_2 出现的分离

	观测值 O	理论值 E	$O-E$
试验一	204	200	4
试验二	24	28	-4

显然两次试验的 $(O-E)^2$ 都是 16，但二者不能等量齐观，因为前者是相对于理论值 200 相差 4，后者是相对于理论值 28 相差 -4。为了弥补这一不足，采用 $\sum \dfrac{(O-E)^2}{E}$，使其转化为相对比值，这个值便是 χ^2 值，即：

$$\chi^2 = \sum \frac{(O-E)^2}{E} \tag{7.1.1}$$

也就是说，χ^2 是度量实际观察值与理论值偏离程度的一个统计量，χ^2 越小，表明实际观察值与理论值越接近；$\chi^2=0$，表示两者完全吻合；χ^2 越大，表示两者相差越大。

7.2 独立性检验

7.2.1 2×2 列联表独立性检验

1. χ^2 检验的基本思想

2×2 列联表是最简单和最常用的列联表，又称其为四格表。四格表的一般形式见表 7.2.1。将试验对象按 X、Y 两个属性进行分类，其中 X 可能出现 r_1,r_2 两个结果，Y 可能出现 c_1,c_2 两个结果，两因子相互作用形成四个数，分别以 O_{11}、

O_{12}、O_{21}、O_{22} 表示。

表 7.2.1 2×2 列联表的一般形式

属性 X	属性 Y		行总和 R_i
	c_1	c_2	
r_1	$O_{11}(E_{11})$	$O_{12}(E_{12})$	$R_1 = O_{11} + O_{12}$
r_2	$O_{21}(E_{22})$	$O_{22}(E_{22})$	$R_2 = O_{21} + O_{22}$
列总和 C_j	$C_1 = O_{11} + O_{21}$	$C_2 = O_{12} + O_{22}$	$T = C_1 + C_2 or T = R_1 + R_2$

表中最基本的数据（也称实际频数）只有 O_{11}、O_{12}、O_{21}、O_{22}，其余数据均由这四个数计算而得。E_{11}、E_{12}、E_{21}、E_{22} 为相应的理论频数，可由式(7.2.1)计算得到。

下面通过例 7.2.1 来具体说明 2×2 列联表独立性检验的基本思想。

例 7.2.1 某生物药品厂研制出一批新的鸡瘟疫苗，为检验其是否有预防效果，将 220 只鸡随机分成两组，一组 120 只注射疫苗，发病 12 只；另一组 100 只未注射疫苗，发病 21 只，结果见表 7.2.2。试问该疫苗是否有预防效果？

表 7.2.2 疫苗试验结果

分组	发病		合计
	发病	未发病	
注射组	12(18)	108(102)	120
未注射组	21(15)	79(85)	100
合计	33	187	220

如果该疫苗没有预防效果，也就是"发病"与"注射疫苗"没有关系，即"发病与注射"两者相互独立，则注射组和未注射组的发病率应相同。在此例中，注射组发病率 $\hat{p}_1 = 12/120 \approx 0.10$；未注射组发病率 $\hat{p}_2 = 21/100 \approx 0.21$。两个样本的发病率存在着差异，现需要根据样本数据推断两组的发病率 p_1 和 p_2 是否存在差异，即需检验假设 $H_0: p_1 = p_2$。若 $H_0: p_1 = p_2$ 成立，即两个总体的发病率相同，则两个样本可以看成来自于同一个总体。现假设 H_0 成立，此时，将全部数据视为来自一个总体的样本，联合样本的发病率 $\hat{p} = 33/220 = 0.15$ 作为该总体发病率的估计值，则两个总体的发病率应与 $\hat{p}$ 相同。

据此，理论上可以得到注射组的发病数，即理论频数 E_{11}，

$$E_{11} = 120 \times \hat{p} = 120 \times \frac{33}{220} = 120 \times 0.15 = 18$$

同样，可以得到未注射组的发病数的理论频数 E_{21}

$$E_{21} = 100 \times \hat{p} = 100 \times \frac{33}{220} = 100 \times 0.15 = 15$$

同理,可得到总体未发病率的估计值(理论值),计算出 E_{12}、E_{22},结果见表 7.2.2。

上述计算理论频数的公式可用式 7.2.1 表示

$$E_{ij} = R_i \frac{C_j}{T} \tag{7.2.1}$$

其中,E_{ij} 表示 i 行 j 列的理论频数,R_i 为 i 行的合计数,C_j 为 j 列的合计数,T 为总合计数。这个公式也适用于 $R \times C$ 列联表。

要比较疫苗是否有预防效果,即检验 $H_0:p_1=p_2$ 是否成立,可以比较表 7.2.2 中每个格子的实际频数与理论频数的差异,这个差异可用上述 χ^2 统计量来计算得出。由于每个格子的理论频数 E,是在假定两组的发病率相等(均等于两组合计的发病率)的情况下计算出来的,故差异越大,说明两个总体发病率不同的可能性就越大。

对于 2×2 列联表,式(7.1.1)可以表示成

$$\chi^2 = \sum_{i=1}^{2} \sum_{j=1}^{2} \frac{(O_{ij} - E_{ij})^2}{E_{ij}}, df=1 \tag{7.2.2}$$

称式(7.2.2)为 χ^2 检验的理论公式,亦称 Pearsonχ^2。其中,O_{ij} 和 E_{ij} 分别为 i 行 j 列的实际频数和理论频数,df 为自由度。四格表资料的自由度 $df=1$。

2. 四格表 χ^2 检验的基本步骤

结合例 7.2.1,给出四格表 χ^2 检验的基本步骤。

(1)提出检验假设

$H_0:p_1=p_2$(两组发病率相同,即发病与注射疫苗无关)

$H_1:p_1 \neq p_2$(两组发病率不同,即发病与注射疫苗有关)

(2)计算检验统计量

首先按式(7.2.1)计算 E_{ij}。实际计算时,在求得一个格子的理论频数后,其他三个格子的理论频数可根据行或列的合计数与该格子的理论频数求得。例如:求得 $E_{11}=18$,$E_{12}=120-18=102$,$E_{21}=33-18=15$,$E_{22}=100-15=85$,与用式(7.2.1)计算结果相同。然后计算 χ^2 统计量,将表 7.2.1 中的 O 与 E 的值代入基本公式(7.2.2)得

$$\chi^2 = \frac{(12-18)^2}{18} + \frac{(108-102)^2}{102} + \frac{(21-15)^2}{15} + \frac{(79-85)^2}{85} \approx 5.176$$

(3)确定临界值

由 $\alpha=0.05$ 查附表 5,$\chi^2_{0.05}(1)=3.841$。

(4)进行统计推断

由 $\chi^2=5.176 > \chi^2_{0.05}(1)$(即 $P<0.05$),所以在水平 $\alpha=0.05$ 下,拒绝 H_0,

差异有统计学意义。说明该疫苗有预防效果。

为了简化计算,省去求理论频数的过程,可将理论公式(7.2.2)转化为四格表专用公式

$$\chi^2 = \frac{(O_{11}O_{22} - O_{12}O_{21})^2 T}{(O_{11} + O_{12})(O_{21} + O_{22})(O_{11} + O_{21})(O_{12} + O_{22})} \tag{7.2.3}$$

由式(7.2.2)和式(7.2.3)计算的 χ^2 只是近似地服从连续型随机变量 χ^2 分布。当自由度为1,且有理论频数小于5时,这种近似性就差一些。为此,英国统计学家 Yates(1934)提出了一个连续校正公式,校正后的 χ^2 值记为 χ_c^2。

$$\chi_c^2 = \sum_{i=1}^{2} \sum_{j=1}^{2} \frac{(|O_{ij} - E_{ij}| - 0.5)^2}{E_{ij}} \tag{7.2.4}$$

或其等价形式

$$\chi_c^2 = \frac{(|O_{11}O_{22} - O_{12}O_{21}| - 0.5T)^2 T}{(O_{11} + O_{12})(O_{21} + O_{22})(O_{11} + O_{21})(O_{12} + O_{22})} \tag{7.2.5}$$

鉴于以上原因,在分析四格表资料时,需根据 T 和每个格子的理论频数 E 的取值不同而有所不同。

3.四格表 χ^2 检验的注意事项

(1)当 $T \geq 40$ 且 $E \geq 5$ 时,用四格表的理论公式(7.2.2)或四格表的专用公式(7.2.3);

(2)当 $T \geq 40$ 且有 $1 \leq E < 5$ 时,用四格表的校正公式(7.2.4)或(7.2.5);

(3)当 $T < 40$ 或存在 $E < 1$ 时,不能用 χ^2 检验,只能用确切概率法计算概率,即 Fisher 确切概率法(可参考其他相关书籍)。

在实际应用中,可以直接利用 SPSS 软件输出结果进行 2×2 列联表的 χ^2 检验,具体见第 10 章 10.5.1 节四格表资料的 χ^2 检验的 SPSS 软件实现。

例 7.2.2　将 116 例癫痫患者随机分成两组,一组 70 例接受常规高压氧治疗,一组 46 例接受常规治疗,治疗结果见表 7.2.3。问现有疗法对治疗癫痫效果是否有影响?

表 7.2.3　两种疗法治疗癫痫的效果

疗法	疗效		合计
	有效	无效	
高压氧治疗组	66	4	70
常规治疗组	38	8	46
合计	104	12	116

SPSS 结果如图 7.2.1 所示。

卡方检验

	值	df	渐进 Sig.(双侧)	精确 Sig.(双侧)	精确 Sig.(单侧)
Pearson 卡方	4.081ᵃ	1	.043		
连续校正ᵇ	2.919	1	.088		
似然比	3.990	1	.046		
Fisher的精确检验				.061	.045
线性和线性组合	4.046	1	.044		
有效案例中的N	116				

a. 1单元格(25.0%)的期望计数少于 5。最小期望计数为 4.76。
b. 仅对 2x2 表计算

图 7.2.1 例 7.2.2 SPSS 输出结果

解 (1)提出检验假设

$H_0:p_1=p_2$(两种疗法的有效率相同,即疗法对治疗效果无影响)

$H_1:p_1\neq p_2$(两种疗法的有效率不同,即疗法对治疗效果无影响)

(2)计算检验统计量

$T=116>40$,由于有一个格子的理论频数为 4.76(需用四格表资料 χ^2 检验的校正公式计算 χ_c^2 值),$\chi_c^2=2.919$。

(3)确定 P 值

$P=0.088$

(4)进行统计推断

由 $P=0.088>0.05$,所以在水平 $\alpha=0.05$ 下,不能拒绝 H_0,差异无统计学意义。根据现有数据,不能认为现有疗法对治疗癫痫的效果有影响。

7.2.2 $R\times C$ 列联表独立性检验

$R\times C$ 列联表的一般形式见表 7.2.4。

表 7.2.4 $R\times C$ 列联表的一般形式

属性	属性				行总和 R_i
	1	2	…	c	
1	$O_{11}(E_{11})$	$O_{12}(E_{12})$	…	$O_{1c}(E_{1c})$	R_1
2	$O_{21}(E_{21})$	$O_{22}(E_{22})$	…	$O_{2c}(E_{2c})$	R_2
⋮	⋮	⋮	⋮	⋮	⋮
r	$O_{r1}(E_{r1})$	$O_{r2}(E_{r2})$	…	$O_{rc}(E_{rc})$	R_r
列总和 C_j	C_1	C_2	…	C_c	T

$R\times C$ 列联表 χ^2 独立性检验的基本原理,与前面介绍的四格表 χ^2 检验的基本原理相同,其理论公式为

$$\chi^2 = \sum_{i=1}^{r} \sum_{j=1}^{c} \frac{(O_{ij} - E_{ij})^2}{E_{ij}}, df = (r-1)(c-1) \tag{7.2.6}$$

$R \times C$ 列联表也可用专用公式进行计算,专用公式为

$$\chi^2 = T\left(\sum_{i=1}^{r} \sum_{j=1}^{c} \frac{O_{ij}^2}{R_i C_j} - 1\right), df = (r-1)(c-1) \tag{7.2.7}$$

此时,要求 $R \times C$ 列联表资料中每个格子的理论频数 $E > 5$ 或 $1 < E < 5$ 的格子数不超过总格子数的 $1/5$。当有 $E < 1$ 或 $1 < E < 5$ 的格子数较多时,可采用并行并列、删行删列、增大样本容量等方法使其满足条件。

为了减少繁杂的手工计算,可以直接利用 SPSS 软件输出结果进行 $R \times C$ 列联表的 χ^2 检验,具体见第 10 章 10.5.2 节行×列表资料的 χ^2 检验的 SPSS 软件实现。

例 7.2.3 某医院调查了 300 例鼻咽癌患者和 499 名健康人的血型情况,数据见表 7.2.5(2×4 列联表)。试分析鼻咽癌患者与血型分布是否有关联?($\alpha = 0.05$)

表 7.2.5 血型分布

组别	血型				合计
	A	B	O	AB	
鼻咽癌组	64	86	130	20	300
健康组	125	138	210	26	499
合计	189	224	340	46	799

SPSS 结果如图 7.2.2 所示。

卡方检验

	值	df	渐进 Sig.(双侧)	精确 Sig.(双侧)	精确 Sig.(单侧)	点概率
Pearson 卡方	1.921[a]	3	.589	.590		
似然比	1.924	3	.588	.591		
Fisher 的精确检验	1.958			.582		
线性和线性组合	1.452[b]	1	.228	.237	.122	.016
有效案例中的 N	799					

a. 0 单元格(0%)的期望计数少于 5。最小期望计数为 17.27。
b. 标准化统计量是 -1.205。

图 7.2.2 例 7.2.3 SPSS 输出结果

解 (1)提出检验假设

H_0:患鼻咽癌与血型无关(即鼻咽癌患者和健康人的血型分布情况相同)

H_1:患鼻咽癌与血型有关(鼻咽癌患者和健康人的血型分布情况不同)

(2)计算检验统计量

$T = 799 > 40$,最小理论频数 17.27,所有理论频数均大于 5,所以 $\chi^2 = 1.921$

(3)确定 P 值

$P = 0.590$

(4)进行统计推断

由 $P = 0.590 > 0.05$，所以在水平 $\alpha = 0.05$ 下，不能拒绝 H_0，差异无统计学意义。根据现有数据，不能认为患鼻咽癌与血型有关，即不能认为鼻咽癌患者和健康人的四种血型分布情况不同。

＊ 列联表资料的分类及其常用统计方法

列联表资料可分为双向无序，单向有序，双向有序属性相同和双向有序属性不同等四种类型。

1. 双向无序列联表，是指两个分类变量，皆为无序分类变量，如表 7.2.2、表 7.2.3、表 7.2.4 和表 7.2.5。对于该类资料可用 $R \times C$ 列联表的 χ^2 检验。

2. 单向有序列联表有两种形式。一种是列联表中的分组变量是有序的，而属性变量是无序的。其研究目的通常是分析不同组各种属性的构成情况，此种资料可用 $R \times C$ 列联表的 χ^2 检验进行分析。另一种是列联表中的分组变量为无序的，而属性变量(如疗效按等级分组)是有序的，其研究目的是为比较不同分组的疗效，此种资料宜用秩和检验进行分析，或用 Ridit 分析进行分析。

3. 双向有序属性相同列联表，是指表中的两分类变量皆为有序且属性相同，如用两种检测方法同时对同一批样品的测定结果。其研究目的是了解两变量观测结果是否一致。此时宜用一致性检验(或称 Kappa 检验)。

4. 双向有序属性不同列联表，是指表中两分类变量皆为有序，但属性不同，如年龄与冠状动脉的关系。对于该类资料，可根据研究目的的不同选用不同的检验方法。①研究目的是为分析不同年龄组患者疗效之间有无差别时，可把它视为单向有序列联表资料；②研究目的为分析两有序分类变量间是否存在相关关系，宜用等级相关分析等；③研究目的为分析两有序分类变量间是否存在线性变化趋势，宜用有序分组资料的线性趋势检验。

阅读材料

Pearson 及其 χ^2 检验

Pearson(Karl Pearson)(1857—1936)，生卒于伦敦，公认为统计学之父。

K. Pearson 1879 年毕业于剑桥大学数学系，出版几本文学作品，并且做了三年的律师实习，1884 年进入伦敦大学学院(University College，London)，教授数学与力学,从此待在该校一直到 1933 年。

K. Pearson 最重要的学术成就,是为现代统计学打下基础。自从达尔文演化论问世后,关于演化的本质争论不断,在这方面他深受 Galton(达尔文表哥,"优生学"一词的发明者)与 Weldon 影响。Weldon 1893 年提出"所谓变异,遗传与天择事实上只是'算术'"的想法。这促使 K. Pearson 在 1893—1912 年间写出 18 篇"在演化论上的数学贡献"的文章,而这门"算术",也就是今日的统计。许多熟悉的统计名词如标准差、成分分析、卡方检验都是他提出的。

χ^2 检验是一种基于 χ^2 分布的假设检验方法,其应用十分广泛,特别是在离散变量的分析中,χ^2 分布最早于 1875 年由 F. Helmet 提出,他计算出来自正态总体的样本方差分布服从 χ^2 分布,1900 年 Karl Pearson 在做拟合优度研究时也得出 χ^2 分布,并且提出 χ^2 统计量,将其用于假设检验。

Pearson 提出卡方检验思想之后,陆续又有很多人在此基础上进行拓展,形成了多种基于卡方分布的检验方法,这些方法在一定程度上弥补了 Pearson 卡方的不足,拓宽了 Pearson 卡方的使用范围。比如 Yates 校正,也叫 Yates 卡方检验、Yates 连续性校正。由英国人 Frank Yates 提出。Yates 认为,卡方分布是一种连续型分布,但是分类资料计算出的统计量是离散的。在某个单元格的期望频数小于 5 时,会使 χ^2 统计量渐进卡方分布的假设不可信,因此需要做连续性校正,在每个单元格的残差中减去 0.5。

习题 7

1. 简述 χ^2 检验的基本思想。

2. 简述 χ^2 检验主要步骤。并说明什么情况下 χ^2 检验需作校正?

3. 欲研究内科治疗对某病急性期和慢性期的治疗效果有无不同,某医生收集了 182 例采用内科疗法的该病患者的资料,数据见表 7-1。请分析不同病期的总体有效率有无差别?($\alpha = 0.05$)

表 7-1 两种类型疾病的治疗效果

组别	有效	无效	合计	有效率(%)
急性期	69	37	106	65.1
慢性期	30	46	76	39.5
合计	99	83	182	54.4

4. 表 7-2 中的资料是 240 例心肌梗塞患者接受甲、乙两种不同治疗方法后 24 小时内的死亡情况。问两种疗法病死率是否有差别?($\alpha = 0.05$)

表 7-2　24 小时内死亡情况

疗法	生存例数	死亡例数	合计	病死率（%）
甲	187	11	198	5.6
乙	36	6	42	14.3
合计	223	17	240	7.1

5. 某医师为研究乙肝免疫球蛋白预防胎儿宫内感染 HBV 的效果，将 33 例 HBsAg 阳性孕妇随机分为预防注射组和非预防组，结果见表 7-3。问两组新生儿的 HBV 总体感染率有无差别？（$\alpha = 0.05$）

表 7-3　两组新生儿 HBV 感染率的比较

组别	阳性	阴性	合计	感染率（%）
预防注射组	4	18	22	18.2
非预防组	5	6	11	45.5
合计	9	24	33	27.3

6. 某医院以 400 例未产妇为观察对象，将其分为 4 组，每组 100 例，分别给予不同的镇痛处理，观察的镇痛效果见表 7-4。问 4 种镇痛方法的效果有无差异？

表 7-4　4 种镇痛方法的效果比较

镇痛方法	有效	无效	例数
颈麻	41	59	100
注药	94	6	100
置栓	89	11	100
对照	27	73	100
合计	251	149	400

第8章 相关与回归

在科学研究领域中,讨论事物之间的相互联系常转化为变量(因素)之间的关系。变量间的关系有确定性关系和随机性关系。确定性关系一般是指函数关系。例如研究自由落体运动规律,每给一个时间点,则有唯一的位移值与之对应。随机性关系是指变量间的关系以非确定性的形式出现。例如家庭的收入水平和支出;儿童的身高与体重;糖尿病病人的血糖与胰岛素;吸烟与肺癌的关系;等等。这些变量间虽存在着十分密切的关系,但都不能从一个变量的确定值,求出另一变量的精确值。相关与回归就是研究随机性变量间关系的统计方法。本章主要介绍两变量间的相关与回归分析。

8.1 线性相关

8.1.1 散点图

变量之间的随机性关系称为相关关系。直线相关又称简单线性相关,是最简单的相关关系。为考察两变量的关系,可以直观地用散点图来反映变量间是否呈直线线性关系。从总体中独立随机抽取 n 个个体,对应于 n 对独立的观察数据 $(X_i, Y_i)(i=1,2,\cdots,n)$ 把这 n 个点描绘在平面直角坐标系中,构成**散点图**。

下面给出几种典型的散点图,见图 8.1.1。散点呈直线上升趋势,称为正相关(positive correlation);散点呈直线下降趋势,称为负相关(negative correlation);

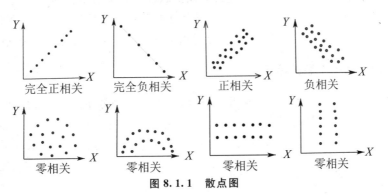

图 8.1.1 散点图

散点全在一条直线上,称为完全正/负相关(perfect positive/negative correlation);散点呈曲线或杂乱无章或平行于两坐标轴,称为零相关(zero correlation)。

8.1.2　相关系数

为描述变量间的线性关系的密切程度,引入相关系数。**相关系数**是定量描述变量间直线(线性)相关的密切程度和方向的统计指标。

定义 8.1.1　设随机变量 X、Y 服从正态分布,两总体均数和方差分别是 EX、EY;DX、DY。定义

$$\rho = \frac{E(X-EX)(Y-EY)}{\sqrt{DX \cdot DY}} \tag{8.1.1}$$

为变量 X、Y 的**总体相关系数**(product-moment correlation coefficient)。其中,$-1 \leqslant \rho \leqslant 1$。

$COV(X,Y)=E(X-EX)(Y-EY)$ 称为 X 和 Y 的协方差(covariance)。

若 X 和 Y 线性相关,则 $|\rho|=1$;若 X 和 Y 独立,则 $\rho=0$。

定义 8.1.2　从服从正态分布的变量 X、Y 中,随机抽取 n 对样本值 (X_i, Y_i) $(i=1,2,\cdots,n)$。定义

$$r = \frac{L_{XY}}{\sqrt{L_{XX}L_{YY}}} \tag{8.1.2}$$

为 X 和 Y 的**样本相关系数**,简称**相关系数**(correlation coefficient)。其中

$$L_{XY} = \sum (X_i - \bar{X})(Y_i - \bar{Y}) = \sum X_i Y_i - n\bar{X} \cdot \bar{Y} \tag{8.1.3}$$

$$L_{XX} = \sum (X_i - \bar{X})^2 = (n-1)S_X^2 \tag{8.1.4}$$

$$L_{YY} = \sum (Y_i - \bar{Y})^2 = (n-1)S_Y^2 \tag{8.1.5}$$

说明:

(1)相关系数 r 没有单位,只适用于双正态数据。取值范围为 $-1 \leqslant r \leqslant 1$。$r$ 的符号表示相关方向,绝对值的大小表示两个变量间直线关系的密切程度。

(2)$r>0$ 表示正相关;$r<0$ 表示负相关;$r=\pm 1$ 表示完全正 / 负相关。

8.1.3　相关系数的检验

总体相关系数一般是很难获得的,常用样本相关系数 r 作为 ρ 的估计。在实际研究中,由于存在抽样误差,$r \neq 0$ 不能断定 $\rho \neq 0$。在 $H_0:\rho=0$,两变量无直线相关关系的假设下,可以用统计量 t 推断两变量 X 和 Y 有无直线相关关系。

$$t = \frac{r-\rho}{\sqrt{(1-r^2)/(n-2)}} \sim t(n-2) \tag{8.1.6}$$

由式(8.1.6)可知,t 值的大小取决于随机变量 r 的分布,因而常通过相关系数 r 检验,直接查相关系数 r 界值表($df = n - 2$,附表10)。在 $P \leqslant \alpha$ 时,以 α 水准拒绝 H_0,可以认为变量 X 与 Y 之间有直线相关关系。

两变量相关系数假设检验的步骤:

(1)绘制散点图,观察变量间是否有直线趋势;

(2)判断两变量数据是否满足正态性;

(3)若满足上述两点,进行相关系数的假设检验;

(4)得出统计和专业结论。

例 8.1.1　通过调查某地 10 家超市,人均月销售额 X(单位:千元)与利润率 Y(单位:%)的资料如表 8.1.1 所示,试计算相关系数 r,分析变量间是否存在线性关系。($\alpha = 0.01$)

表 8.1.1　某地 10 家超市人均月销售额与利润率

人均月销售额 X	6	5	8	1	4	7	6	3	3	7
利润率 Y	12.6	10.4	18.5	3.0	8.1	16.3	12.3	6.2	6.6	16.8

解　绘制如图 8.1.2 所示的散点图。

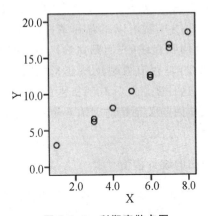

图 8.1.2　利润率散点图

以横轴表示人均月销售额,纵轴表示利润率。可以看出,散点图有明显直线趋势,两组数据均满足正态性。故进行直线相关分析。

$H_0: \rho = 0$(人均月销售额与利润率无直线相关关系)

$H_1: \rho \neq 0$(人均月销售额与利润率有直线相关关系)

由 $n = 10, \bar{X} = 5, \bar{Y} = 11.08, \sum XY = 654.9, S_X = 2.2111, S_Y = 5.1352$,得

$r = 0.987$

查附表 $10,r_{0.01/2}(8)=0.7646$,由于 $r=0.987>0.7646$,即 $P<0.01$,以 $\alpha=0.01$ 水准拒绝 H_0,可以认为人均月销售额与利润率有正向直线相关关系。

对于分类数据,或不服从正态分布的数据,或总体分布类型不知的数据,宜采用等级相关系数(秩相关)作相关分析,是一种非参数统计法。常用的秩相关分析方法有 Spearman 法和 Kendall 法。分析两变量关系时,同样应首先考虑变量间散点图是否有直线趋势,然后再考虑进行相应的相关分析。基本思想是分别将两变量按原始数值由小到大编秩(遇相同观察值时取平均秩),利用两变量秩次排列的一致性来反映变量间直线关系密切程度和方向。

8.2 一元线性回归

相关关系是反映两变量之间的密切程度和相关方向。如例 8.1.1,通过相关系数的大小,结合散点图,可以看出人均月销售额与利润率之间的直线相关很密切,并且是正向相关,但是它不能确定变量间的具体数学表达形式,因此也无法从一个变量的变化来推测另一个变量的变化情况。又如单位成本有随产品产量增加而减少的趋势;血压有随年龄增大而增大的趋势;子高受父高和母高的影响;毒物剂量与死亡率的关系;等等。这些变量的散点图近似成直线(或曲线),如果能够确定这种近似直线(或曲线),就可以了解和掌握相关变量之间的内在联系,称此近似的直线(或曲线)为**回归直线**(或**回归曲线**)。如何确定这条直线(或曲线),以及所确定的直线(或曲线)是否有效地反映变量之间的内在联系? 这些都是回归分析所要研究的问题。这种变量间具有随机性的数量依存关系,不同于严格的函数关系,称为**回归关系**。回归关系是确立两变量相应的数学表达式,并为预测、控制提供了一种重要的统计方法。

8.2.1 一元线性回归的统计模型

确定回归直线(曲线)的两个变量 X 与 Y,有两种情况:

(1)X、Y 均为随机变量,X、Y 的地位是平等的,哪一个变量都可以看作因变量或自变量;

(2)X 为普通变量,Y 为与 X 有关的随机变量。X 为自变量,Y 为因变量。它们的地位不能对调。

假设 Y 为因变量,X 为自变量。Y 的变化有以下两个方面的影响:

(1)X 与 Y 内在的线性(或非线性)关系的影响;

(2)随机因素(包括未加考虑的微小因素)的影响。

回归直线(曲线)的关系可写成

$$Y = f(x) + \varepsilon \tag{8.2.1}$$

其中，$f(x)$ 为 X 与 Y 的内在关系，ε 为随机因素。

当 $f(x)$ 为线性函数时，X 与 Y 之间呈线性相关；当 $f(x)$ 为非线性函数时，X 与 Y 之间呈曲线相关。

讨论 $f(x)$ 为线性函数的情况。式 (8.2.1) 可写成

$$Y = \alpha + \beta X + \varepsilon \tag{8.2.2}$$

其中，α、β 是与 X 无关的常数，$\varepsilon \sim N(0, \sigma^2)$。

回归模型中的基本假设：X 与 Y 具有线性性；样本具有独立性；给定 X 的取值，相应的 Y 要求服从正态性；自变量 X 取不同的值 $X_i (i=1,2,\cdots,n)$，因变量 Y 对应的标准差完全相同（方差齐性）。

8.2.2 一元线性回归方程的建立

理论上，一元线性回归方程为 $\tilde{Y} = \alpha + \beta X$，$\alpha$ 称为**截距**(intercept)，β 称为**回归系数**(regression coefficient)。现确定 α、β 的值。

设样本观测值为 $(X_i, Y_i)(i=1,2,\cdots,n)$，将 X_i 代入方程 $\tilde{Y} = \alpha + \beta X$，

得 $\tilde{Y}_i = \alpha + \beta X_i$，$i=1,2,\cdots,n$

理论方程值与实测值相差的大小，反映了理论方程是否能符合实际问题。即希望 $\sum\limits_{i=1}^{n} Y_i - \tilde{Y}_i = \sum\limits_{i=1}^{n} Y_i - (\alpha + \beta X_i)$ 最小。

令 $Q(\alpha, \beta) - \sum\limits_{i=1}^{n} [Y_i - (\alpha + \beta X_i)]^2 \tag{8.2.3}$

根据多元微分学极值理论，有

$$\frac{\partial Q}{\partial \alpha} = -2\sum_{i=1}^{n}(Y_i - \alpha - \beta X_i) = 0 \tag{8.2.4}$$

$$\frac{\partial Q}{\partial \beta} = -2\sum_{i=1}^{n}(Y_i - \alpha - \beta X_i)X_i = 0 \tag{8.2.5}$$

由 (8.2.4) 式和 (8.2.5) 式联立的方程组称为正规线性回归方程组。解此方程组，得到 β、α 的估计值分别为

$$\hat{\beta} = b = \frac{L_{XY}}{L_{XX}}, \hat{\alpha} = a = \bar{Y} - b\bar{X}$$

使 $Q(\alpha, \beta)$ 达到最小的 a、b 称为参数 α、β 的**最小二乘估计**。用 a、b 代替 α、β 得到一元经验线性回归方程，即通常所说的**一元线性回归方程**(linear equation)

$$\hat{Y} = a + bX \tag{8.2.6}$$

说明:

(1)"经验"是指由样本得到的 a、b。a、b 是对理论值 α、β 的估计,不一定就是 α、β 的真正值。

(2)$\hat{Y}$ 与 $\tilde{Y}$ 不同。

例 8.2.1　对例 8.1.1 数据,建立回归直线方程。

解　人均月销售额与利润率资料的散点图有直线趋势,故进行回归直线分析。

由 $n=10, \bar{X}=5, \bar{Y}=11.08, \sum XY=654.9$

$S_X=2.2111, S_Y=5.1352, l_{XY}=100.9, l_{XX}=44$

$b=l_{XY}/l_{XX}=2.293, a=\bar{Y}-b\bar{X}=-0.385$

由式(8.2.6),回归直线方程为

$$\hat{Y}=-0.385+2.293X$$

注意,对于任意给定的观察值 $(X_1,Y_1),(X_2,Y_2),\cdots,(X_n,Y_n)$,只要 $X_1,X_2,\cdots,X_n$ 不全相同,无论 Y 与 X 之间是否存在一定的线性关系,都可以用最小二乘法在形式上建立 Y 与 X 之间的回归直线方程,但如果 Y 与 X 之间根本没有内在的线性相关关系,那么形式上的回归方程并不描述 Y 与 X 之间的联系。只有进行回归方程的显著性检验,才能确定 Y 与 X 之间是否存在有意义的线性关系。

8.2.3　一元线性回归方程的检验

先讨论变量 Y 的离均差平方和,称总离差平方和,记为 $SS_{总}$(总平方和)。

$SS_{总}$ 既有自变量 X 不同取值引起的线性效应 $SS_{回}$(回归平方和),又有由随机因素引起的随机误差 $SS_{剩}$(剩余平方和或残差平方和)。回归平方和的值越大,说明直线回归的效果越好,剩余平方和的值越小说明各实测点离回归直线越接近(见图 8.2.1)。

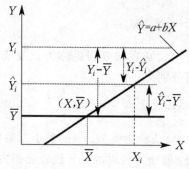

图 8.2.1　直线回归变异分解示意图

$$SS_{总} = SS_{回} + SS_{剩} \tag{8.2.7}$$

$$SS_{总} = \sum (Y_i - \bar{Y}_i)^2 = L_{YY} = (n-1)S_Y^2, df_{总} = n-1 \tag{8.2.8}$$

$$SS_{回} = \sum (\hat{Y}_i - \bar{Y})^2 = L_{XY}^2/L_{XX} = (n-1)r^2 S_Y^2, df_{回} = 1 \tag{8.2.9}$$

$$SS_{剩} = \sum (Y_i - \hat{Y}_i)^2 = (n-1)(1-r^2)S_Y^2, df_{剩} = n-2 \tag{8.2.10}$$

回归平方和、剩余平方和分别除以自由度,称为回归均方、剩余均方,即

$$MS_{回} = SS_{回}, MS_{剩} = SS_{剩}/(n-2) \tag{8.2.11}$$

剩余均方的算术平方根称为剩余标准差(standard deviation about residual),记为 $S_{Y \cdot X}$,

$$S_{Y \cdot X} = \sqrt{\frac{SS_{剩}}{n-2}} = \sqrt{\frac{(n-1)(1-r^2)S_Y^2}{n-2}} \tag{8.2.12}$$

反映了扣除 X 对 Y 的线性影响后,随机误差对 Y 的变异作用,描述实测值与回归方程预测值的离散程度。

定义 8.2.1 回归平方和在总平方和中所占的比例称为**决定系数**(determining coefficient),记 R^2。

$$R^2 = SS_{回}/SS_{总} = 1 - SS_{剩}/SS_{总} = r^2 \tag{8.2.13}$$

这里,$0 \leqslant R^2 \leqslant 1$,$R^2$ 值越接近于 1,表示回归平方和在总平方和中所占的比重越大,回归效果越好。因此,评价回归方程的拟合效果的好坏,除剩余标准差外,还可以用决定系数进行描述。

在临床研究中,因病人之间的个体差异较大。一般认为,在大样本条件下,R^2 大于等于 0.7,回归效果不错。在实验研究中,一般认为,在小样本条件下,R^2 大于等于 0.85 时,回归效果不错。在高精度的研究中,对 R^2 要求较大。例如,在标准曲线的制作时,由于 X 加入量是严格定量的,仪器测定的误差也是能够严格控制的,所以对 R^2 要求较高。甚至有的专业要求 $R^2 > 0.99$,才可以认为两变量回归效果理想。

例 8.2.2 对例 8.2.1 建立的回归直线方程,计算决定系数。

解 由例 8.1.1,$r = 0.987$,$R^2 = 0.987^2 = 0.974$

由于 $R^2 > 0.7$,可以认为两变量的相关强度较大,线性回归方程拟合效果较好。

建立有统计意义的回归方程后,可以应用回归方程进行统计预测、控制。在观测数据的范围内,给定 X_0 可以计算对应 Y_0 的点预测及 Y_0 值均数的区间预测;给定 Y_0 值还可以计算 X_0 的控制区间。

判断建立的线性回归方程是否有统计学意义,常用以下几种方法。

第一种方法:相关系数 r 检验。

第二种方法:方差分析的 F 检验。

在线性回归方程无统计学意义假设下,回归均方除以剩余均方构成 F 统计量,即

$$F = \frac{MS_{回}}{MS_{剩}} = \frac{(n-2)SS_{回}}{SS_{剩}} \sim F(1, n-2) \qquad (8.2.14)$$

第三种方法:回归系数 t 检验。

在 $H_0: \beta = 0$ 假设下,构成 t 统计量,即

$$t = \frac{(b-\beta)\sqrt{L_{XX}}}{S_{Y \cdot X}} = \frac{b\sqrt{L_{XX}}}{S_{Y \cdot X}} \sim t(n-2) \qquad (8.2.15)$$

易证,在 $H_0: \beta = 0$ 与 $\rho = 0$ 假设下,相关系数 r 检验、线性回归系数 t 检验、回归方程方差分析 F 检验是等价的。在实际应用中,常用相关系数的 r 检验。

对于分类资料,或总体分布未知的资料,或非正态总体的资料,使用秩回归方程进行统计分析。

例 8.2.3 判断例 8.2.1 中建立的回归直线方程,是否有统计学意义。

解 由例 8.1.1,$r = 0.987$,$P < 0.01$,可以认为利润率关于人均月销售额的线性回归方程 $\hat{Y} = -0.385 + 2.293X$ 有统计学意义。

说明:

(1)散点图有直线趋势,且有专业意义时,才有必要进行直线回归分析。

(2)决定系数 R^2 比相关系数 r 更重要。例如:当自由度 $df = 50$,$r = 0.30$ 值不大时,而 $r_{0.05/2}(50) = 0.2732$,双侧 $P < 0.05$,可以认为两变量之间存在直线相关。但决定系数 $R^2 = 0.30^2 = 0.09$,可由自变量 X 来解释的线性变异在 Y 的总变异中仅占 9%,说明回归分析的意义不大,这表示除所研究的因素 X 对 Y 有线性影响之外,可能还有其他的因素起作用。

(3)两变量是因果关系,X 为计量变量,Y 服从正态分布,可建立 Ⅰ 型回归:

$$\hat{Y} = a_{Y \cdot x} + b_{Y \cdot x} X \qquad (8.2.16)$$

两变量是伴随关系,且 X、Y 均服从正态分布,可建立 Ⅱ 型回归:

$$\hat{Y} = a_{Y \cdot x} + b_{Y \cdot x} X, \quad \hat{X} = a_{X \cdot y} + b_{X \cdot y} Y \qquad (8.2.17)$$

且有,$r = \sqrt{b_{Y \cdot x} b_{X \cdot y}}$。 这两个回归方程不是反函数关系。

(4)利用回归方程进行预测,一定要在原实测数据的范围内使用。因为,在此范围外不能确定是否两变量仍然存在同样的直线关系,所以回归方程的应用一般不宜外延。

为减少烦琐的手工计算过程,可以直接根据 SPSS 软件的输出结果,进行相关与回归的分析。具体的相关与回归的 SPSS 软件实现方法见 10.6 节。

例 8.2.4 某研究所研究某种代乳粉的营养价值时,用 10 只大白鼠做试验,得到大白鼠进食量(单位:g)和增加体重(单位:g)的数据,见表 8.2.1。

(1)计算相关系数;

(2)试求 Y 关于 X 的线性回归方程;

(3)计算决定系数。

散点图见图 8.2.2,模型汇总和参数估计见图 8.2.3。

表 8.2.1 大白鼠进食量与增加体重

编号	1	2	3	4	5	6	7	8	9	10
进食量	820	780	720	867	690	787	934	679	639	820
增重	165	158	130	180	134	167	186	145	120	158

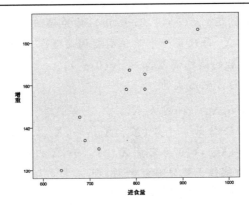

图 8.2.2 例 8.2.4 散点图结果

模型汇总和参数估计值

因变量增重

方程	模型汇总					参数估计值	
	R方	F	df1	df2	Sig.	常数	b1
线性	.883	60.197	1	8	.000	-17.357	.222

自变量为进食量。

图 8.2.3 例 8.2.4 模型汇总和参数估计值

解 (1)由图 8.2.2 可知,进食量和增加体重的散点图有直线趋势,相关系数 $r = \sqrt{0.883}$。

(2)回归直线方程为 $\hat{y} = -17.357 + 0.222x$。

(3)决定系数 $R^2 = 0.883$。

附 多元相关与回归

在许多实际问题中,还会遇到一个因变量与两个或两个以上自变量相关关系的问题。例如农作物的产量与气候、农药、施肥量的关系;复方中多种药物间的配伍用量的关系;某种流行病的发生受温度、湿度等多个因素的影响;等等。多元相关与回归是研究多个变量间线性关系的统计方法,其统计分析原理及方法与单个自变量回归与相关的情形相似。

多元线性回归方程的建立与检验

多元线性回归是研究一个因变量 Y 与多个自变量 $X_1, X_2, \cdots, X_m$ 之间线性依存关系的统计分析方法。多元线性回归分析的基本条件同一元线性一样应具有线性性、对立性、正态性和方差齐性。回归分析时,一般还要求自变量为连续变量,样本量为自变量个数的 20 倍以上。

多元线性回归方程的形式为

$$Y = \beta_0 + \beta_1 X_1 + \beta_2 X_2 + \cdots + \beta_m X_m + \varepsilon$$

其中,常数项 β_0 称为截距。$\beta_i (i = 1, 2, \cdots, m)$,称为偏回归系数,表示在其他自变量固定不变的条件下,X_i 每改变一个单位引起因变量 Y 的平均改变量。ε 是除去 m 个自变量对 Y 影响后的随机误差,$\varepsilon \sim N(0, \sigma^2)$。

样本多元线性回归方程形式为

$$\hat{Y} = b_0 + b_1 X_1 + b_2 X_2 + \cdots + b_m X_m$$

定理(最小二乘法估计)   若 $(X_{11}, X_{12}, \cdots, X_{1m}, Y_1)$、$(X_{21}, X_{22}, \cdots, X_{2m}, Y_2)$、$\cdots$、$(X_{n1}, X_{n2}, \cdots, X_{nm}, Y_n)$ 为变量 $X_1, X_2, \cdots, X_m, Y$ 的样本,则 β_k 的估计值 $b_k (k = 1, 2, \cdots, m)$,为线性正规方程组的解,即

$$\begin{cases} l_{11}b_1 + l_{12}b_2 + \cdots + l_{1m}b_m = l_{1Y} \\ l_{21}b_1 + l_{22}b_2 + \cdots + l_{2m}b_m = l_{2Y} \\ \vdots \\ l_{m1}b_1 + l_{m2}b_2 + \cdots + l_{mm}b_m = l_{mY} \end{cases}$$

β_0 的估计值

$$b_0 = \bar{Y} - \sum_{k=1}^{m} b_k \bar{X}_k$$

多元线性回归方程是否有统计学意义,在 $H_0 : \beta_k = 0 (k = 1, 2, \cdots, m)$,的假设下,构成 F 统计量

$$F = \frac{MS_{\text{回}}}{MS_{\text{剩}}} = \frac{(n - m - 1)SS_{\text{回}}}{mSS_{\text{剩}}}$$

在多元线性回归方程中,可能有的自变量对因变量的影响很强,而有的影响很弱,甚至完全没有影响。当多元回归方程检验无统计学意义时,就应该对自变量进行检验和选择。多元逐步回归方程是能够使回归方程中仅含有对因变量有统计学意义的自变量的统计方法。

说明:

(1)逐步回归方程的方法一般有向前、向后、逐步等,不同方法建立的方程不尽相同。

(2)由于多元线性回归方程中,各自变量的测量单位可能不同,故对偏回归系数应该进行标准化处理。标准化偏回归系数没有单位,绝对值越大,说明对因变量的影响越大。

(3)在多元线性回归与逐步回归方程都无统计学意义时,可以考虑二次多项式逐步回归

$$\hat{Y} = b_0 + (b_1 X_1 + \cdots + b_m X_m) + (b_{m+1} X_1^2 + \cdots + b_{2m} X_m^2)$$
$$+ (b_{2m+1} X_1 X_2 + \cdots + b_{2m+m(m-1)/2} X_{m-1} X_m)$$

(4)要考虑多重共线性问题。多重共线性问题是指一些自变量之间存在较强的线性关系。共线性的存在不仅影响回归方程的回归效果,进一步影响回归方程的预测。消除共线性的方法有多种,常用方法是剔除造成共线性的自变量,重新建立回归方程。判断共线性的指标有条件指数、方差膨胀因子、容忍度、相关系数等。一般来说,条件指数大于 30,可能存在共线性;方差膨胀因子是容忍度的倒数,其值大于等于 10,可认为有严重的多重共线性存在;相关系数大于 0.8 的变量间可能存在共线性,大于 0.9 认为存在共线性。

多元相关

多元相关是研究多个变量间线性关系的统计方法。多元相关分析的统计量有简单相关系数、偏相关系数、复相关系数。

简单相关系数是指不考虑其他变量的影响,研究变量 X_i 与 X_j 间线性关系的统计量。

偏相关系数是指将两变量 X_i 与 X_j 之外其他变量的影响扣除以后,X_i 与 X_j 之间的相关系数。表示在其他变量固定不变条件下,变量 X_i 与 X_j 之间线性相关程度和方向。

复相关系数是指所有自变量与因变量之间的线性相关程度的统计指标。

附　非线性回归方程

在实际问题中,有些实测值的散点图排布明显呈曲线。例如平均成本与产品产量的关系,毒物剂量与死亡率的关系,彩色显像中形成染料光学密度与析出银的光学密度关系,服药后的血药浓度与时间的关系;等等,这些都不呈直线关系。呈曲线关系的资料,需要用曲线回归的统计方法进行分析。根据散点图的特征,一般常用的曲线拟合方程有对数回归、指数回归和幂函数回归。分类资料常用 Logistic 回归,生存分析中常用 Cox 回归。

曲线回归模型

常用的曲线回归方程模型

(1)对数回归方程的形式

$$\hat{Y} = a + b\ln X$$

如图 1 所示,散点图特征是以纵轴或纵轴平行线为渐近线。

(2)指数回归方程的形式

$$\ln\hat{Y} = a + bX, \quad \hat{Y} = e^a e^{bX}$$

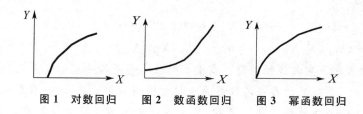

图 1　对数回归　图 2　数函数回归　图 3　幂函数回归

如图 2 所示,散点图特征是以横轴或横轴的平行线为渐近线。

(3)幂函数回归方程的形式

$$\ln\hat{Y} = a + b\ln X, \quad \hat{Y} = e^a X^b$$

如图 3 所示,散点图特征是以两轴或两轴平行线为渐近线,或过原点,或无渐近线。

曲线拟合的意义

曲线拟合的基本思想是通过变量的变换使之线性化,常用最小二乘法作线性回归分析,然后将其直线方程还原为曲线方程,实现对曲线的拟合。若不能通过变量变换实现线性化,需用非线性最小二乘法回归。

在实际操作中,根据专业知识和经验,可以对数据绘制 $(\ln X, Y)$ 或 $(X, \ln Y)$ 半对数散点图,$(\ln X, \ln Y)$ 对数散点图,若有直线趋势,就分别判为对数回归、指数回归或幂函数回归。在统计软件中,一般可以采用多种曲线模型来拟合同一个资料,挑选出拟合得最好的曲线模型。

例　为研究温度对果汁中某种营养成分的破坏,设测得温度 X(单位:℃)与某种营养成分的破坏值 Y(单位:g/L)数据如表 1 所示,作营养成分破坏值 Y 与温度 X 的曲线拟合。

表 1　温度与破坏值的数据

温度 X	80	90	100	110	120
破坏值 Y	6.4	12.2	20.1	33.0	56.1

解 比较如图 4 所示的果汁 (X,Y)、$(\ln X,\ln Y)$ 数据散点图,

选择幂函数回归 $\ln\hat{Y}=a+b\ln X$。计算数据的对数值,如表 2 所示,即

表 2 温度与破坏值的对数

$\ln X$	4.382	4.500	4.605	4.700	4.787
$\ln Y$	1.856	2.501	3.001	3.496	4.027

用 $(\ln X,\ln Y)$ 数据作直线回归计算,得到

$a=-21.273,b=5.278,R^2=0.999,r=0.999$

双侧 $P<0.01$,因此,营养成分破坏值 Y 关于温度 X 的拟合方程 $\ln\hat{Y}=-21.273+5.278\ln X$ 有统计学意义。

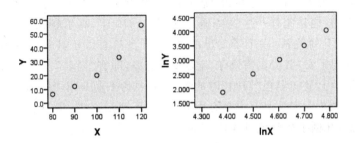

图 4 温度 X 与破坏值 Y 的 (X,Y)、$(\ln X,\ln Y)$ 散点图

由 $R^2>0.7$,且 $X=80$、90、100、110、120 时,预测值与实测值的对数值数据如表 3 所示。两组数据相差不大,可以认为曲线拟合较好。

表 3 预测值与实测值数据

$\ln\hat{Y}$	1.855	2.477	3.032	3.536	3.995
$\ln Y$	1.856	2.501	3.001	3.496	4.027

说明:

(1)曲线转化成线性拟合,用线性后的变量计算的剩余平方和最小,不能保证原变量的也最小。

(2)曲线拟合效果的评价,简单地可根据决定系数接近 1 的程度,以及预测值与观测值离散程度($SS_{剩}$)越小越好。

(3)若几个回归模型拟合都较好,一般选用结构简单、易于计算的模型。

阅读材料

回归分析的来源

回归分析是研究变量之间作用关系的一种统计推断方法,其基本组成是一个(或者一组)自变量与一个(或者一组)因变量。回归分析研究的目的就是通过收集到的样本数据用一定的统计方法探讨自变量对因变量的影响关系,通俗说来,也就是原因对结果的影响程度。

回归分析最早是 19 世纪末期高尔顿(Sir Francis Galton)所发展。高尔顿是生物统计学派的奠基人,他的表哥达尔文的巨著《物种起源》问世以后,触动他用统计方法研究智力遗传进化问题,统计学上的"相关"和"回归"的概念也是高尔顿第一次使用的,他是怎样产生这些概念的呢? 1870 年,高尔顿在研究人类身长的遗传时,发现下列关系:高个子父母的子女,其身高有低于其父母身高的趋势,而矮个子父母的子女,其身高有高于其父母的趋势,即有"回归"到平均数去的趋势,这就是统计学上最初出现"回归"时的含义,也即今日回归模型的前身。高尔顿揭示了统计方法在生物学研究中是有用的,引进了回归直线、相关系数的概念,创始了回归分析,开创了生物统计学研究的先河。

致死的剂量

切斯特·布利斯(Chester Bliss)出身于美国中西部一个殷实而融洽的中产阶级家庭。他起初对生物学感兴趣,念大学时学的是昆虫学。20 世纪 20 年代末,他大学毕业后,以一个昆虫学家的身份供职于美国农业部,并且不久就参与了研制杀虫剂的工作。很快,他认识到,在田间试验杀虫剂会受到许多无法控制变量的干扰,使结果难以解释。于是,他把昆虫带到实验室里,做了一系列的实验。这时,有人把费歇尔所写的《研究工作者的统计方法》一书介绍给他,以此为起点,他一边努力去领悟费歇尔在这本书中介绍的许多统计方法的深层次内涵,一边又阅读了费歇尔更多数学论文。

在费歇尔统计方法的引导下,不久,布利斯开始了他在实验室内的实验。他把昆虫分成几组,养在广口玻璃瓶里,然后用不同成分和不同剂量的杀虫剂来实验。在他做这些实验的过程中,发现了一个值得关注的现象:无论他配制的杀虫剂的剂量有多高,在用药之后总会有一两只昆虫还活着;此外,无论他怎么稀释杀虫剂,即便只是用了装过杀虫剂的容器,试验结果也总会有几只昆虫死掉。

有了这些显著的变异,如果能依据皮尔逊的统计分布建立一个数学模型来分析杀虫剂的作用,这将是非常有用的。但是如何建立这个模型呢?布利斯发明了一种他称之为"概率单位分析"(probit analysis)的方法,这项发明需要一种非凡跨越的原创性思想。这种方法中的任何思想,甚至哪怕是应该如何去做的启示,都未曾出现在费歇尔的"学生"的、抑或其他什么人的著作中。他之所以使用"概率单位"(probit)这个词,是因为他的模型建立了"杀虫剂的剂量"与"使用该剂量时一只虫子会死掉的概率"这两者间的关系。他的模型中生成的最重要的参数谓之"半数致死剂量"(50 percent lethal does),通常用"LD-50"来表示,是指杀虫剂能以50%的概率杀死虫子的剂量。或者说,如果施用这种杀虫剂来对付大量的虫子,那么用"LD-50"的剂量,将有50%的虫子被杀死。布利斯模型的另一个推论则是:对一只特定的用做实验标本的虫子,要确定杀死它所需要的剂量是不可能的。

布利斯的概率单位分析一经提出,其他研究人员也跟着提出了各种不同的数学分布。现代用来计算"LD-50"半数致死剂量的计算机程序,通常都会提供几种不同的模型让用户选择,这些模型都是在布利斯的原创基础上经过改进之后提出来的。

习题 8

1.相关系数和决定系数各具有什么意义?

2.用什么方法考察回归直线是否正确?

3.直线回归分析时怎样确定自变量和因变量?

4.举例说明如何用直线回归方程进行预测和控制。

5.假设测得某区域9名四岁儿童的体重 X(单位:kg)与体表面积 Y(单位:10^{-1}m^2)如表8-1所示。试计算样本相关系数 r,分析变量间是否存在线性关系。并试着建立两变量之间的回归方程。

表 8-1 某区域 9 名四岁儿童的体重与体表面积数据

体重 X	11.2	11.9	12.1	12.8	13.0	13.7	14.4	14.9	15.3
体表 Y	5.2	5.3	5.4	5.7	5.8	5.9	5.9	6.1	6.5

6.为研究某一生产过程中,温度 X(单位:℃)对产品提取率 Y(单位:%)的影响,测得数据如表8-2所示。讨论温度与产品提取率是否存在线性相关关系。并求温度与产品提取率的回归方程。

表 8-2　温度与产品提取率的资料

温度 X	100	110	120	130	140	150	160	170	180	190
提取率 Y	45	51	54	61	66	70	74	78	85	89

7. 在某医学古书中，有 11 个处方中使用了甘草与干姜，其配伍使用量如表 8-3 所示。求判断这些处方中，甘草用量 X(单位:g) 与干姜用量 Y(单位:g) 是否有线性关系。

表 8-3　甘草与干姜用量

用药	处方										
	1	2	3	4	5	6	7	8	9	10	11
甘草 X	12	6	9	6	6	9	9	12	96	6	99
干姜 Y	6	4.5	9	4.5	6	9	3	9	99	4.5	99

8. 调查某些家庭食品，食品周需求量(单位:kg)与该食品的价格(单位:元)之间有如表 8-4 所示数据，试建立两变量之间回归方程。

表 8-4　需求量与价格的数据

价格 X	1	2	2	2.3	2.5	2.6	2.8	3	3.3	3.5
需求量 Y	5	3.5	3	2.7	2.4	2.5	2	1.5	1.2	1.2

9. 某家庭作坊，调查生产某种产品(单位:件)与单位成本(单位:元/件)，数据如表 8-5 所示。试进行回归分析，且说明回归方程拟合的效果。

表 8-5　产品单位成本与产量

产量 X	2	3	4	3	4	5
单位成本 Y	73	72	71	73	69	68

10. 为说明学习时间对学习成绩的影响，调查 10 组学生学习时间(单位:小时)与成绩分数(单位:分)的资料如表 8-6 所示。试分析其结果。

表 8-6　时间与成绩的数据

时间 X	4	5	6	7	8	9	9.5	10	10.5	11
成绩 Y	45	55	60	70	75	75	80	83	85	87

第9章 正交设计

现代试验设计思想起源于 20 世纪初,由英国著名统计学家费歇尔 (R. A. Fisher)在进行农业田间试验时提出的。费歇尔发现在田间试验中,环境条件难以控制,随机误差不可忽视,故提出对试验方案必须作合理的安排,以减少随机误差的影响,提高试验的可靠性。自从在农业生产中使用试验设计方法以来,已广泛应用于医药、农业、工业等实验科学领域。与此同时统计学家们发现了很多非常有效的试验设计技术。20 世纪 60 年代,日本统计学家田口玄一将试验设计中应用最广的正交设计表格化,在方法解说方面深入浅出,为试验设计得更广泛使用作出了众所周知的贡献。

9.1 试验设计的基本概念

任何一项试验研究,在确定研究目的之后,首先考虑的问题是如何安排试验,即试验设计,它是使研究结果满足科学性的重要保证。试验设计是指应用专业知识和统计学方法,科学合理的安排试验,以较少的试验达到最佳的试验效果,并能严格地控制试验误差,有效地分析试验数据的理论和方法。

9.1.1 试验设计的基本要素

一般说来,试验设计应该明确三个基本要素,即试验因素、试验对象和试验效应。例如,观察某降压药的效果,某降压药是试验因素,高血压患者是试验对象,其变化的血压值是试验效应。这三部分内容构成了试验基本要素,缺一不可。因此,任何一项试验研究在进行设计时,首先应明确这三个要素,再根据它们来制定详细的研究计划。

1.试验因素

试验因素亦称处理因素,是指研究者根据研究目的施加于试验对象,在试验中需要观察并阐明其效应的因素。因素在试验中所处的状态称为因素的水平,亦称处理。根据处理因素的多少,试验可分为单因素试验和多因素试验。与处理因素同时存在,能使试验对象产生效应的其他因素称为非处理因素。例如,在比较饲料对动物体重增加量作用的动物试验中,动物的种属、窝别、年龄、雌雄、营养状况等也可能影响体重增加量,它们属于试验中的非处理因素。

影响试验结果的因素很多,试验设计时应抓住试验中的主要因素,明确处理因素和非处理因素;处理因素要标准化,在整个试验中处理因素应始终保持不变。要选用适当的设计方案控制重要的非处理因素的影响。

2.试验对象

试验对象亦称受试对象,是处理因素作用的客体。根据研究目的,试验对象可以是动物、人和植物,也可以是某个器官、细胞、血清等生物材料。受试对象的选择在试验中十分重要,对试验结果有重要影响。受试对象需要对处理因素敏感,反应必须稳定。例如,在临床上研究某药物对高血压的疗效试验,宜选用Ⅱ期高血压病患者作为研究对象,因Ⅰ期高血压病患者血压波动范围较大,而Ⅲ期高血压病患者对药物不敏感。同时还应具有明确的标准,试验进行之前必须对研究对象的条件作严格的规定,即明确的纳入标准与排除标准,以保证他(它)的同质性。

试验因素必须作用于试验对象,还需要结合专业知识确定选用什么个体作为本次试验的受试对象。本次试验应当用多少受试对象,仍需结合专业知识和估计样本大小方面的统计知识来确定。

3.试验效应

试验效应亦称处理效应,是处理因素作用于受试对象后产生的变化,是研究结果的最终体现,也是试验研究的核心内容。试验效应一般是通过试验中所选用的指标来体现的。反映试验效应的观测指标称为效应指标,所选用的效应指标与要反映的问题之间应具有较高的关联性,具有较高的有效性、精确性、客观性、特异性、敏感性和稳定性。

9.1.2 试验设计的基本原则

试验结果是处理因素和非处理因素共同作用而产生的效应。如何控制和排除非处理因素的干扰,正确评价处理因素的效应,这是试验设计的基本任务。例如,在比较几种饲料对动物体重增加量作用的动物试验中,动物体重增加量是处理因素(饲料)和非处理因素(动物种属、窝别、年龄、雌雄、营养状况、进食量等)共同作用的结果。因此如何控制和排除非处理因素的干扰,正确评价各种饲料的效应,就是该试验中应当解决的基本问题,也是该试验设计的基本任务。为了使试验能够较好地控制随机误差,避免系统误差,以较少的试验对象取得较可靠的信息,达到经济高效的目的,试验设计时必须遵循随机、重复、局部控制三个基本原则。

1.随机化原则

随机化是指在抽样和分组时,必须做到总体中每个个体都有同等的机会被进入样本中及被分派到各组中。随机化可以使不可控制的因素在不同的处理组中的影响较为均匀,是保证非处理因素均衡一致的重要手段。随机不是随意,也就是说不能由受试对象随意选择,也不能由研究者主观决定。实现随机化的方法很多,如抽签、查随机数字表或随机排列表、利用计算机产生随机数等。

2.重复原则

重复是指在相同的试验条件下应有一定数量的重复观测,即受试对象要达到一定的数量。重要的意义在于,避免把个别情况误认为普遍情况,把偶然性或巧合的现象当作必然的规律,以致将试验结果推广到群体;只有在同一条件下对同一观测指标进行多次重复观测,才能根据重复观测结果,估计试验对象的变异情况,描述观测结果的统计规律性。

随机误差是客观存在的只有在同一条件下对同一观测指标进行多次重复观测,才能估计出随机误差的大小;只有在试验对象足够多时,才能获得随机误差比较小的统计量。因此,重复在统计学上的主要作用是在于控制和估计试验中的随机误差。

3.局部控制

局部控制是指在试验时采取一定的技术措施或方法来控制或降低非处理因素对试验结果的影响。在试验中,当试验环境或试验对象差异较大时,可将整个试验环境或试验单位分成若干个单位组(或区组),在单位组(或区组内)使非处理因素尽量一致。

由于试验的性质和精度不同,试验设计的方法多种多样,每种方法都有其特点和适用范围。研究者可以根据研究目的,试验投入的人力、物力、财力和时间等,并结合专业要求选择合适的试验设计方法。常用的试验设计方法有完全随机设计、配对设计、随机区组设计、析因设计、交叉设计、拉丁方设计、正交设计、均匀设计等。本章重点介绍有效减少试验次数的正交设计,其他设计方法可参考相关统计书籍。

9.2　正交设计

正交设计是利用一套规格化的正交表来安排与分析多因素试验的设计方法,是一种高效、快速、经济的试验设计方法。它是从各因素各水平的全面组合中挑选部分有代表性的组合进行试验,从而找出最优组合。

9.2.1　正交表

例 9.2.1　为了进一步提高穿心莲内脂的产量,科技人员考察了乙醇浓度、溶剂用量、浸渍温度和浸渍时间对产量的影响,进行了这 4 个因素各 2 个水平的正交试验,因素水平如表 9.2.1 所示。

表 9.2.1　穿心莲内脂正交试验的 4 因素 2 水平

因素/水平	乙醇浓度(%)	溶剂用量(ml)	浸渍温度(℃)	浸渍时间(h)
1	95	300	70	10
2	80	500	50	15

若对这 4 因素 2 水平的所有处理组合都做试验,则需要做 $2^4 = 16$ 次试验。实际中还会遇到多因素多水平的试验。如果试验是 3 因素 3 水平,则有 $3^3 = 27$ 个处理组合,4 因素 4 水平,就有 $4^4 = 256$ 个处理组合。随着试验因素或水平数的增加,处理组合数将急剧增加。要做这么庞大的试验是相当困难的。因而,学者们倡议部分试验法,而后倡导利用正交表设计部分试验,称为**正交试验**。

正交表是正交设计的基本工具,常用的正交表已被制定出来,见附表 11。现以如表 9.2.2 所示的 $L_8(2^7)$ 正交表为例,说明正交表的概念及特点。

表 9.2.2　$L_8(2^7)$ 正交表

试验号	1	2	3	4	5	6	7
1	1	1	1	1	1	1	1
2	1	1	1	2	2	2	2
3	1	2	2	1	1	2	2
4	1	2	2	2	2	1	1
2	2	1	2	1	2	1	2
6	2	1	2	2	1	2	1
7	2	2	1	1	2	2	1
8	2	2	1	2	1	1	2

L 表示正交表,2 表示因素的水平数,7 表示最多可以安排的因素(包括因素间的交互作用)的个数,8 表示试验次数(水平组合数)。

定义 9.2.1　$L_n(k^m)$ 称为 m 因素 k 水平 n 次试验正交表。行数表示 n 次试验,列数表示允许 m 个因素,每个因素 k 个水平。

$L_8(2^7)$ 表内共有 7 列,允许安排 7 个因素;每一列都有 1、2,代表各因素的 2 个水平;表中共有 8 行,代表 8 个不同处理组合,即试验方案。由此可以得到 $L_8(2^7)$ 的特点:

(1)每一列中,不同数字出现的次数相等,说明各因素的水平整齐可比;

(2)任两列各水平全面搭配且次数相等,说明各因素间水平搭配均衡分散。

正交试验设计安排的试验次数较少,且均衡分散、整齐可比,便于分析最优条件,是较理想的试验设计方法。

9.2.2 用正交表安排试验

正交试验的安排、分析都是借助于正交表进行的。利用正交表安排试验的步骤,一般可以分为以下几步。

(1)确定试验因素、水平数及因素间是否存在交互作用

根据试验目的确定研究的因素。一项试验涉及的因素可能很多,不可能把所有的因素全部考虑,只能抓住主要的因素进行研究。例9.2.1中,考察乙醇浓度 A、溶剂用量 B、浸渍温度 C、浸渍时间 D 4 个因素对穿心莲内脂的影响,于是进行了 4 因素 2 水平的正交试验。

(2)选用合适的正交表

选表,是在指定水平数的正交表中,根据试验因素数、因素间的交互作用来选择合适的正交表。因素间的联合作用称为交互作用,因素 A、B 间的交互作用记为 $A \times B$。

选表原则是既能安排全部试验因素,又要使部分试验的水平组合数尽可能的少。在正交试验中,如果不考虑各因素中的交互作用,试验因素 A 的水平数 $k-1$ 为因素 A 的自由度,记为 $df_A = k-1$,则各因素的自由度之和加1为所要做的最小试验次数或处理组合。若考虑交互作用,需加上交互作用的自由度,其中交互作用的自由度为 $df_{A \times B} = df_A \times df_B$。例9.2.1中,若不考虑交互作用,最少需要的试验次数为 $(2-1) \times 4+1=5$。从 2 水平正交表中选用处理组合数多于5的正交表安排试验,因此选用 $L_8(2^7)$ 较合适。若考虑交互作用 $A \times B, A \times C, A \times D$,最少需要的试验次数为 $(2-1) \times 4+(2-1) \times (2-1) \times 3+1=8$,因此选用 $L_{16}(2^{15})$ 正交表及其交互作用表来安排试验。对于因素的水平数不相等的试验,可以用混合水平正交表直接安排试验,也可以对水平数少的因素拟定水平,使各因素在形式上等水平,再按等水平安排试验。

(3)进行表头设计,列出试验方案

所谓表头设计,就是把试验中确定的各因素及指定交互作用安排到合适的正交表各列。

在交互作用可以忽略时,只需选择列数不少于考察因素个数的正交表,每个因素任意占用一列。一项试验,可以做出很多种不同的表头设计,只要设计合理、试验误差不大,最终结论都是一致的。

在考虑交互作用时,因素不能任意安排,必须查交互作用表,把因素及其交互作用安放在规定的列上,每个因素占用 1 列,每个交互作用占用 $k-1$ 列。在表头设计时,一般应先安排涉及交互作用多的因素,并且应使不同的因素或交互作用

不混杂在同一列。

表头设计好后,把正交表中各列水平号换成各因素的具体水平,列出试验方案。

(4)进行试验

正交试验方案作出后,就可按试验方案进行试验。

例 9.2.2 对例 9.2.1 的 4 因素 2 水平,不计交互作用,用正交表安排试验。

解 由于不考虑交互作用,最小试验次数是 5,查附表 11,选择 $L_8(2^7)$,每个因素任意占用 1 列,把各因素所在列的数字换成该因素相应的水平,就得到试验方案。如,A、B、C、D 分别占用 1、2、4、7 列,表中每一横行给出 1 种试验方案。共作 8 次试验,试验结果填入正交表,如表 9.2.3 所示。

表 9.2.3 不计交互作用的试验安排

试验号	表头和列号							试验方案	试验结果
	A	B		C			D		
	1	2	3	4	5	6	7		
1	1	1	1	1	1	1	1	$A_1B_1C_1D_1$	
2	1	1	1	2	2	2	2	$A_1B_1C_2D_2$	
3	1	2	2	1	1	2	2	$A_1B_2C_1D_2$	
4	1	2	2	2	2	1	1	$A_1B_2C_2D_1$	
5	2	1	2	1	2	1	2	$A_2B_1C_1D_2$	
6	2	1	2	2	1	2	1	$A_2B_1C_2D_1$	
7	2	2	1	1	2	2	1	$A_2B_2C_1D_1$	
8	2	2	1	2	1	1	2	$A_2B_2C_2D_2$	

例 9.2.3 为提高某化工材料的产量,根据实际经验,考察温度 A,时间 B 和溶剂用量 C 共 3 个因素,水平如表 9.2.4 所示,考虑交互作用 $A\times B$、$A\times C$,作表头设计。

表 9.2.4 影响产量的 3 因素 3 水平

因素水平	温度(℃)	时间(h)	溶剂用量(ml)
1	50	10	200
2	70	15	300
3	90	20	400

解 考虑交互作用,计算得 3 因素 3 水平的最小试验次数为 14,查附表 11,选 $L_{27}(3^{13})$,A、B 放 1、2 列,由交互作用表放 $A\times B$ 于 3、4 列,C 放 5 列,由交互作

表放 $A \times C$ 于 6、7 列,表头设计见表 9.2.5。

表 9.2.5 3 因素交互作用的表头设计

表头	A	B	$A \times B$	$A \times B$	C	$A \times C$	$A \times C$						
列号	1	2	3	4	5	6	7	8	9	10	11	12	13

例 9.2.4 在"热可平"注射液的研制中,根据临床实践,确定考察的因素水平如表 9.2.6 所示。用查混合水平表及拟水平两种方法作表头设计。

表 9.2.6 "热可平"注射液考察的 3 因素混合水平

因素水平	药品种类 A	剂量 B(g/ml)	用法 C(次/日)
1	鹅不食草＋柴胡	2	1
2	鹅不食草	4	2
3	柴 胡		4

解 若直接查附表 11 的混合表,则可以选用 $L_{18}(2 \times 3^7)$,2 水平因素只能放第 1 列,3 水平因素任意放后面 7 列,作表头设计如表 9.2.7 所示。

表 9.2.7 混合表 $L_{18}(2 \times 3^7)$ 表头设计

表头	B	A	C					
列号	1	2	3	4	5	6	7	8

若根据临床实践,对 B 因素 1 水平多考察几次,虚拟一个 3 水平(4g/ml),则可以选用附表 11 的 $L_9(3^4)$ 作表头设计。这时,各因素在形式上为等水平,可以按等水平安排试验,试验次数比用混合表大为减少。

9.2.3 正交试验结果的直观分析

正交试验结果的直观分析(也称极差分析),是对试验结果进行统计描述。直观分析主要解决四个问题:一是确定因素各水平的优劣,二是分析因素的主次,三是选择交互作用的搭配,四是预测最佳试验方案。

因素各水平的优劣可以通过因素各水平的试验结果的平均值进行。分析因素的主次,可以用极差分析。每个因素及交互作用的极差 R,是指各水平试验结果的平均值中最大与最小者之差。交互作用的极差为该交互作用各列极差的平均值。则 R 值大说明该因素或交互作用对指标的影响大,可视为主要因素或重要交互作用;R 值小说明该因素对指标的影响小,可视为次要因素或可忽略交互作用;但极差分析不能推断水平间的差异有无统计学意义。选择交互作用的搭配,是对重要交互作用通过二元表从可能的各种搭配中选出最好的一种搭配。预测最佳试验方案，是根据主要因素取好水平，重要交互作用取好搭配，其余因素按减少工序、节约原料、缩短周期等实际情况取适当水平，得出最佳试验方案。

1. 不考虑交互作用等水平正交表的直观分析

例 9.2.5 在例 9.2.1 穿心莲内脂的试验中，指标为产量 y（单位：g/100g），大为好，作正交设计的直观分析。

解 选 $L_8(2^7)$，表头设计及试验结果如表 9.2.8 所示。

表 9.2.8 穿心莲内脂的正交直观分析

试验号	表头和列号							试验方案	试验结果 y（%）
	A	B		C			D		
	1	2	3	4	5	6	7		
1	1	1	1	1	1	1	1	$A_1B_1C_1D_1$	72
2	1	1	1	2	2	2	2	$A_1B_1C_2D_2$	82
3	1	2	2	1	1	2	2	$A_1B_2C_1D_2$	78
4	1	2	2	2	2	1	1	$A_1B_2C_2D_1$	80
5	2	1	2	1	2	1	2	$A_2B_1C_1D_2$	80
6	2	1	2	2	1	2	1	$A_2B_1C_2D_1$	81
7	2	2	1	1	2	2	1	$A_2B_2C_1D_1$	69
8	2	2	1	2	1	1	2	$A_2B_2C_2D_2$	74
$\bar{I}$	78.00	78.75		74.75			75.50		
$\overline{II}$	76.00	75.25		79.25			78.50		
R	2.00	3.50		4.50			3.00		

(1)确定因素各水平的优劣。逐列计算各因素同一水平的平均值

$\bar{I}_A=(72+82+78+80)/4=312/4=78$

$\overline{II}_A=(80+81+69+74)/4=304/4=76$

指标越大越好，$\bar{I}_A>\overline{II}_A$，说明 A_1 比 A_2 好，

类似得到 $\bar{I}_B>\overline{II}_B, \overline{II}_C>\bar{I}_C, \overline{II}_D>\bar{I}_D$

(2)分析因素的主次。计算极差得到

$R_A=\bar{I}_A-\overline{II}_A=78-76=2$

类似得到 $R_B=3.50, R_C=4.50, R_D=3.00$

比较极差 $R_C>R_B>R_D>R_A$

C 因素的极差最大，视 C 为主要因素。

(3)预测最佳试验方案。

C 因素取 C_2，B 因素取 B_1，D 因素取 D_2，A 因素取 A_1，故最佳试验方案

为 $A_1B_1C_2D_2$。

经分析,浸渍温度对结果影响最大;选择乙醇浓度 95%、溶剂用量 300ml、浸渍温度 50℃和浸渍时间 15h 为最佳试验方案。

2.考虑交互作用等水平正交表的直观分析

例 9.2.6 在例 9.2.1 穿心莲内脂的试验中,凭经验知 D 与 A、B、C 不存在交互作用,考虑交互作用 $A \times B$、$A \times C$、$B \times C$,指标为产量 y(单位:g/100g),大为好,作正交设计的直观分析。

解 选 $L_8(2^7)$,表头设计及试验结果如表 9.2.9 所示。

表 9.2.9 穿心莲内脂交互作用的正交直观分析

试验号	表头和列号							试验方案	试验结果 $y(\%)$
	A	B	$A \times B$	C	$A \times C$	$B \times C$	D		
	1	2	3	4	5	6	7		
1	1	1	1	1	1	1	1	$A_1B_1C_1D_1$	72
2	1	1	1	2	2	2	2	$A_1B_1C_2D_2$	82
3	1	2	2	1	1	2	2	$A_1B_2C_1D_2$	78
4	1	2	2	2	2	1	1	$A_1B_2C_2D_1$	80
5	2	1	2	1	2	1	2	$A_2B_1C_1D_2$	80
6	2	1	2	2	1	2	1	$A_2B_1C_2D_1$	81
7	2	2	1	1	2	2	1	$A_2B_2C_1D_1$	69
8	2	2	1	2	1	1	2	$A_2B_2C_2D_2$	74
$\overline{I}$	78.00	78.75	74.25	74.75	76.25	76.50	75.50		
$\overline{II}$	76.00	75.25	79.75	79.25	77.75	77.50	78.50		
R	2.00	3.50	5.50	4.50	1.50	1.00	3.00		

(1)确定因素各水平的优劣。逐列计算各因素同一水平的平均值

$$\overline{I}_A = (72 + 82 + 78 + 80)/4 = 312/4 = 78$$

$$\overline{II}_A = (80 + 81 + 69 + 74)/4 = 304/4 = 76$$

指标越大越好,$\overline{I}_A > \overline{II}_A$,说明 A_1 比 A_2 好,

类似得到　$\overline{I}_B > \overline{II}_B$,$\overline{II}_C > \overline{I}_C$,$\overline{II}_D > \overline{I}_D$

(2)分析因素的主次。计算极差得到

$$R_A = \overline{I}_A - \overline{II}_A = 78 - 76 = 2$$

类似得到　$R_B = 3.50$,$R_{A \times B} = 5.50$,$R_C = 4.50$,

$$R_{A\times C}=1.5, R_{B\times C}=1.0, R_D=3.00$$

比较极差 $R_{A\times B} > R_C > R_B > R_D > R_A > R_{A\times C} > R_{B\times C}$

$A\times B$ 为重要的交互作用,C 为主要因素。

(3)选择交互作用的搭配。A_1 与 B_1 搭配的试验为 1、2 号,试验结果的平均数为 $(72+82)/2=77$。类似得到 A_1B_2, A_2B_1, A_2B_2 搭配的平均数分别为 79、80.5、71.5。通常写为如表 9.2.10 所示的二元表。由最大值 80.5,确定好搭配 A_2B_1。

表 9.2.10　A、B 因素二元表

因素 A	因素 B	
	B_1	B_2
A_1	77.0	79.0
A_2	80.5	71.5

(4)预测最佳试验方案。

A、B 因素搭配取 A_2B_1,C 因素取 C_2,D 因素取 D_2,因 D 是次要因素,根据实际 D 因素取 D_1,以缩短生产周期,故最佳试验方案为 $A_2B_1C_2D_2$。

经分析,浸渍温度对结果影响最大;选择乙醇浓度 80%、溶剂用量 300ml、浸渍温度 50℃ 和浸渍时间 10h 为最佳试验方案。

3. 混合水平正交表的直观分析

混合水平正交表是由等水平正交表改造成的,如:混合水平正交表 $L_{16}(4\times 2^{12})$ 是由等水平正交表 $L_{16}(2^{15})$ 改造而成的。

从等水平正交表 $L_{16}(2^{15})$ 表中,取出第 1、2 列,其相应位置数值组成的有序数对共有 $(1,1),(1,2),(2,1),(2,2)$ 4 种,这 4 种有序数对各重复 4 次。按对应原则

$$(1,1)\to 1, (1,2)\to 2, (2,1)\to 3, (2,2)\to 4$$

可以换为 4 水平,每一水平各安排 4 次。于是,把第 1、2 列合并为 4 水平的新 1 列,并去掉原 1、2 列的交互作用原第 3 列。这样,便得到混合表 $L_{16}(4\times 2^{12})$,其第 1 列为 4 水平,后面 12 列为 2 水平。

混合水平正交表 $L_{16}(4\times 2^{12})$ 与等水平正交表 $L_{16}(2^{15})$ 的列号对照如表 9.2.11 所示。

表 9.2.11　混合表 $L_{16}(4\times 2^{12})$ 与等水平表 $L_{16}(2^{15})$ 的列号对照

$L_{16}(4\times 2^{12})$ 列号	1	2	3	4	5	6	7	8	9	10	11	12	13
$L_{16}(2^{15})$ 列号	1,2,3	4	5	6	7	8	9	10	11	12	13	14	15

在混合水平正交表中,水平数多的因素的极差一般比水平数少的因素的极差大。不同水平的因素进行比较,要对极差 R 值加以修正。极差修正值的计算式为

$$R^{'} = \sqrt{\frac{n}{k}} dR \qquad (9.2.1)$$

其中,n 为试验次数,k 为水平数,d 为修正系数。

9.2.4 正交试验结果的方差分析

正交试验是一种非常实用的方法,如果以筛选各因素各水平最佳组合条件为目的,可以不必做复杂的方差分析,只需对正交试验结果用前述直观分析的方法,快速得出结论。但直观分析不能对试验结果进行统计推断,这就需要进行方差分析。

1. 二水平正交表的方差分析

用正交表进行方差分析的前提条件是必须安排空白列或进行重复试验。这是因为如果选用的正交表较小,各列都被安排了试验因素,对试验结果进行方差分析时,无法估算试验误差,若选用较大的正交表,则试验的处理组合数会急剧增加。

正交表方差分析的基本思想是用各因素及交互作用的离差平方和与误差平方和分别比较,通过多次方差分析的 F 检验得出结论。

设正交表为 $L_n(k^m)$,每个试验方案重复进行 r 次,试验结果记为 $Y_{ij}(i=1,2,\cdots,n;j=1,2,\cdots,r)$。$n \times r$ 次试验结果的总平均值及 1 水平 $r \times n/k$ 次试验结果的平均值分别为

$$\bar{Y} = \frac{1}{n \cdot r} \sum_{i=1}^{n} \sum_{j=1}^{r} Y_{ij} \qquad (9.2.2)$$

$$\bar{I} = \frac{1}{r \cdot n/k} \sum_{i=1}^{n/k} \sum_{j=1}^{r} Y_{ij} = \frac{k}{n \cdot r} \cdot I \qquad (9.2.3)$$

用总离差平方和来衡量试验结果参差不齐的程度,即

$$SS_{总} = \sum_{i=1}^{n} \sum_{j=1}^{r} (Y_{ij} - \bar{Y})^2 = \sum_{i=1}^{n} \sum_{j=1}^{r} Y_{ij}^2 - \frac{1}{n \cdot r} \left(\sum_{i=1}^{n} \sum_{j=1}^{r} Y_{ij} \right)^2, df_{总} = nr - 1$$

$$(9.2.4)$$

总离差平方和由各列的离差平方和及重复误差平方和构成,每一列的离差平方和为

$$SS_{列} = \frac{nr}{k} (\bar{I} - \bar{Y})^2 + \frac{nr}{k} (\bar{II} - \bar{Y})^2 + \cdots$$

$$= \frac{I^2 + II^2 + \cdots}{nr/k} - \frac{1}{nr}\left(\sum_{i=1}^{n}\sum_{j=1}^{r} Y_{ij}\right)^2 \tag{9.2.5}$$

特别地,2 水平时,每一列的离差平方和计算可以简化为

$$SS_{列} = \frac{(I - II)^2}{n \cdot r} \tag{9.2.6}$$

由于空白列的离差平方和不是因素或交互作用水平变化引起的,可以把所有空白列的离差平方和及自由度相加,**构成第 1 类误差**(或称模型误差),记为 SS_{e1}。若非空白列的离差平方和比第 1 类误差小时,可以认为该列的离差平方和主要是试验误差引起的,表明该因素或交互作用对试验结果影响甚微或没有影响。为了提高分析精度,把非空白列平方和小于第 1 类误差的各列合并到第 1 类误差中,自由度也相应一起合并。

设第 i 号试验 r 次结果的平均值为

$$\bar{Y}_i = \frac{1}{r}\sum_{j=1}^{r} Y_{ij} \tag{9.2.7}$$

第 2 类误差(或称重复误差)是由总平方和减去各号试验的差异可以算得,记为 SS_{e2},即

$$SS_{e2} = SS_{总} - \sum_{i=1}^{n}(\bar{Y}_i - \bar{Y})^2 = \sum_{i=1}^{n}\sum_{j=1}^{r} Y_{ij}^2 - \frac{1}{r}\sum_{i=1}^{n}\left(\sum_{j=1}^{r} Y_{ij}\right)^2$$

$$df_{e2} = (nr - 1) - (n - 1) = n(r - 1) \tag{9.2.8}$$

误差平方和为第 1 类误差(设为 s 列)与第 2 类误差之和,即

$$SS_e = SS_{e1} + SS_{e2}, \quad df_e = s(k - 1) + n(r - 1) \tag{9.2.9}$$

例 9.2.7 临床用复方丹参汤治疗冠心病有明显疗效。该汤剂由丹参、葛根、桑寄生、黄精、首乌和甘草组成。为将其改制成注射液,需考察:① 组方是否合理,能否减少几味药? ② 用水煎煮,还是用乙醇渗漉? ③ 用调 pH,还是用明胶除杂? ④是否加吐温-80 助溶?

解 为解决这些问题,转化为如表 9.2.12 所示的 5 因素 2 水平,考虑交互作用 $C \times E$。

表 9.2.12 试制复方丹参注射液的 5 因素 2 水平

水平	A	B	C	D	E
1	甘草、桑寄生	丹参	吐温 -80	调 pH 除杂	乙醇渗漉
2	0	丹参、黄精、首乌葛根	0	明胶除杂	水煎煮

查附表 11,选表 $L_8(2^7)$,表头设计及试验结果如表 9.2.13 所示,指标为兼顾冠脉血流量和毒性评出的分数 Y,越大越好。这是无重复试验正交设计分析,$r =$

$1, SS_{e2} = 0$。

表 9. 2. 13　试制复方丹参注射液正交试验结果

试验号	表头和列号							试验方案	结果 Y
	A	B	C	D	E	$C \times E$			
	1	2	3	4	5	6	7		
1	1	1	1	1	1	1	1	$A_1 B_1 C_1 D_1 E_1$	4.0
2	1	1	1	2	2	2	2	$A_1 B_1 C_1 D_2 E_2$	8.7
3	1	2	2	1	1	2	2	$A_1 B_2 C_2 D_1 E_1$	8.6
4	1	2	2	2	2	1	1	$A_1 B_2 C_2 D_2 E_2$	9.9
5	2	1	2	1	2	1	2	$A_2 B_1 C_2 D_1 E_2$	0.3
6	2	1	2	2	1	2	1	$A_2 B_1 C_2 D_2 E_1$	6.7
7	2	2	1	1	2	2	1	$A_2 B_2 C_1 D_1 E_2$	12.7
8	2	2	1	2	1	1	2	$A_2 B_2 C_1 D_2 E_1$	10.7
Ⅰ	31.2	19.7	36.1	25.6	30.0	24.9	33.3		
Ⅱ	30.4	41.9	25.5	36.0	31.6	36.7	28.3		
SS	0.08	61.605	14.045	13.52	0.32	17.405	3.125		

（1）计算离均差平方和及其自由度

第 1 列的离差平方和为

$$SS_A = (31.2 - 30.4)^2 / 8 = 0.08$$

同理

$$SS_B = 61.605, SS_C = 14.045, SS_D = 13.52$$

$$SS_E = 0.32, SS_{C \times E} = 17.405, SS_7 = 3.125$$

将小于第 7 列的 1、5 列平方和应该并入第 1 类误差

$$SS_e = SS_{e1} = SS_7 + SS_A + SS_E = 3.125 + 0.08 + 0.32 = 3.525$$

$$df_e = 3 \times (2 - 1) = 3$$

（2）做 F 检验，列方差分析表

对 B 因素作 F 检验，

$$F_B = \frac{SS_B / df_B}{SS_e / df_e} = \frac{61.6050/1}{3.525/3} \approx 52.4298, df_1 = 1, df_2 = 3$$

类似计算 $F_C = 11.9532, F_D = 11.5064, F_{C \times E} = 14.8182$，写成如表 9.2.14 所示的方差分析表。

表 9.2.14 试制复方丹参注射液的方差分析表

来源	SS	df	S^2	F	P	结论
B	61.605	1	61.605	52.4298	<0.05	主要因素
C	14.045	1	14.045	11.9532	<0.05	主要因素
D	13.520	1	13.520	11.5064	<0.05	主要因素
$C \times E$	17.405	1	17.405	14.8128	<0.05	重要交互
e	3.525	3	1.175			

分析表明,B、C、D 及 $C \times E$ 对试验结果有显著影响,而 A 和 E 的影响不显著。

对于影响显著的交互作用 $C \times E$,由 C 和 E 的二元表(见表 9.2.15)选择好搭配 C_1E_2;B 因素取 B_2;D 因素取 D_2;A 因素可任选,根据实际 A 因素取 A_2。故最佳试验方案为 $A_2B_2C_1D_2E_2$,即以丹参、首乌、黄精、葛根为复方丹参注射液的最佳配方,用水煎煮,用明胶除杂,加吐温 -80 助溶。

表 9.2.15 C、E 因素二元表

因素 C	因素 E	
	E_1	E_2
C_1	14.7/2	21.4/2
C_2	15.3/2	10.2/2

2. 三水平正交表的方差分析

3 水平时,每一列的离差平方和计算为

$$SS_{列} = \frac{nr}{3}(\bar{I} - \bar{Y})^2 + \frac{nr}{3}(\bar{II} - \bar{Y})^2/3 + \frac{nr}{3}(\bar{III} - \bar{Y})^2$$

$$= \frac{I^2 + II^2 + III^2}{r \cdot n/3} - \frac{1}{n \cdot r}(\sum_{i=1}^{n}\sum_{j=1}^{r}Y_{ij})^2, df = 2 \qquad (9.2.10)$$

例 9.2.8 在某中药浸膏制备工艺的研究中,确定的试验因素水平如表 9.2.16 所示。

表 9.2.16 某中药浸膏制备工艺的因素水平

水平	酸浓度 A(N)	温浸时间 B(h)	温浸温度 C(℃)	醇浓度 D(%)
1	10^{-2}	1.5	40	30
2	0.6	2.0	50	50
3	1.2	2.5	60	70

选用正交表 $L_9(3^4)$，试验方案及结果如表9.2.17所示。每次试验重复做4次，以氨基酸含量 Y 为指标，越大越好。进行方差分析，确定最优方案。

表 9.2.17 某中药浸膏制备工艺的正交试验结果

表头	A	B	C	D	试验方案	试验结果 Y				$\sum Y$	$\sum Y^2$
列号	1	2	3	4		1	2	3	4		
1	1	1	1	1	$A_1B_1C_1D_1$	5.24	5.5	5.49	5.73	21.96	120.6806
2	1	2	2	2	$A_1B_2C_2D_2$	6.48	6.12	5.76	5.84	24.20	146.7280
3	1	3	3	3	$A_1B_3C_3D_3$	5.99	6.13	5.67	6.45	24.24	147.2084
4	2	1	2	3	$A_2B_1C_2D_3$	6.08	6.53	6.35	6.56	25.52	162.9634
5	2	2	3	1	$A_2B_2C_3D_1$	5.81	5.94	5.62	6.13	23.50	138.2010
6	2	3	1	2	$A_2B_3C_1D_2$	5.93	6.08	5.67	6.34	24.02	144.4758
7	3	1	3	2	$A_3B_1C_3D_2$	6.17	6.29	5.96	6.50	24.92	155.4046
8	3	2	1	3	$A_3B_2C_1D_3$	6.32	6.63	6.35	6.10	25.40	161.4318
9	3	3	2	1	$A_3B_3C_2D_1$	6.11	6.59	6.31	6.39	25.40	161.4084
I	70.40	72.40	71.38	70.86							
II	73.04	73.10	75.12	73.14							
III	75.72	73.66	72.66	75.16							
SS	1.1793	0.0664	0.6022	0.7714							

解 这是重复试验4次的无空白列正交设计分析，$r-4$，$SS_{e1}=0$。

(1)计算离均差平方和及其自由度

第1列的离差平方和得到

$$SS_A = (70.40^2 + 73.04^2 + 75.72^2)/12 - 219.16^2/36 = 1.1793$$

同理，

$$SS_B = 0.0664, \quad SS_C = 0.6022, \quad SS_D = 0.7714$$

$$SS_e = SS_{e2} = \sum_{i=1}^{n}\sum_{j=1}^{r}Y_{ij}^2 - \frac{1}{r}\sum_{i=1}^{n}\left(\sum_{j=1}^{r}Y_{ij}\right)^2$$

$$= 1338.5020 - 5347.2664/4 = 1.6854$$

$$df_e = df_{e2} = 9(4-1) = 27$$

(2)做 F 检验，列方差分析表

F 检验写为如表9.2.18所示的方差分析表。

表 9.2.18 某中药浸膏制备工艺的方差分析表

来源	SS	df	S^2	F	P	结 论
A	1.1793	2	0.5896	9.4449	<0.05	主要因素
B	0.0664	2	0.0332	0.5321	>0.05	
C	0.6022	2	0.3011	4.8253	<0.05	主要因素
D	0.7714	2	0.3857	6.1811	<0.05	主要因素
e	1.6854	27	0.0624			

分析表明，A、C、D 对试验结果有显著影响，而 B 的影响不显著，即酸浓度、醇浓度及温浸温度对氨基酸含量有显著影响。

A 因素取 A_3，C 因素取 C_2，D 因素取 D_3，因素 B 不显著，故可任选，根据实际，B 因素取 B_1，以缩短生产周期。故最佳试验方案为 $A_3 B_1 C_2 D_3$，即以 1.2N 的酸、70%的醇、温度 50 ℃、温浸 1.5 h。

为减少繁杂的手工计算，可以直接根据 SPSS 软件进行正交设计试验结果的方差分析，具体见第 10 章 10.4.4 的 SPSS 软件实现。

附 混合水平正交表方差分析时，各列的离差平方和及自由度按各自水平计算，交互作用的离差平方和及自由度分别为所占各列的平方和的平均及自由度相加。

多指标试验设计是同时考虑几个指标的问题。选用适当正交表安排试验，同时测定多个指标值，在分析时使用综合加权评分法或综合平衡法来确定最优方案。

正交试验的特点是：各列均匀分散、水平整齐可比。均匀分散使试验点均衡分布于试验范围内，试验点有充分的代表性；整齐可比使试验结果具有可比性，可以进行方差分析。但是，正交设计试验点数较多，水平个数为 k 时，试验次数至少为 k^2 次，通常在 $k<5$ 时使用。均匀设计的基本思想是照顾均匀分散，放弃整齐可比。用均匀表安排试验，水平个数为 k 时，试验次数可以少到 k 次。

m 因素 k 水平 n 次试验均匀设计表，记为 $U_n(k^m)$，简称 U 表。可以查附表12得到均匀表。均匀设计通常在 $k \geqslant 5$ 时使用。

阅读材料

正交与均匀试验设计

在工农业生产和科学研究中，经常需要做试验，如何设计试验，各国科学家都在进行艰苦的探索。20 世纪 70 年代以来,我国广为流传和普遍使用的"优选法"和"正交设计",都是科学的试验方法。然而世界上的事物是复杂和千变万化的,在一些课题中,需要考察的因素较多,且每个因素变化的范围较大,从而要求每个因素有较多的水平,这一类问题若采用现在流行的方法,则需要做很多次试验,不但周期长,而且投入巨大,常令使用者望而生畏。比如,在农业选种试验中出现水平数大于 12 的因素。实践向科学家提出了新的难题,如何寻求用最短的时间和最少的次数,达到完整全面的试验效果。方开泰、王元两位颇具造诣的数学家经过潜心切磋,决定把 20 世纪 50 年代末华罗庚等发展的数论方法应用于试验设计。3 个多月后,一个全新的试验设计方法——"均匀设计"诞生了。1981 年由方开泰、王元合写的《均匀设计》一文在《科学通报》上正式发表。

习题 9

1.(1)为提高某药的产量,确定考察的因素及水平如表 9-1 所示,并考虑交互作用 $A \times B$、$A \times C$ 及 $B \times C$,进行表头设计。

(2)若用正交表 $L_8(2^7)$ 安排试验,A、B、C、D 依次放在 1、2、4、7 列,不计交互作用。各号试验的产量 Y(单位:g/100g)依次为:86、95、91、94、91、96、83、88,试分析试验结果。

表 9-1　提高某药产量的因素水平

因素水平	原料配比 A	反应温度 B(℃)	反应时间 C(h)	pH 值 D
1	1.2∶1	70	2	8
2	1.5∶1	60	3	10

2.假设有一个含 4 味药的中药复方具有镇痛作用,为了优化复方的配比,对其利用正交设计方法进行研究,观察指标为喂药后小鼠扭体次数平均值与模型组扭体次数平均值的比值(越小说明药物效果越好)。在试验设计中,每味药考虑三个水平,分别为 1 偏低剂量、2 常规剂量、3 偏高剂量,不考虑交互作用。采用 $L_9(3^4)$ 正交设计表,试验安排和试验结果如表 9-2 所示,试对其进行直观分析,明确哪味药对药效影响最大,并确定出试验条件下的最优组合。

3.在芫花叶总黄酮提取工艺研究中,考察因素水平如表 9-3 所示,不计交互作用。若把 A、B、C 放在 $L_9(3^4)$ 表的第 1、2、3 列上,所得总黄酮产量 Y(单位:g/100g)依次为 0.55、0.95、0.96、0.48、0.58、0.79、0.75、1.02、1.65,试对结果进行极差分析。

表 9-2　中药复方镇痛作用的正交表

	列号	药味 1	药味 2	药味 3	药味 4	扭体次数比值
	1	1	1	1	1	1.0
	2	1	2	2	2	0.9
	3	1	3	3	3	0.6
处	4	2	1	2	3	0.7
方	5	2	2	3	1	0.9
	6	2	3	1	2	0.4
	7	3	1	3	2	0.8
	8	3	2	1	3	0.5
	9	3	3	2	1	0.7

表 9-3　提取芫花叶总黄酮的因素水平

因素水平	提取温度 A(℃)	乙醇浓度 B(%)	提取次数 C
1	30	70	2
2	50	80	3
3	回流	工业醇	4

第 10 章　SPSS 软件的应用

10.1　SPSS 概述

10.1.1　SPSS 简介

SPSS 是英文名称社会科学统计软件包(Statistical Package for the Social Sciences)首字母的缩写。后来随着 SPSS 公司产品服务领域的扩大和服务深度的增加,全称改为"Statistical Product and Service Solutions",即"统计产品与服务解决方案"。

SPSS 统计分析软件是一款在调查统计行业、市场研究行业、医学统计、政府和企业的数据分析应用中久享盛名的统计分析工具,是世界上最早的统计分析软件,由美国斯坦福大学的三位研究生于 1968 年研制,1984 年首先推出了世界上第一个统计分析软件微机版本 SPSS/PC+,极大地扩充了它的应用范围,并使其能很快地应用于自然科学、技术科学、社会科学的各个领域,世界上许多有影响力的报纸杂志纷纷就 SPSS 的自动统计绘图、数据的深入分析、使用方便、功能齐全等方面给予了高度的评价与称赞。

SPSS 软件具有界面友好、易学易用、功能全面、编程能力强、数据访问和管理能力强等优点。本章主要介绍 SPSS 的一些基本操作与使用。

10.1.2　数据文件的建立

启动 SPSS 后,即进入数据编辑窗口的数据视图,可直接输入数据,数据文件是一张二维表格(见图 10.1.1)。一列是一个变量,一行是一个个体的每个变量的取值,叫一个观测量或称一个记录。行列交叉处称为单元格。一个个体是指一个人或一只兔子或一只老鼠等。

在数据编辑窗口的变量视图中,数据文件也是一张二维表格(见图 10.1.2)。每一行是一个变量的属性设置,包括:变量名称、类型、宽度、小数、标签、值(值标签)、缺失、列、对齐等。

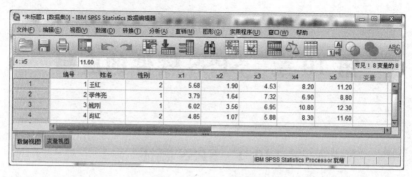

图 10.1.1 数据视图

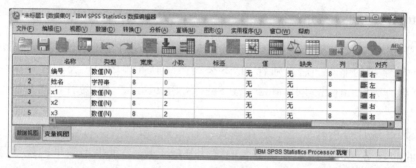

图 10.1.2 变量视图

完成变量的设置和数据的输入后保存便建立了后缀名为 .sav 的 SPSS 数据文件。也可以通过选择系统菜单：**文件→新建→数据**，来建立新的数据文件。

10.1.3 变量的属性及其设置

任何一个变量都有一个变量名与之对应，为了满足统计分析的需求，除变量名外，统计软件中往往还对每一个变量定义许多附加的变量属性，如变量类型、变量宽度等。

（1）变量名

命名原则：

①长度不能超过 64 个字符；

②以字母或者汉字开头，不能以数字开头，不能以下划线"_"和圆点"."结尾；

③不要与 SPSS 保留字符相同，如 ALL、AND、BY 等；

④不区分大小写。

（2）变量的数据类型

SPSS 变量有 8 种数据类型，见图 10.1.3。包括标准数值型、逗号数值型、点、科学计数法、日期型、货币型、自定义类型、字符串型。

图 10.1.3　变量类型 对话框

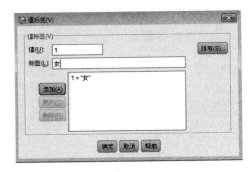

图 10.1.4　变量值标签 对话框

（3）标签

指变量的标签，是对变量名的注释说明。

（4）值

指变量值的标签，是对变量取值的注释说明。如，可以用"1"表示性别为"女"，见图 10.1.4。

（5）缺失值

根据不同的分析过程对缺失值的处理方法设置相应的缺失值。

（6）度量类型

"度量"：表示定量变量，例如，身高、体重；

"序号"：表示等级变量，例如，疗效：痊愈、显著、好转、无效；

"名义"：表示定性变量，例如，性别。

（7）角色

根据所定义的角色类型预先分析变量。

10.1.4　生成新变量

在统计分析过程中，经常需要对已经存在的变量进行变换和计算，得出一个结果，并将结果存入用户指定的变量中。这个指定的变量可以是一个新变量，也可以是一个已经存在的变量，这就需要选择菜单：**转换→计算变量**来完成。

例 10.1.1　图 10.1.5 是 10 个同学的英语、高等数学和计算机的考试成绩，计算每人这三科的平均分。

解　选择菜单：转换→计算变量，弹出**计算变量**主对话框（见图 10.1.6），在**目标变量名**框中输入存放计算结果的目标变量名，本例输入"平均分"。该变量可以是一个新变量，也可以是已存在的变量。新变量默认为数值型，也可以根据需要，点击**类型和标签**按钮来修改变量类型，或对新变量加标签信息。如果目标变量是新变量,系统会自动在数据编辑窗口中创建该变量;如果目标变量已存在,则系统会以计算出的新值覆盖旧值。

	编号	姓名	籍贯	英语	高等数学	计算机
1	1	卢颖	北京	90.0	92	88
2	2	尚晓茜	福建	75.0	84	82
3	3	刘之	四川	98.0	90	87
4	4	张丽	天津	82.0	76	78
5	5	董慈菊	北京	68.5	47	61
6	6	李娓	河南	72.0	66	78
7	7	毛建玮	山东	83.0	80	89
8	8	方芳	四川	68.0	63	70
9	9	古树珍	安徽	70.0	73	82
10	10	胡运来	北京	72.0	87	64

图 10.1.5　例 10.1.1 数据文件

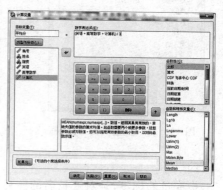

图 10.1.6　计算变量主对话框

在**数字表达式**框内输入:(英语+高等数学+计算机)/3,或输入:MEAN(英语,高等数学,计算机)。输入时,变量名可以由键盘输入,或从左下边的框中送入,其他符号可以由键盘输入,或使用中间的字符面板。**函数组**框中显示函数类型,**函数和特殊变量**中给出具体函数名,中下方框内是所选函数的简要解释。选择所需的 SPSS 函数,单击上箭头按钮,函数便进入表达式框内。如果在表达式中有字符常量,则需要用单引号括起,例如'北京'。

单击**确定**按钮,数据文件中便产生了一个新变量"平均分"。

若要在一定条件下,仅对**观测量**的某一子集进行计算或变换,就要用到图 10.1.6 中左下角的**如果按钮**。单击**如果按钮**,弹出如图 10.1.7 所示的**计算变量:If 个案**对话框,其中**包括所有个案**:包括所有观测量,这是系统默认值;**如果个案满足条件则包括**:包括符合条件的观测量,通过键盘输入、函数选择或使用中间字符面板的按钮将关系式或逻辑表达式输入其下的文本框内。

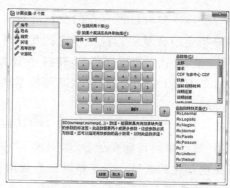

图 10.1.7　如果按钮对话框

在本例中,如果仅计算籍贯是北京的学生的平均分,需要在图 10.1.7 所示的对话框中选择**如果个案满足条件则包括**选项,在其下的文本框内输入:籍贯＝'北京',单击**继续**,返回主对话框,再单击**确定**。

10.1.5　变量加权

当数据文件中存在有大量相同的变量值时,增加一个频数变量来表示相同变量值出现的频数,可带来很大的便利,变量加权就可用于设定某个变量为频数变量。如果希望在计算过程中利用变量对数据进行加权处理,也可使用变量加权功能。

例 10.1.2　将数据文件(见图 10.1.8)中变量"频数"设置为频数变量。

	身高	频数
1	178	4
2	177	6
3	176	9
4	175	7
5	174	4

图 10.1.8　例 10.1.2 数据文件　　　　图 10.1.9　加权个案对话框

解　选择菜单:**菜单→加权个案**,弹出**加权个案**对话框(见图 10.1.9),**请勿对个案加权**:不对数据进行加权,系统默认;**加权个案**:进行加权处理,本例选中此项,将变量"频数"送入**频率变量**框中,作为加权变量。单击**确定**按钮,即可完成变量加权。

对数据进行加权处理后,数据窗口右下角会显示"**加权范围**",在以后的数据分析中加权处理会一直有效,直到取消加权处理。

10.2　统计描述

SPSS 的统计分析过程包含在**分析**菜单中,基本统计描述包含在**分析**的下级菜单**描述统计**中,**描述统计**的下级菜单中常用的有:**频率**、**探索**、**交叉表**等。

10.2.1　频数分布分析

选择子菜单:**频率**,可以计算出变量的频数分布表、描述集中趋势和离散趋势的各种统计量以及直方图等。

例 10.2.1 从某制药厂生产的某种散剂中随机抽取 100 包称其重量(单位：g),数据见表 10.2.1,试进行频数分布分析。

解 将表 10.2.1 中数据建立成 100 行 1 列的 SPSS 数据文件,变量名为 x。

选择菜单:**分析→描述统计→频率**,弹出频率主对话框(见图 10.2.1),将变量 x 送入右边的**变量**框内,选中**显示频率表格**。

表 10.2.1　100 包药的重量

0.89	0.86	0.88	0.92	0.98	0.89	0.91	0.95	0.85	0.92
0.89	0.97	0.86	0.92	0.87	0.90	0.93	0.91	0.88	0.91
0.86	0.99	0.85	0.89	0.82	1.03	0.93	0.81	0.96	0.92
0.95	0.88	0.90	0.84	0.87	0.98	0.88	0.85	0.86	0.91
0.90	0.93	0.95	0.92	0.95	0.86	0.87	0.92	0.87	0.94
0.95	0.82	0.84	0.80	0.94	0.86	0.92	0.86	0.87	0.93
0.97	0.91	0.88	0.92	0.89	0.89	0.87	0.93	0.91	0.98
0.88	0.90	0.92	0.87	0.88	0.95	0.94	0.89	0.78	0.84
0.88	0.87	0.94	0.90	0.96	0.98	0.89	0.92	0.90	1.06
0.87	0.91	0.87	0.84	0.89	1.00	0.94	0.90	0.87	0.92

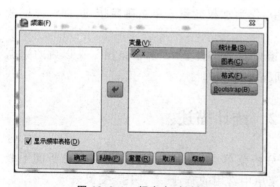

图 10.2.1　频率主对话框

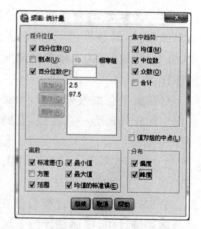

图 10.2.2　统计量对话框

在频率主对话框中,单击**统计量**按钮,弹出**统计量**对话框(见图 10.2.2);单击**图表**按钮,弹出**图表**对话框(见图 10.2.3),单击**格式**按钮,弹出**格式**对话框(10.2.4)。在三个对话框中可根据统计需要进行选择(本例选择均如图所示),选择完毕,单击**继续**,返回主对话框,单击**确定**按钮,完成频数分布分析。

图 10.2.3 图表对话框

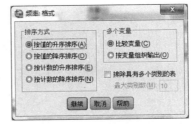

图 10.2.4 格式对话框

主要输出结果中统计量(见图 10.2.5)、直方图(见图 10.2.6)和频数表(略)。频数表中,**频率**栏为各段的频数,**百分比**为各频数百分比,**有效百分比**为各段频数的有效百分比,**累计百分比**为各段的累计百分比。

图 10.2.5 统计量

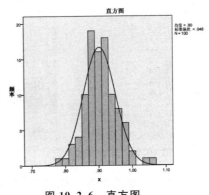

图 10.2.6 直方图

10.2.2 探索性分析

选择子菜单:**探索**可以进行正态性检验和方差齐性检验,可以判断数据有无离群值(outliers)、极端值(extreme values),可以计算统计量和绘制统计图。

例 10.2.2 为考察中药葛根对心脏功能的影响,配制每 100ml 含葛根 1g、1.5g、3g、5g 的药液,用来测定 27 只大鼠离体心脏在药液中 7～8 分钟时间内心脏冠脉血流量,数据见表 10.2.2。试对不同剂量的葛根的心脏冠脉血流量作探索性分析。

解 将表 10.2.2 中数据建立成 27 行 2 列的 SPSS 数据文件,见图 10.2.7,g 为分组变量,1、2、3、4 的值标签分别为 1g、1.5g、3g、5g,x 表示心脏冠脉血流量。

表 10.2.2 心脏冠脉血流量表

1g	1.5g	3g	5g
6.2	8.4	2.0	0.2
6.0	5.4	1.2	0.2
6.8	0.8	1.7	0.5
1.0	0.8	3.2	0.5
6.0	1.1	0.5	0.4
6.4	0.1	1.1	0.3
12.0	1.0	0.5	

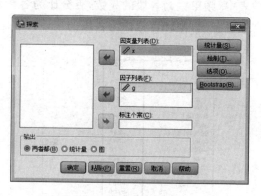

图 10.2.7 例 10.2.2 数据文件   图 10.2.8 探索主对话框

选择菜单:**分析→描述统计→探索**,弹出**探索**主对话框(见图 10.2.8),将变量 x 送入右边的**因变量列表**框内,将变量 g 送入右边的**因子列表**框内,**标注个案**框中应选入对观察进行标记的变量,本例无。

左下角的**输出**下有 3 个选项,**两者都**:统计量与统计图形都输出,是系统默认;**统计量**:只输出统计量;**图**:只输出统计图形。

单击**统计量**按钮,弹出统计量对话框(见图 10.2.9)。

单击**绘制**按钮,弹出**图**对话框,见图 10.2.10。选择绘制的统计图、进行正态性检验和方差齐性检验。

方差齐性检验,应先选**未转换**,不齐再选**幂估计**,或选**已转换**,对变量进行变换后再作方差齐性检验。选择**已转换**时,激活**幂**列表框,可选对变量变换的方式:**自然对数、1/平方根、倒数、平方根、平方、立方**。

图 10.2.9　统计量对话框

图 10.2.10　图对话框

箱式图，如图 10.2.11 所示，由一个矩形（称箱体）与三条横线构成。箱体的高度为四分位间距，中间粗横线表示**中位数**，箱体顶端表示上四分位数（Q_3，即第 75 百分位数），下端表示下四分位数（Q_1，即第 25 百分位数），所以整个箱体包括了中间 50%数据的分布范围。箱体外上、下两条细横线表示除去离群值和极端值之外的最大、最小值。与箱体顶或底的距离超过箱体高度（即四分位间距）1.5 倍的视为离群值，用"○"表示；超过 3 倍的则视为极端值，用"＊"表示；离群值和极端值统称为异常值。箱式图中标记出了离群值和极端值的记录号或标签变量值。

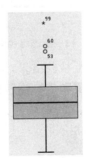

图 10.2.11　箱式图

单击**选项**按钮，在弹出的**选项**对话框中可选择缺失值处理方式：

按列表排除个案：对每个观测，只要分析中所选入的变量中有一个变量为缺失值，则系统默认该观测为缺失值，不参与分析。

按对排除个案：对某个观测值，只有该变量及与该变量分析有关的变量出现缺失值时才被视为缺失值。

报告值：分类变量中含有缺失值的观测值被单独列为一组进行分析，并有相应的输出结果。

全部设置完毕，单击主对话框中**确定**按钮。主要输出结果如下：

描述表（略）中给出各组统计量的结果，其中**均数**的 95％**置信区间**是总体均数的 95％置信区间，5％**修整均值**是调整的均数，即将最大和最小的各 5％的变量值去掉后计算得的均数。**四分位距**是四分位间距，即第 75 和第 25 百分位数之差。

百分位数表（略）中显示各组第 5、10、25、50、75、90、95 百分位数。还给出了 Tukey 法计算百分位数的结果（仅限于四分位数）。**极值**表（略）给出了各组的 3 个最大值和 3 个最小值。

图 10.2.12 是各组正态性检验结果，其中 Sig.（significance level）即 P 值。给出 Kolmogorov-Smirnov 统计量和 Shapiro-Wilk 统计量，样本容量 $n \leqslant 50$ 时，选择 Shapiro-Wilk 统计量。一般 $P \leqslant 0.05$ 时，不服从正态分布。本例选择 Shapiro-Wilk 统计量，1.5g 组的 $P = 0.010 < 0.05$，不服从正态分布，其余组均服从正态分布。

正态性检验

	g	Kolmogorov-Smirnov[a]			Shapiro-Wilk		
		统计量	df	Sig.	统计量	df	Sig.
x	1g	.314	7	.035	.839	7	.096
	1.5g	.388	7	.002	.740	7	.010
	3g	.178	7	.200[*]	.911	7	.403
	5g	.195	6	.200[*]	.861	6	.191

a. Lilliefors 显著水平修正
*. 这是真实显著水平的下限。

图 10.2.12　正态性检验结果

图 10.2.13 是 Levene 方差齐性检验结果，给出了计算 Levene 统计量的 4 种算法：**基于均数、基于中值、基于中值和带有调整后的 df 和基于修整均值**（将最大和最小的各 5％的变量值去掉后计算得的均数）。本例**基于均值**的 $P = 0.048 < 0.05$，可以认为四个组的方差是不相等的。

方差齐性检验

		Levene 统计量	df1	df2	Sig.
x	基于均值	3.066	3	23	.048
	基于中值	1.172	3	23	.342
	基于中值和带有调整后的 df	1.172	3	12.521	.359
	基于修整均值	2.730	3	23	.067

图 10.2.13　方差齐性检验结果

注意：在后面讲到的 t 检验和方差分析中也可以进行方差齐性检验。

10.3 计量资料的统计推断——t 检验

t 检验是以 t 分布为理论依据的假设检验方法,常用于正态总体小样本资料的均数比较,在第 5 章参数假设检验中,介绍了 t 检验的原理,本节介绍 t 检验在 SPSS 软件中的实现方法。

SPSS 中使用菜单:**分析 → 比较均值**作 t 检验,**比较均值**的下拉菜单如表 10.3.1 所示。

表 10.3.1 比较均值下拉菜单

均值(M)…

单样本 T 检验(S)…

独立样本 T 检验(T)…

配对样本 T 检验(P)…

单因素 ANOVA…

10.3.1 计量资料的分层计算

均值(分层计算)过程可以对计量资料分层计算均数、标准差等统计量,同时可对第一层分组进行方差分析和线性趋势检验。

例 10.3.1 某学校测得不同年级、不同性别的 12 名学生的身高(单位:cm),数据见表 10.3.2。试用 SPSS 的**均值(分层计算)**过程分别计算不同年级、不同性别学生身高的均数和标准差。

表 10.3.2 12 名学生的身高

编号	年级	性别	身高(cm)	编号	年级	性别	身高(cm)
1	初一	男	170	7	高一	男	180
2	初一	男	152	8	高一	男	171
3	初一	男	164	9	高一	男	177
4	初一	女	142	10	高一	女	155
5	初一	女	150	11	高一	女	164
6	初一	女	158	12	高一	女	159

解 将原始数据建立为 12 行 4 列的数据文件,见图 10.3.1,值标签如下,年级:1="初一"、2="高一",性别:1="男"、2="女"。

	编号	年级	性别	身高
1	1	1	1	170
2	2	1	1	152
3	3	1	1	164
4	4	1	2	142
5	5	1	2	150
6	6	1	2	158
7	7	2	1	180
8	8	2	1	171
9	9	2	1	177
10	10	2	2	155
11	11	2	2	164
12	12	2	2	159

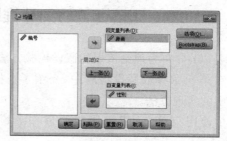

图 10.3.1　例 10.3.1 数据文件　　　图 10.3.2　均值对话框

选择**分析→比较均值→均值**命令,弹出**均值**对话框,如图 10.3.2。在变量列表中选中身高,送入**因变量**框中;选中年级,送入**自变量**,确定第一层依年级分组,单击下一张按钮,选中性别,送入**自变量**,确定第二层依性别分组;单击**确定**。输出结果如图 10.3.3 所示。

在均值对话框单击**选项**按钮,弹出**均值:选项**对话框,可以选择要计算的统计量,默认均值、个案数、标准差;在第一层的统计量中,可对第一层分组作方差分析 **Anova** 表和 **eta**、线性相关检验。

报告

身高

年级	性别	均值	N	标准差
初一	男	162.00	3	9.165
	女	150.00	3	8.000
	总计	156.00	6	10.119
高一	男	176.00	3	4.583
	女	159.33	3	4.509
	总计	167.67	6	9.993
总计	男	169.00	6	10.040
	女	154.67	6	7.737
	总计	161.83	12	11.360

正态性检验

	Kolmogorov-Smirnov[a]			Shapiro-Wilk		
	统计量	df	Sig.	统计量	df	Sig.
丸重	.153	9	.200*	.963	9	.832

a. Lilliefors 显著水平修正
*. 这是真实显著水平的下限。

图 10.3.3　例 10.3.1 计算结果　　　图 10.3.4　例 10.3.1 正态性检验结果

10.3.2　单个正态总体均值的检验

单个正态总体的均值检验,选择表 10.3.1 中的**单样本 T 检验**。

例 10.3.2　某中药厂用旧设备生产的六味地黄丸,丸重的均数是 8.9g,更新设备后,从所生产的产品中随机抽取 9 丸,其重量(单位:g)为:9.2,10.0,9.6,9.8,8.6,10.3,9.9,9.1,8.9。问:设备更新后生产的丸药的平均重量有无变化?

解　以丸重为变量名,将原始数据建立为 9 行 1 列的数据文件。

(1)用**探索**过程进行正态性检验

选择菜单:**分析→描述性统计→探索**,在弹出的**探索**对话框中,将丸重送入**因**

变量列表框中;单击**绘制**按钮,在弹出的**绘制**对话框中选中**带检验的正态图**,单击**继续**;单击**确定**。

主要输出结果见图 10.3.4,Shapiro-Wilk 统计量为 0.963,$P = 0.832 >$ 0.05,不能认为丸重 X 不服从正态分布。

(2)用**单样本** T **检验**过程进行单样本 t 检验

选择菜单:**分析**→**比较均值**→**单样本** T **检验**,在弹出的**单样本** T **检验**对话框中,将丸重送入上面的**检验变量**框中;在**检验值**对话框中输入均数 8.9;单击**选项**按钮,在**置信区间百分比**中输入置信度,系统默认为 95%,单击**继续**;如图 10.3.5 所示;单击**确定**。

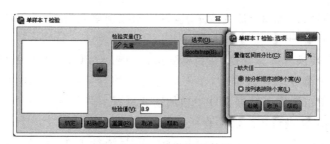

图 10.3.5 单样本 T 检验

主要输出结果见图 10.3.6 所示,检验统计量 $t = 3.118$,双侧 $P = 0.014 >$ 0.05,按 $\alpha = 0.05$ 水准拒绝 H_0,差异有统计学意义,可以认为设备更新后生产的丸药的平均重量有变化。样本均值 $= 9.489 > 8.9$,可以认为,设备更新后生产的丸药的平均重量大于设备更新前。

单个样本检验

			检验值 = 8.9			
					差分的 95% 置信区间	
	t	df	Sig.(双侧)	均值差值	下限	上限
丸重	3.118	8	.014	.5889	.153	1.024

图 10.3.6 单样本 t 检验计算结果

也可用置信区间推断,由**差值的 95% 置信区间**为(0.153, 1.024),不含 0(如果 $H_0 : \mu = \mu_0$ 成立,则差值的均数应为 0),所以,按 $\alpha = 0.05$ 水准,可以认为设备更新后生产的丸药的平均重量有变化。

10.3.3 基于成对数据的均值检验

基于成对数据的均值检验,将成对的两组相关资料转化为单组差值资料,成对数据的差值 D(看作随机变量)服从正态分布时,可选择表 10.3.1 中的**配对样**

本 T 检验;差值 D 不服从正态分布时,应选择非参数检验。

例 10.3.3 见例 5.2.7,对 12 份血清分别用原方法(检测时间 20 分钟)和新方法(检测时间 10 分钟)测谷丙转氨酶(单位:nmol $\cdot$ S^{-1}/L),结果见表 10.3.3。问两法所得结果有无差别?

表 10.3.3 12 份血清的谷丙转氨酶

编号	1	2	3	4	5	6	7	8	9	10	11	12
原法	60	142	195	80	242	220	190	25	212	38	236	95
新法	80	152	243	82	240	220	205	38	243	44	200	100

解 以编号、原法和新法为变量名,将原始数据建立为 12 行 3 列的数据文件。

(1)计算差值 D

选择菜单**转换→计算变量**,在**目标变量**框中输入 d(具体数值可用小写);选中原法,将其送入**数字表达式**框中,单击运算键中的"−",选中新法,将其送入**数字表达式**框中;单击**确定**。数据文件中增加新变量 d。

(2)对差值 D 进行正态性检验

步骤见例 10.3.2。计算出的 Shapiro-Wilk 统计量为 0.931,$P = 0.392 > 0.05$,不能认为差值 D 不服从正态分布。

(3)进行配对样本 t 检验

选择菜单:**分析→ 比较均值→ 配对 T 样本检验**,弹出配对样本 T 检验对话框,见图 10.3.7,选中原法和新法,将其送入**成对变量**框中,单击**确定**。

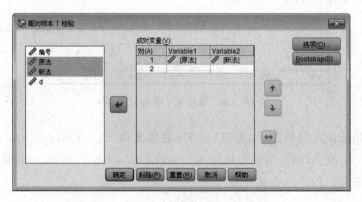

图 10.3.7 配对样本 T 检验对话框

主要输出结果见图 10.3.8,检验统计量 $t = -1.602$,双侧 $P = 0.137 > 0.05$,按 $\alpha = 0.05$ 水准不拒绝 H_0,差异无统计学意义,还不能认为两法测谷丙转氨酶结果有差别。

成对样本检验

		成对差分							
		均值	标准差	均值的标准误	差分的95% 置信区间		t	df	Sig.(双侧)
					下限	上限			
对 1	原法 - 新法	-9.333	20.178	5.825	-22.154	3.487	-1.602	11	.137

图 10.3.8　配对样本 t 检验计算结果

10.3.4　两个正态总体均值差的检验

两个正态总体均值差的检验，选择表 10.3.1 中的**独立样本 T 检验**。

例 10.3.4　见例 5.3.3，测定功能性子宫出血症中实热组与虚寒组的免疫功能，其淋巴细胞转化率如表 10.3.4 所示。比较实热组与虚寒组的淋巴细胞转化率均数是否不同。

表 10.3.4　实热组与虚寒组的免疫功能淋巴细胞转化率

| 实热组 | 0.709 0.755 0.655 0.705 0.723 |
| 虚寒组 | 0.617 0.608 0.623 0.635 0.593 0.684 0.695 0.718 0.606 0.618 |

解　以 g 表示分组（值标签：1＝"实热组"、2＝"虚寒组"），以 x 表示淋巴细胞转化率，将原始数据建立成 2 列 15 行的数据文件，见图 10.3.9。

图 10.3.9　例 10.3.4 数据文件　　　　图 10.3.10　独立样本 T 检验对话框

（1）正态性检验

选择菜单：**分析→描述统计→探索**，在弹出的对话框中，将 x 送入**因变量列表**框中，将 g 送入**因子列表** 框中；单击**绘制**按钮，在弹出的**绘制**对话框中选中**带检验的正态图**，单击**继续**；单击**确定**。

运行后，两组的 Shapiro-Wilk 统计量分别为 0.956、0.855，两组的 P 值分别为 0.782、0.066，均大于 0.05，均不能认为不服从正态分布。

（2）做成组 t 检验

选择菜单：**分析→比较均值→独立样本 T 检验**，弹出**独立样本 T 检验**对话框，见图 10.3.10 中，将 x 选入**检验变量**框中，将 g 选入**分组变量**框中；单击**定义组**，在两个组框中分别键入 1 和 2，单击**继续**；单击**确定**。

主要输出结果见图 10.3.11。先看**方差齐性 Levene 检验**，检验统计量 $F = 0.938$，$P = 0.350 > 0.05$，不能认为两个总体方差不齐；再看**均值方程 t 检验**，选择第一行的数据（t 检验），检验统计量 $t = 3.093$，双侧 $P = 0.009 < 0.05$，以 $\alpha = 0.05$ 水准的双侧检验拒绝 H_0，两组的差异有统计意义。由 1 组（实热组）均数 0.70940 大于 2 组（虚寒组）均数 0.63970，可以认为实热组的淋巴细胞转化率均数高于虚寒组。

独立样本检验

		方差方程的 Levene 检验		均值方程的 t 检验					差分的 95% 置信区间	
		F	Sig.	t	df	Sig.(双侧)	均值差值	标准误差值	下限	上限
x	假设方差相等	.938	.350	3.093	13	.009	.069700	.022534	.021019	.118381
	假设方差不相等			3.292	9.558	.009	.069700	.021175	.022221	.117179

图 10.3.11　独立样本 t 检验计算结果

10.4　计量资料的统计推断——方差分析

10.4.1　单因素方差分析

例 10.4.1　见例 6.2.1，研究单味中药对小白鼠细胞免疫机能的影响，把 39 只小白鼠随机分为四组，雌雄尽量各半，用药 15 天后，进行 E-玫瑰花结形成率（E-SFC）测定，结果见表 10.4.1。分析四种用药情况对小白鼠细胞免疫机能的影响是否相同。

表 10.4.1　不同中药对小白鼠 E-SFC 的影响

对照组	14	10	12	16	13	14	10	13	9	
淫羊藿组	35	27	33	29	31	40	35	30	28	36
党参组	21	24	18	17	22	19	18	23	20	18
黄芪组	24	20	22	18	17	21	18	22	19	23

解　（1）操作步骤

①如图 10.4.1 建立 2 列 39 行的数据文件，其中分析变量 $esfc$（标签：E-SFC（％）），分组变量 $group$（值标签：1="对照组"、2="淫羊藿组"、3="党参组"、4="黄芪组"）。

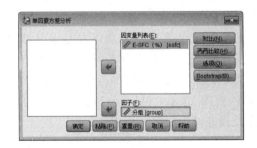

图 10.4.1　例 10.4.1 数据文件　　图 10.4.2　单因素方差分析主对话框

②正态性检验：同成组 t 检验，四组的 P 值分别为 0.653、0.739、0.380、0.692，均＞0.05，均不能认为四个总体不服从正态分布。

③单因素方差分析：选择菜单：**分析→ 比较均值→ 单因素 ANOVA**，在弹出的**单因素方差分析**主对话框中，将 $esfc$ 选入**因变量列表**框中，将 $group$ 选入**因子**框中，如图 10.4.2 所示。

单击**选项**按钮，弹出**选项**对话框，如图 10.4.3 所示，选中**描述性**、**方差同质性检验**、Brown-Forsythe（方差不齐的 Brown-Forsythe 近似方差分析）、Welch（方差不齐的 Welch 近似方差分析）、**均值图**，单击**继续**，返回**单因素方差分析**主对话框。

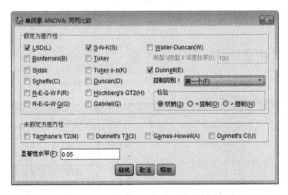

图 10.4.3　选项对话框　　　图 10.4.4　多重比较对话框

单击**两两比较**按钮，弹出多重比较对话框，如图 10.4.4 所示，可以选中一种或多种多重比较的方法。本例选中了 LSD、S-N-K、Dunnett（对照组选第一组：在**控制类别**的下拉式列表框中选择**第一个**）三种方法。单击**继续**，返回**单因素方差分析**主对话框。

单击**确定**，主要输出结果如图 10.4.5 至图 10.4.9 所示。

（2）结果分析

①方差齐性检验：见图 10.4.5，Levene 统计量＝2.601，$P=0.067＞0.05$，不

能认为四个总体的方差不齐。

②方差分析:当各样本的总体方差相等,即具有方差齐性时,从图 10.4.6 所示的基于方差齐性的方差分析结果中读取 F 值和 P 值;当方差不齐时,从图 10.4.7 所示的基于方差不齐的近似方差分析结果中读取 F 值和 P 值。本例具有方差齐性,由图 10.4.6 得,$F=77.789$,$P=0.000<0.05$,拒绝 H_0,可以认为四组的 E-玫瑰花结形成率不全相等。

方差齐性检验

E-SFC（%）

Levene 统计量	df1	df2	显著性
2.601	3	35	.067

图 10.4.5　例 10.4.1 方差齐性检验结果

单因素方差分析

E-SFC（%）

	平方和	df	均方	F	显著性
组间	1978.944	3	659.648	77.789	.000
组内	296.800	35	8.480		
总数	2275.744	38			

图 10.4.6　例 10.4.1 基于方差齐性的方差分析结果

均值相等性的键壮性检验

E-SFC（%）

	a	df1	df2	显著性
Welch	58.405	3	19.217	.000
Brown-Forsythe	78.873	3	26.638	.000

渐近 F 分布。

图 10.4.7　例 10.4.1 基于方差不齐的近似方差分析结果

③多重比较:图 10.4.8 是 LSD 法和 Dunnett 法进行多重比较的结果。LSD

多重比较

因变量:E-SFC（%）

	(I) 分组	(J) 分组	均值差(I-J)	标准误	显著性	95% 置信区间 下限	95% 置信区间 上限
LSD	对照组	淫羊藿组	-20.067*	1.338	.000	-22.78	-17.35
		党参组	-7.667*	1.338	.000	-10.38	-4.95
		黄芪组	-8.067*	1.338	.000	-10.78	-5.35
	淫羊藿组	对照组	20.067*	1.338	.000	17.35	22.78
		党参组	12.400*	1.302	.000	9.76	15.04
		黄芪组	12.000*	1.302	.000	9.36	14.64
	党参组	对照组	7.667*	1.338	.000	4.95	10.38
		淫羊藿组	-12.400*	1.302	.000	-15.04	-9.76
		黄芪组	-.400	1.302	.761	-3.04	2.24
	黄芪组	对照组	8.067*	1.338	.000	5.35	10.78
		淫羊藿组	-12.000*	1.302	.000	-14.64	-9.36
		党参组	.400	1.302	.761	-2.24	3.04
Dunnett t（双侧）[a]	淫羊藿组	对照组	20.067*	1.338	.000	16.79	23.34
	党参组	对照组	7.667*	1.338	.000	4.39	10.94
	黄芪组	对照组	8.067*	1.338	.000	4.79	11.34

*. 均值差的显著性水平为 0.05。
a. Dunnett t 检验将一个组视为一个控制组,并将其与所有其他组进行比较。

图 10.4.8　例 10.4.1 LSD 法和 Dunnett 法多重比较结果

法结果中给出了各个总体均数两两比较的结果,只有党参组与黄芪组比较 $P = 0.761 > 0.05$,均数差(mean difference)栏中没有标记"*",差异无统计学意义;其他两两比较,P 值都为 0.000,在均数差(mean difference)栏中均标记有"*",差异均有统计学意义。由均值差的符号可以得出,对照组的 E-玫瑰花结形成率最低,淫羊藿组最高。

　　Dunnett 法用于多个处理组和一个对照组的比较,图 10.4.8 中 Dunnett 法给出了淫羊藿组、党参组、黄芪组分别与对照组比较的结果。

　　图 10.4.9 是 SNK 法多重比较结果。SNK 法检验结果将差异无统计学意义的比较组列在同一列中,如本例,党参组与黄芪组列在同一列,表示两组间差异无统计学意义($P = 0.764$);除去差异无统计学意义的比较组外,其他比较组之间差异均有统计学意义,对照组与淫羊藿组、党参组、黄芪组均有统计学意义,可以认为单味中药的 E-玫瑰花结形成率均与对照组不同,淫羊藿组与党参组、黄芪组均有统计学意义,可以认为淫羊藿组的 E-玫瑰花结形成率高于党参组、黄芪组。

E-SFC（%）

	分组	N	alpha = 0.05 的子集		
			1	2	3
Student-Newman-Keuls[a,b]	对照组	9	12.33		
	党参组	10		20.00	
	黄芪组	10		20.40	
	淫羊藿组	10			32.40
	显著性		1.000	.764	1.000

将显示同类子集中的组均值。

　　将使用调和均值样本大小 = 9.730。

　　组大小不相等。将使用组大小的调和均值。将不保证 I 类错误级别。

图 10.4.9　例 10.4.1SNK 法多重比较结果

　　在**单因素方差分析**中提供了多种多重比较方法,见图 10.4.4。①满足方差齐性条件(equal variance assumed)**选项**中共有 14 种两两比较方法,常用的几种方法从最灵敏到最保守排列顺序大致是:LSD 法、Sidak 法、Bonferroni 法、Scheffe 法;SNK 法是统计学教材经常介绍的方法,应用较多;Dunnett 法是唯一一种用于多个处理组和一个对照组的比较的方法,选择此法后,可在**控制类别**下拉式列表框中选择**第一个**或**最后一个**为对照组,在**检验**单选框中提供的选择有:**双侧检验(系统默认)**、**>控制**(单侧检验,比较组均数大于对照组均数)、**<控制**(单侧检验,比较组均数小于对照组均数)。②**未假定方差齐性**有 4 种两两比较方法。

10.4.2 双因素等重复试验的方差分析

例 10.4.2 见例6.3.1,一火箭使用了四种燃料,三种推进器做射程(单位:海里)试验。每种燃料与每种推进器的组合各发射火箭两次,得结果如表10.4.2所示。分析燃料、推进器及其二者的交互作用对射程有无影响。

表 10.4.2　火箭射程的数据

燃料(A)	推进器(B)		
	B_1	B_2	B_3
A_1	58.2	56.2	65.3
	52.6	41.2	60.8
A_2	49.1	54.1	51.6
	42.8	50.5	48.4
A_3	60.1	70.9	39.2
	58.3	73.2	40.7
A_4	75.8	58.2	48.7
	71.5	51.0	41.4

解　如图10.4.10建立3列24行的数据文件,其中分组变量燃料类型(值标签:1="A_1"、2="A_2"、3="A_3"、4="A_4"),分组变量推进器类型(值标签:1="B_1"、2="B_2"、3="B_3")。

图 10.4.10　例10.4.2数据文件　　图 10.4.11　单因素方差分析主对话框

选择菜单:**分析 → 一般线性模型 → 单变量**,在弹出的**单变量**主对话框中,将变量射程放入**因变量列表**框中,将变量燃料类型、推进器类型放入**固定因子**框中,如图10.4.11所示。

单击**模型**按钮,弹出**模型**对话框,如图10.4.12,选定**设定**选项,在**构建项**一类型下拉菜单中选择**交互**,将变量燃料类型、推进器类型分别放入**模型**对话框,在**因子与协变量**框中,同时选中燃料类型、推进器类型放入**模型**对话框,单击**继续**,返回**单变量**主对话框 。

图 10.4.12　模型对话框

图 10.4.13　多重比较对话框

单击**两两比较**按钮,弹出多重比较对话框,如图 10.4.13,选中了 LSD、S-N-K、Dunnett(对照组选第一组:在**控制类别**的下拉式列表框中选择**最后一个**)三种方法。单击**继续**,返回**单变量**主对话框 。

单击**确定**,完成双因素有重复的方差分析,主要输出结果如图 10.4.14 至图 10.4.18 所示。

主体间效应的检验

因变量:射程

源	III 型平方和	df	均方	F	Sig.
校正模型	2401.348ᵃ	11	218.304	11.056	.000
截距	72578.002	1	72578.002	3675.611	.000
燃料类型	261.675	3	87.225	4.417	.026
推进器类型	370.981	2	185.490	9.394	.004
燃料类型 * 推进器类型	1768.692	6	294.782	14.829	.000
误差	236.950	12	19.746		
总计	75216.300	24			
校正的总计	2638.298	23			

a. R 方 = .910 (调整 R 方 = .828)

图 10.4.14　例 10.4.2 方差分析结果

结果分析:从图 10.4.14 所示的结果中可看出,$F_A = 4.417$,$P_A = 0.026 < 0.05$,$F_B = 9.394$,$P_B = 0.004 < 0.05$,$F_{A×B} = 14.929$,$P_{A×B} = 0.000$ 说明燃料、推进器及燃料和推进器的交互作用都对射程有影响。

燃料类型各分组多重比较结果如图 10.4.15 和图 10.4.16 所示。结果显示燃料类型 A_2 组与其他三组之间的差异有统计学意义,A_1、A_3、A_4 三组之间的差异没有统计学意义。

多个比较

因变量:射程

	(I) 燃料类型	(J) 燃料类型	均值差值 (I-J)	标准 误差	Sig.	95% 置信区间 下限	上限
LSD	A1	A2	6.300*	2.5655	.030	.710	11.890
		A3	-1.350	2.5655	.608	-6.940	4.240
		A4	-2.050	2.5655	.440	-7.640	3.540
	A2	A1	-6.300*	2.5655	.030	-11.890	-.710
		A3	-7.650*	2.5655	.011	-13.240	-2.060
		A4	-8.350*	2.5655	.007	-13.940	-2.760
	A3	A1	1.350	2.5655	.608	-4.240	6.940
		A2	7.650*	2.5655	.011	2.060	13.240
		A4	-.700	2.5655	.790	-6.290	4.890
	A4	A1	2.050	2.5655	.440	-3.540	7.640
		A2	8.350*	2.5655	.007	2.760	13.940
		A3	.700	2.5655	.790	-4.890	6.290
Dunnett t (双侧) a	A1	A4	-2.050	2.5655	.767	-8.933	4.833
	A2	A4	-8.350*	2.5655	.016	-15.233	-1.467
	A3	A4	-.700	2.5655	.986	-7.583	6.183

基于观测到的均值。
误差项为均方(误差) = 19.748。
*. 均值差值在 0.05 级别上较显著。
a. Dunnett t 检验将一个组作一个控制，并将其他所有组与该组进行比较。

图 10.4.15　燃料间 LSD 法和 unnett 法多重比较结果

射程

	N	子集 1	2
Student-Newman-Keuls a,b	A2	6	49.417	
	A1	6		55.717
	A3	6		57.067
	A4	6		57.767
	Sig.		1.000	.711

已显示同类子集中的组均值。
基于观测到的均值。
误差项为均方(误差) = 19.748。
a. 使用调和平均样本大小 = 6.000。
b. Alpha = 0.05。

图 10.4.16　燃料间 SNK 法 D 多重比较结果

推进器类型各分组多重比较结果如图 10.4.17 和图 10.4.18 所示。结果显示推进器类型 B_3 组与其他两组之间的差异有统计学意义，B_1、B_2 两组之间的差异没有统计学意义。

多个比较

因变量:射程

	(I) 推进器类型	(J) 推进器类型	均值差值 (I-J)	标准 误差	Sig.	95% 置信区间 下限	上限
LSD	B1	B2	1.638	2.2218	.475	-3.203	6.478
		B3	9.037*	2.2218	.002	4.197	13.878
	B2	B1	-1.638	2.2218	.475	-6.478	3.203
		B3	7.400*	2.2218	.008	2.559	12.241
	B3	B1	-9.037*	2.2218	.002	-13.878	-4.197
		B2	-7.400*	2.2218	.006	-12.241	-2.559
Dunnett t (双侧) a	B1	B3	9.037*	2.2218	.003	3.478	14.597
	B2	B3	7.400*	2.2218	.011	1.840	12.960

基于观测到的均值。
误差项为均方(误差) = 19.746。
*. 均值差值在 0.05 级别上较显著。
a. Dunnett t 检验将一个组作一个控制，并将其他所有组与该组进行比较。

图 10.4.17　推进器间 LSD 法和 Dunnett 法多重比较结果图

射程

	N	子集 1	2
Student-Newman-Keuls a	B3	8	49.513	
	B2	8		56.912
	B1	8		58.550
	Sig.		1.000	.475

已显示同类子集中的组均值。
基于观测到的均值。
误差项为均方(误差) = 19.746。
a. 使用调和平均样本大小 = 8.000。
b. Alpha = 0.05。

10.4.18　推进器间 SNK 法 多重比较结果

10.4.3　双因素无重复试验的方差分析

例 10.4.3　见例 6.3.2,据推测,原料的粒度和水分可能影响某片剂的贮存期。现考察粗粒、细粒 2 种规格及含 5％、3％、1％ 3 种水分的原料,抽样测定恒温加热 1 小时后的剩余含量,数据如表 10.4.3 所示。分析不同程度(A),不同水分(B)下恒温加热 1 小时后的剩余含量是否有差异?

表 10.4.3　恒温加热 1 小时后有效成分的剩余含量

	含水量	5％	3％	1％
颗粒分组	粗粒	86.88	89.86	89.91
	细粒	84.83	85.86	84.83

解　如图 10.4.19 建立 3 列 6 行的数据文件,其中分组变量颗粒分组(值标签:1

＝"粗粒"、2＝"细粒"），分组变量含水量（值标签：1＝"5％"、2＝"3％"、3＝"1％"）。

选择菜单：**分析→ 一般线性模型 → 单变量**，在弹出的**单变量**主对话框中，将变量抽样值放入**因变量列表**框中，将变量颗粒分组、含水量放入**固定因子**框中，如图 10.4.20 所示。

	颗粒分组	含水量	抽样值
1	1	1	86.88
2	1	2	89.86
3	1	3	89.91
4	2	1	84.83
5	2	2	85.86
6	2	3	84.83

图 10.4.19　例 10.4.3 数据文件

图 10.4.20　单因素方差分析主对话框

单击**模型**按钮，弹出**模型**对话框，如图 10.4.21，选定**设定**选项，在**构建项—类型**下拉菜单中选择**主效应**，将变量颗粒分组、含水量放入**模型**对话框，单击**继续**，返回**单变量**主对话框 。

单击**确定**，完成双因素无重复的方差分析，主要输出结果如图 10.4.22 所示。

图 10.4.21　模型对话框

主体间效应的检验

因变量：抽样值

源	III 型平方和	df	均方	F	Sig.
校正模型	26.016ᵃ	3	8.339	7.072	.126
截距	45443.585	1	45443.585	38539.274	.000
颗粒分组	20.646	1	20.646	17.509	.053
含水量	4.370	2	2.185	1.853	.350
误差	2.358	2	1.179		
总计	45470.960	6			
校正的总计	27.375	5			

a. R 方 =.914（调整 R 方 =.785）

图 10.4.22　例 10.4.3 方差分析结果

结果分析：从图 10.4.22 所示的结果中可看出，$F_A = 17.509$，$P_A = 0.053 > 0.05$，$F_B = 1.853$，$P_B = 0.350 > 0.05$，说明含水量分组的差异没有统计学意义。

说明：方差分析的结果显示差异没有统计学意义时，无须进行多重比较，如本例所示。

10.4.4　正交试验设计资料的方差分析

例 10.4.4　研究雌螺产卵的最优条件，在 $20cm^2$ 的泥盒里饲养同龄雌螺 10

只,试验条件有 4 个因素见表 10.4.4,每个因素有 2 个水平,考虑温度 A 与含氧量 B 对雌螺产卵的交互作用。选用 $L_8(2^7)$ 正交表进行试验设计,表头设计和试验结果见表 10.4.5。试进行方差分析。

表 10.4.4 雌螺产卵条件的因素与水平

水 平	A 温度(℃)	B 含氧量(%)	C 含水量(%)	D PH 值
1	5	0.5	10	6.0
2	25	5.0	30	8.0

表 10.4.5 雌螺产卵条件的正交试验方案及试验结果

试验号	A	B	$A\times B$	C			D	产卵数量
1	1	1	1	1	1	1	1	86
2	1	1	1	2	2	2	2	95
3	1	2	2	1	1	2	2	91
4	1	2	2	2	2	1	1	94
5	2	1	2	1	2	1	2	91
6	2	1	2	2	1	2	1	96
7	2	2	1	1	2	2	1	83
8	2	2	1	2	1	1	2	88

解 以 a、b、c、d、x 为变量名,将表 10.4.4 中 1、2、4、7 和产卵数量这 5 列的数据建立成 5 列 8 行的数据文件,见图 10.4.23。

	a	b	c	d	x
1	1	1	1	1	86
2	1	1	2	2	95
3	1	2	1	2	91
4	1	2	2	1	94
5	2	1	1	2	91
6	2	1	2	1	96
7	2	2	1	1	83
8	2	2	2	2	88

图 10.4.23 例 10.4.4 数据文件

主体间效应的检验

因变量:x

源	III 型平方和	df	均方	F	Sig.
校正模型	141.000[a]	5	28.200	11.280	.083
截距	65522.000	1	65522.000	26208.800	.000
a	8.000	1	8.000	3.200	.216
b	18.000	1	18.000	7.200	.115
c	60.500	1	60.500	24.200	.039
d	4.500	1	4.500	1.800	.312
a * b	50.000	1	50.000	20.000	.047
误差	5.000	2	2.500		
总计	65668.000	8			
校正的总计	146.000	7			

a. R 方 = .966 (调整 R 方 = .880)

图 10.4.24 例 10.4.4 方差分析结果

选择菜单:**分析→一般线性模型→ 单变量**,在弹出的**单变量**主对话框中,将 x 送入**因变量**框,将 a、b、c、d 都送入**固定因子**框。

单击**模型**按钮,在弹出的对话框中,选择**设定**,将左边框中的 a、b、c、d 逐个送入右边**模型**框中,再将左边框中的 a 和 b 都选中,送入右边**模型**框中,右边框中将出现 a 和 b 的交互作用: $a*b$;单击继续,返回**单变量**主对话框。

单击**选项**按钮,弹出**选项**对话框,将 a 、b 、c 、d 和 $a*b$ 选入右边的**显示均值**框,选中**描述统计**,单击**继续**,返回**单变量**主对话框。

单击**确定**,完成正交试验设计的方差分析。主要输出结果见图 10.4.24 至图 10.4.26。

3. c

因变量:x

		95% 置信区间	
c	均值	标准 误差	下限	上限
1	87.750	.791	84.348	91.152
2	93.250	.791	89.848	96.652

图 10.4.25 因素 C 各水平均数

5. a * b

因变量:x

a	b	均值	标准 误差	95% 置信区间	
				下限	上限
1	1	90.500	1.118	85.689	95.311
	2	92.500	1.118	87.689	97.311
2	1	93.500	1.118	88.689	98.311
	2	85.500	1.118	80.689	90.311

图 10.4.26 A 和 B 各水平组合均数

由图 10.4.24 得,因素 C: $F=24.200$,$P=0.039<0.05$,因素 $A\times B$: $F=20.000$,$P=0.047<0.05$,均有统计学意义,因素 C 和交互作用 $A\times B$ 为影响雌螺产卵的重要因素。本例的试验结果是产卵数量越高越好,由图 10.4.25 得,因素 C 在二水平 C_2 时平均值最大,取 C_2;由图 10.4.26 得,因素 A 的二水平 A_2 和因素 B 的一水平 B_1 搭配时平均值最大,取 A_2B_1;由于因素 D 的 $F=1.800$、$P=0.312$ >0.05,因素 D 对雌螺产卵的影响没有统计学意义,D_1 和 D_2 可以任选,由于因素 D 在二水平 D_2 的均值稍大于在一水平 D_1 的均值,所以取 D_2。所以雌螺产卵的最优条件应为 $A_2B_1C_2D_2$。对照表 10.4.5 发现,这个条件的试验并没有做过,所以应该补做 $A_2B_1C_2D_2$ 这个条件的试验。

正交试验设计资料的方差分析可先进行预分析,判断是否有离均差平方和小于误差的离均差平方和的因素和交互作用,如果有,第二次分析时,在**模型**框中把所有离均差平方和小于误差离均差平方的因素、交互作用移出,以提高方差分析的精度。

方差分析是很重要的统计方法,被广泛应用于各领域试验数据的处理。准确判断试验类型、正确的 SPSS 操作、计算结果的正确解读与分析是本节的关键。

10.5 列联表 χ^2 独立性检验

由第 7 章内容可知,列联表独立性检验转化为检验两个或两个以上的样本率或构成比之间的差异是否有统计意义,即列联表中的无序分类资料的统计推断。

10.5.1 四格表资料的 χ^2 检验

例 10.5.1 见例 7.2.2,将 116 例癫痫患者随机分成两组,一组 70 例接受常规高压氧治疗,一组 46 例接受常规治疗,治疗结果见表 10.5.1。问现有疗法对治疗癫痫效果是否有影响?

表 10.5.1 两种疗法治疗癫痫的效果

疗法	疗效		合计
	有效	无效	
高压氧治疗组	66	4	70
常规治疗组	38	8	46
合计	104	12	116

解 建立 3 列 4 行的数据文件,见图 10.5.1,其中行变量 r 表示疗法(值标签:1="高压氧治疗组"、2="常规治疗组"),列变量 c 表示疗效(值标签:1="有效"、2="无效"),freg 表示频数。

(1)指定频数变量

选择菜单:**数据→加权个案**,弹出**加权个案**对话框,见图 10.5.2;选中**加权个案**;在左边框中选中**频数[freg]**,并将其送入频率变量框中;单击**确定**。

图 10.5.1 例 10.5.1 数据文件　图 10.5.2 加权个案对话框

(2)进行 χ^2 检验

选择菜单:**分析→描述统计→交叉表**,弹出**交叉表**主对话框;将疗法 r 送入**行变量框**,将疗效 c 送入列变量框,见图 10.5.3。单击**统计量按钮**,弹出**交叉表:统计量**对话框,选中左上角的**卡方**,见图 10.5.4;单击**继续**,返回如图 10.5.3 所示主对话框。

单击**单元格按钮**,弹出**交叉表:单元显示**对话框,再选中**期望值**和**百分比**中的**行**,见图 10.5.5;单击**继续**,返回主对话框。

单击**确定**,完成 χ^2 检验,输出结果如图 10.5.6 所示。

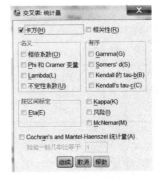

图 10.5.3　交叉表 主对话框　　　　图 10.5.4　交叉表:统计量对话框

图 10.5.6 中表的下方提示,可帮助选择 χ^2 统计量或概率值。表中第一行是 Pearson χ^2 的计算结果,第二行是连续校正 χ^2 的计算结果,第四行是 Fisher 精确概率法检验的计算结果。

图 10.5.5　交叉表:单元显示对话框　　　图 10.5.6　例 10.5.1 输出结果

本例 $T=116>40$,有最小理论频数 $4.76<5$,根据四格表资料的分析要求,故选用第二行连续校正 χ^2 的计算结果,检验统计量 $\chi^2=2.919$,$P=0.088$。

如果本例的数据格式不是表 10.5.1 所示的频数表格式,而是原始记录格式,SPSS 数据文件将是 2 列 116 行,只有组别 r 和疗效 c 两列,没有频数 freq 列,116 行中有 66 行 1、1,4 行 1、2,38 行 2、1,8 行 2、2。在操作中,没有"1. 指定频数变量"这一步,其他操作和计算结果完全相同。

10.5.2　行×列表资料的 χ^2 检验

例 10.5.2　见例 7.2.3,某医院调查了 300 例鼻咽癌患者和 499 名健康人的血型情况,数据见表 10.5.2(2×4 列联表)。试分析鼻咽癌患者与血型分布是否

有关联？（$\alpha=0.05$）

表 10.5.2 血型分布

组别	血型				合计
	A	B	O	AB	
鼻咽癌组	64	86	130	20	300
健康组	125	138	210	26	499
合计	189	224	340	46	799

解 建立 3 列 8 行的数据文件，见图 10.5.7，变量的含义同例 10.5.1。指定频数变量、统计量对话框操作、单元格、对话框操作都与例 10.5.1 相同，只是在**交叉表**主对话框操作中加一步：

单击**交叉表**主对话框右上角的**精确**按钮，在弹出的**精确检验**对话框中，选中**精确**；单击**继续**，返回**交叉表**主对话框。这步操作的目的是让 SPSS 计算出本题的 Fisher 确切概率法的结果，因为行×列表默认情况下是不计算 Fisher 确切概率的。

	r	c	freg
1	1	1	64
2	1	2	86
3	1	3	130
4	1	4	20
5	2	1	125
6	2	2	138
7	2	3	210
8	2	4	26

图 10.5.7 例 10.5.2 数据文件

卡方检验

	值	df	渐进 Sig.(双侧)	精确 Sig.(双侧)	精确 Sig.(单侧)	点概率
Pearson 卡方	1.921[a]	3	.589	.590		
似然比	1.924	3	.588	.591		
Fisher的精确检验	1.958			.582		
线性和线性组合	1.452[b]	1	.228	.237	.122	.016
有效案例中的 N	799					

a. 0 单元格(.0%) 的期望计数少于 5。最小期望计数为 17.27。
b. 标准化统计量是 -1.205。

图 10.5.8 例 10.5.2 检验结果

图 10.5.8 是输出结果，本例最小理论频数 17.27，所有理论频数均＞5，故用第一行 Pearson χ^2 的计算结果，$\chi^2=1.921$，$P=0.590>0.05$，不拒绝 H_0，差异无统计学意义。因此不能认为鼻咽癌患者和健康人的四种血型分布情况不同，即不能认为患鼻咽癌与血型有关。

本节内容主要介绍无序分类资料的 χ^2 检验，在实际应用中，应根据资料所满足的前提条件和分析目的等，选用相应的检验方法。

10.6 相关与回归分析

10.6.1 双变量相关分析

若两变量是计量资料且均服从正态分布，其相关密切程度可用 Pearson 积差相关系数(简单相关系数)描述,而等级资料或不满足正态性的计量资料相关性研究是使用 Spearman 和 Kendall 相关系数。在 SPSS 中,先对两变量作正态性检验,再选择菜单:**分析→相关→双变量**,进行相关分析。

　　例 10.6.1　某研究所研究某种代乳粉的营养价值时,用 10 只大白鼠做试验,得到大白鼠进食量(单位:g)和增加体重(单位:g)的数据,见表 10.6.1,试研究进食量与增加体重的相关关系。

表 10.6.1　大白鼠进食量与增加体重

编号	1	2	3	4	5	6	7	8	9	10
进食量	820	780	720	867	690	787	934	679	639	820
增重	165	158	130	180	134	167	186	145	120	158

　　解　设进食量为 x,增量为 y,如图 10.6.1 所示建立 2 列 10 行数据文件。

(1)正态性检验

操作同前(略),经检验两变量 x 和 y 均服从正态分布。

(2)作散点图

	x	y
1	820	165
2	780	158
3	720	130
4	867	180
5	690	134
6	787	167
7	934	186
8	679	145
9	639	120
10	820	158

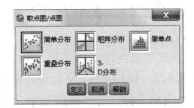

图 10.6.1　例 10.6.1 数据文件　　　　图 10.6.2　散点图/点状框

　　选择菜单:**图形→旧话框→散点图/点状**,弹出散点图/点状框,见图 10.6.2;选中**简单分布**,弹出简单散点图对话框,将 x 送入 **X 轴**,将 y 送入 **Y 轴**,见图 10.6.3;单击**确定**。输出结果见图 10.6.4,可以看出 x 和 y 呈直线趋势。

(3)相关分析

　　选择菜单:**分析→相关→双变量**,弹出双变量相关对话框,见图 10.6.5;将左边框中的变量 x、y 送入**变量框**中;单击**确定**。图 10.6.5 对话框**相关系数**选 Pearson。若选择标记显著性相关,则用"＊＊""＊"分别表示 $P \leqslant 0.01$、$0.01 < P \leqslant 0.05$。

图 10.6.3　简单散点图对话框

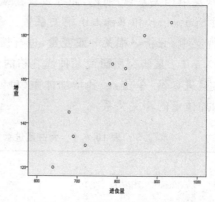

图 10.6.4　例 10.6.1 散点图结果

图 10.6.5　双变量相关对话框

相关性

		x	y
x	Pearson 相关性	1	.940**
	显著性（双侧）		.000
	N	10	10
y	Pearson 相关性	.940**	1
	显著性（双侧）	.000	
	N	10	10

**. 在 .01 水平（双侧）上显著相关。

图 10.6.6　例 10.6.1 计算结果

主要结果见图 10.6.6，Pearson 相关系数 $r = 0.940$，$P = 0.000 < 0.01$，可以认为大白鼠进食量与增加体重呈正向直线相关。

例 10.6.2　测得 2～7 岁急性白血病患儿的血小板数 x 与出血症状 y 资料如表 10.6.2 所示。研究血小板数 x 与出血症状 y 之间有无联系。

表 10.6.2　血小板数 x 与出血症状 y 资料

x	54270	13790	16500	31050	42600	12160	74240	106400	126170	129000	143880	200400
y	++	++	+		++	+++	－	－	－	－	+++	－

解　y 是等级资料，将等级－、＋、＋＋、＋＋＋分别用 0、1、2、3 表示，将表 10.6.2 中数据建立成 2 列 12 行的数据文件。仿例 10.6.1 操作，在图 10.6.2 所示**相关系数**对话框中选中 Kendall's tau-b 和 Spearman。

运行结果见图 10.6.7。Kendall 相关系数 $= -0.377$、$P = 0.117 > 0.05$，Spearman 相关系数 $= -0.422$、$P = 0.172 > 0.05$，不能认为 2～7 岁急性白血病

患儿的血小板数与出血症状之间有直线关系。

相关系数

			x	y
Kendall 的 tau_b	x	相关系数	1.000	-.377
		Sig.（双侧）	.	.117
		N	12	12
	y	相关系数	-.377	1.000
		Sig.（双侧）	.117	.
		N	12	12
Spearman 的 rho	x	相关系数	1.000	-.422
		Sig.（双侧）	.	.172
		N	12	12
	y	相关系数	-.422	1.000
		Sig.（双侧）	.172	.
		N	12	12

图 10.6.7　例 10.6.2 计算结果

10.6.2　一元线性回归

例 10.6.3　对例 10.6.1 中大白鼠的进食量与增加体重进行回归分析。

解　数据文件同例 10.6.1。首先作散点图，见图 10.6.4；其次，检验变量 y 服从正态分布；最后，进行回归分析。

选择菜单：**分析→ 回归→线性**，弹出**线性回归**主对话框，将因变量 y 送入因变量框中，自变量 x 送入**自变量**框中，如图 10.6.8 所示；单击**确定**。

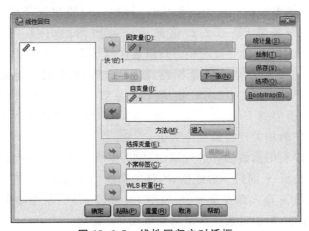

图 10.6.8　线性回归主对话框

主要输出结果见图 10.6.9、图 10.6.10 和图 10.6.11。图 10.6.9 输出回归模型摘要，相关系数 $r=0.940$，决定系数 $R^2=0.883$。图 10.6.10 输出回归方程的方差分析，$F=60.197$，$P=0.000<0.01$，回归方程有统计学意义。

模型汇总

模型	R	R方	调整R方	标准 估计的误差
1	.940[a]	.883	.868	7.879

a. 预测变量: (常量), x。

图 10.6.9　例 10.6.3 回归模型摘要

Anova[b]

模型		平方和	df	均方	F	Sig.
1	回归	3737.411	1	3737.411	60.197	.000[a]
	残差	496.689	8	62.086		
	总计	4234.100	9			

a. 预测变量: (常量), x。
b. 因变量: y

图 10.6.10　例 10.6.3 回归方程的方差分析

系数[a]

模型		非标准化系数		标准系数		
		B	标准 误差	试用版	t	Sig.
1	(常量)	-17.357	22.264		-.780	.458
	x	.222	.029	.940	7.759	.000

a. 因变量: y

图 10.6.11　例 10.6.3 回归方程的参数估计

图 10.6.11 输出回归方程的参数估计, 回归方程的常数项是 -17.357, 回归方程的斜率(回归系数)是 0.222, 据此可以写出回归方程: $\hat{y} = -17.357 + 0.222x$。表中还用 t 检验对截距和回归系数进行了检验, 其中对截距的检验中, $t = -0.780$, $P = 0.458 > 0.05$, 不能拒绝"截距为 0"的原假设。对回归系数的检验中, $t = 7.759$, $P = 0.458 < 0.05$, 拒绝"回归系数为 0"的原假设, $t = 7.759$ 的平方就等于方差分析中的 F 值, 在一元线性回归中, 对回归系数的 t 检验、方差分析以及例 10.6.1 中的相关性检验完全等价。

另外, 还可以利用**曲线估计**进行回归分析, 作散点图及正态性检验同上。

选择菜单: **分析**→ **回归**→**曲线估计**, 弹出曲线估计对话框, 将因变量 y 送入因变量框中, 自变量 x 送入**自变量**框中, 如图 10.6.12 所示; 单击**确定**。在对话框下方模型中选中**线性**; 单击**确定**。输出结果见图 10.6.13。

图 10.6.13 输出结果摘要, **模型汇总中**, 给出决定系数 $R^2 = 0.883$, 回归方程的方差分析, 结果同图 10.6.10; **参数估计值**给出回归方程, 常数项是 -17.357, 回归方程的斜率(回归系数)是 0.222, 据此可以写出回归方程: $\hat{y} = -17.357 + 0.222x$。

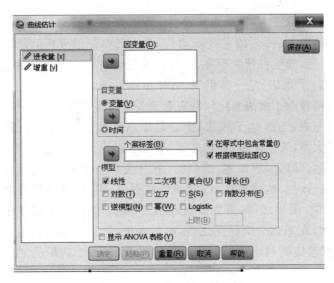

图 10. 6. 12 曲线估计对话框

模型汇总和参数估计值

因变量:增重

方程	模型汇总					参数估计值	
	R 方	F	df1	df2	Sig.	常数	b1
线性	.883	60.197	1	8	.000	-17.357	.222

自变量为 进食量。

图 10. 6. 13 例 10. 6. 3 模型汇总和参数估计值

本章介绍的线性回归模型要求因变量是连续的正态分布变量,当因变量是分类变量时,线性回归模型的假设条件不成立,这时要用 Logistic 回归模型(略)。

阅读材料

《孙子兵法》中的统计思想和统计理论

春秋战国是诸侯争霸,战争频繁的时期,同时也是诸子百家学术争鸣的时期,从而在客观上具备了发展军事思想和理论的条件。流传到现在的《孙子兵法》十三篇是我国历史上成书最早、流传最广的兵书,由吴国宰相孙武所作。它有多种外文译本,并在欧美与日本受到广泛推崇。

《孙子兵法》作者的军事思想,从目前看是以哲学思想为基础的,他具有朴素的唯物论战争观和原始的辩证法。作者指出:"先知者不可取于神鬼,不可象于事,不可验于度,必取于人,知敌之情者也。"他强调调查研究,从实际出发,在客观的物质条件基础上,发挥人的主观能动性,并主张辩证地分析问题。正是由于这个原因,他的思想、理论在很大程度上,可以说是建立在统计的基础之上的。尽管从内容上看,《孙子兵法》是一部组织、指导军事行动的兵书,然而实质上,它的理论原则和实践精神对于解决实际问题有着重要的指导作用。

1. 关于计与数。在《孙子兵法》十三篇中,《计篇》列为第一。原文是:"孙子曰:兵者,国之大事,死生之地,存亡之道,不可不察也。故经之五事,校之以计,以索其情:一曰道,二曰天,三曰地,四曰将,五曰法。"实际上,校就是较量、比较;计就是计算、计数、计划,也就是统计;索就是调查、探索;情就是彼我之情。所以原文的意思就是说,用兵之道,首先要从政治、天时、地利、将领和方法五个方面度量、比较其优劣,在掌握全面情况之后,权衡得失,然后才能根据对客观条件的分析,探索出敌我胜负的科学论断。从这里可以看出,孙子的用兵之道是离不开统计的。

孙子还指出:"兵法:一曰度,二曰量,三曰数,四曰称,五曰胜。地生度,度生量,量生数,数生称,称生胜。"意思是说,军事上有上述五个相互联系又相互转化的范畴。即土地的"度"、物质的"量",供给士兵的"数",军事力量的"称",它们构成战争胜败的物质基础。由此可见,孙子兵法认为在军事上统计是极为重要的。所谓度、量、数、称都是计算、核算、比较的意思。孙子认为,要发动战争,能操胜算,就一定离不开调查、核算与综合分析。

在《计篇》的结尾,孙子指出:"夫未战而庙算胜者,得算多也。未战而庙算不胜者,得算少也。多算胜,少算不胜,而况无算乎?"就是说在筹划中,必须根据多种有关统计数字加以计算,再据以制定计划。如果筹划精细,计算周密,就易于取胜,否则,就不能取胜。作战计划的拟定,必须以统计数字为根据。

2. 关于统计调查。孙子很重视统计调查,他认为,要了解情况就必须从实际出发,要掌握统计数字就必须进行统计调查。例如《孙子兵法》中的名言:"知己知彼,百战不殆;不知彼而知己,一胜一负;不知彼,不知己,每战必殆。"孙子认为,对于敌我双方的情况是否了解,是否做过统计调查,是战争胜负的决定性因素。如果不明敌情,就必然遭受不必要的损失,就称不上明君贤将,而只有"先知"才能取得胜利。同时,孙子认为"先知者,不可取于鬼神,不可想于事,不可验于度,必取于人,知敌之情者也。"意思是说,英明的国王,贤能的将帅,之所以才能超众,能够战胜敌人,就是因为他们能事先了解情况。要事先了解情况,绝不能靠求神问卦,也不能依靠类比推测,而必须取决于人的实地调查。

孙子还强调将帅应有全面知识,能正确了解敌我双方的各方面情况,然后才能掌握主动权,从而据以作出正确的判断。所以说:"故善战者,致人而不致于人。"孙子还把辩证方法贯注于军事哲学方面,他提出了一系列军事上对立的矛盾,如敌我、强弱、进退、虚实,等等,并认为对立方面是互相依存和在一定条件下可以相互转化的。有时少可以胜众,弱能胜强,处于不利地位的也可能转败为胜。他强调仅仅懂得军事学的基本原理和一般法则不行,一定要结合具体情况而灵活掌握。

附表

附表 1 随机数表

3	47	43	73	86	36	96	47	36	61	46	98	63	71	62	33	26	16	80	45	60	11	14	10	95
97	74	24	67	62	42	81	14	57	20	42	53	32	37	32	27	7	36	7	51	24	51	79	89	73
16	76	62	27	66	56	52	26	71	7	32	90	79	78	53	13	55	38	58	59	88	97	54	14	10
12	56	85	99	26	96	96	68	27	31	5	3	72	93	15	57	12	10	14	21	88	26	49	81	76
55	59	56	35	64	38	54	82	46	22	31	62	43	9	90	6	18	44	32	53	23	83	1	30	30
16	22	77	94	39	49	54	43	54	82	17	37	93	23	78	87	35	20	96	43	84	26	34	91	64
84	42	17	53	31	57	24	55	6	88	77	77	74	47	67	21	76	33	50	25	83	92	12	6	76
63	1	63	78	59	16	95	55	67	19	98	15	50	71	75	12	86	73	58	7	44	39	52	38	79
33	21	12	34	29	78	64	56	7	82	52	42	7	44	38	15	51	0	13	42	99	66	2	79	54
57	60	86	32	44	99	47	27	96	54	49	17	46	9	62	90	52	84	77	27	8	2	73	43	28
18	18	7	92	45	44	17	16	58	9	79	83	86	19	62	6	76	50	3	10	55	23	64	5	5
26	62	38	97	75	84	16	7	44	99	83	11	46	32	24	20	14	85	88	45	10	93	72	88	71
23	42	40	64	74	82	97	77	77	81	7	45	32	14	8	32	98	94	7	72	93	85	79	10	75
52	36	28	19	95	50	92	26	11	97	0	56	76	31	38	80	22	2	53	53	86	60	42	4	53
37	85	94	35	12	83	39	50	8	30	42	34	7	96	88	54	42	6	87	98	35	85	29	48	39
70	29	17	12	13	43	33	20	38	26	13	89	51	3	74	17	76	37	13	4	7	74	21	19	30
56	62	18	37	35	96	83	58	87	75	97	12	25	93	47	70	33	24	3	54	97	77	46	44	80
99	49	57	22	77	88	42	95	45	72	16	64	36	16	0	4	43	18	66	79	94	77	24	21	90
16	8	15	4	72	33	27	14	34	9	45	59	34	68	49	12	72	7	34	45	99	27	72	95	14
31	16	93	32	43	50	27	89	87	19	20	15	37	0	49	52	85	66	60	44	38	68	88	11	80
68	34	30	13	70	55	74	30	77	40	44	22	78	84	26	4	33	46	9	52	68	7	97	6	57
74	57	25	65	76	59	29	97	68	60	71	91	38	67	54	13	58	18	24	76	15	54	55	95	52
27	42	37	86	53	48	55	90	65	72	96	57	69	36	10	96	46	92	42	45	97	60	49	4	91
0	39	68	29	61	66	37	32	20	30	77	84	57	3	29	10	45	65	4	26	11	4	96	67	24
29	94	98	94	24	68	49	69	10	82	53	75	91	93	30	34	25	20	57	27	40	48	73	51	92

附表 2　二项分布的分布函数表

$$P\{X \leqslant k\} = \sum_{i=0}^{k} C_n^i p^i (1-p)^{n-i}$$

n	k	0.01	0.02	0.04	0.06	0.08	0.1	0.2	0.3	0.4	0.5
5	0	0.9510	0.9039	0.8154	0.7339	0.6591	0.5905	0.3277	0.1681	0.0778	0.0313
	1	0.9990	0.9962	0.9852	0.9681	0.9456	0.9185	0.7373	0.5282	0.3370	0.1875
	2	1.0000	0.9999	0.9994	0.9980	0.9955	0.9914	0.9421	0.8369	0.6826	0.5000
	3	1.0000	1.0000	1.0000	0.9999	0.9998	0.9995	0.9933	0.9692	0.9130	0.8125
	4	1.0000	1.0000	1.0000	1.0000	1.0000	1.0000	0.9997	0.9976	0.9898	0.9688
10	0	0.9044	0.8171	0.6648	0.5386	0.4344	0.3487	0.1074	0.0282	0.0060	0.0010
	1	0.9957	0.9838	0.9418	0.8824	0.8121	0.7361	0.3758	0.1493	0.0464	0.0107
	2	0.9999	0.9991	0.9938	0.9812	0.9599	0.9298	0.6778	0.3828	0.1673	0.0547
	3	1.0000	1.0000	0.9996	0.9980	0.9942	0.9872	0.8791	0.6496	0.3823	0.1719
	4	1.0000	1.0000	1.0000	0.9998	0.9994	0.9984	0.9672	0.8497	0.6331	0.3770
	5	1.0000	1.0000	1.0000	1.0000	1.0000	0.9999	0.9936	0.9527	0.8338	0.6230
	6	1.0000	1.0000	1.0000	1.0000	1.0000	1.0000	0.9991	0.9894	0.9452	0.8281
	7	1.0000	1.0000	1.0000	1.0000	1.0000	1.0000	0.9999	0.9984	0.9877	0.9453
15	0	0.8601	0.7386	0.5421	0.3953	0.2863	0.2059	0.0352	0.0047	0.0005	0.0000
	1	0.9904	0.9647	0.8809	0.7738	0.6597	0.5490	0.1671	0.0353	0.0052	0.0005
	2	0.9996	0.9970	0.9797	0.9429	0.8870	0.8159	0.3980	0.1268	0.0271	0.0037
	3	1.0000	0.9998	0.9976	0.9896	0.9727	0.9444	0.6482	0.2969	0.0905	0.0176
	4	1.0000	1.0000	0.9998	0.9986	0.9950	0.9873	0.8358	0.5155	0.2173	0.0592
	5	1.0000	1.0000	1.0000	0.9999	0.9993	0.9978	0.9389	0.7216	0.4032	0.1509
	6	1.0000	1.0000	1.0000	1.0000	0.9999	0.9997	0.9819	0.8689	0.6098	0.3036
	7	1.0000	1.0000	1.0000	1.0000	1.0000	1.0000	0.9958	0.9500	0.7869	0.5000
	8	1.0000	1.0000	1.0000	1.0000	1.0000	1.0000	0.9992	0.9848	0.9050	0.6964
	9	1.0000	1.0000	1.0000	1.0000	1.0000	1.0000	0.9999	0.9963	0.9662	0.8491
	10	1.0000	1.0000	1.0000	1.0000	1.0000	1.0000	1.0000	0.9993	0.9907	0.9408

附表 3　泊松分布的分布函数表

$$P(X \leqslant k) = \sum_{i=0}^{k} \frac{\lambda^i}{i!} e^{-\lambda}$$

λ	0	1	2	3	4	5	6	7	8
0.1	0.905	0.995	1.000						
0.2	0.819	0.982	0.999	1.000					
0.3	0.741	0.963	0.996	1.000					
0.4	0.670	0.938	0.992	0.999	1.000				
0.5	0.607	0.910	0.986	0.998	1.000				
0.6	0.549	0.878	0.977	0.997	1.000				
0.7	0.497	0.844	0.966	0.994	0.999	1.000			
0.8	0.449	0.809	0.953	0.991	0.999	1.000			
0.9	0.407	0.772	0.937	0.987	0.998	1.000			
1.0	0.368	0.736	0.920	0.981	0.996	0.999	1.000		
1.1	0.333	0.699	0.900	0.974	0.995	0.999	1.000		
1.2	0.301	0.663	0.879	0.966	0.992	0.998	1.000		
1.3	0.273	0.627	0.857	0.957	0.989	0.998	1.000		
1.4	0.247	0.592	0.833	0.946	0.986	0.997	0.999	1.000	
1.5	0.223	0.558	0.809	0.934	0.981	0.996	0.999	1.000	
1.6	0.202	0.525	0.783	0.921	0.976	0.994	0.999	1.000	
1.7	0.183	0.493	0.757	0.907	0.970	0.992	0.998	1.000	
1.8	0.165	0.463	0.731	0.891	0.964	0.990	0.997	0.999	1.000
1.9	0.150	0.434	0.704	0.875	0.956	0.987	0.997	0.999	1.000
2.0	0.135	0.406	0.677	0.857	0.947	0.983	0.995	0.999	1.000

附表 4 标准正态分布的分布函数表

$$\Phi(u) = \frac{1}{\sqrt{2\pi}} \int_{-\infty}^{u} e^{-\frac{x^2}{2}} \, dx \, (u \geq 0)$$

u	0.00	0.01	0.02	0.03	0.04	0.05	0.06	0.07	0.08	0.09
0.0	0.5000	0.5040	0.5080	0.5120	0.5160	0.5199	0.5239	0.5279	0.5319	0.5359
0.1	0.5398	0.5438	0.5478	0.5517	0.5557	0.5596	0.5636	0.5675	0.5714	0.5753
0.2	0.5793	0.5832	0.5871	0.5910	0.5948	0.5987	0.6026	0.6064	0.6103	0.6141
0.3	0.6179	0.6217	0.6255	0.6293	0.6331	0.6368	0.6406	0.6443	0.6480	0.6517
0.4	0.6554	0.6591	0.6628	0.6664	0.6700	0.6736	0.6772	0.6808	0.6844	0.6879
0.5	0.6915	0.6950	0.6985	0.7019	0.7054	0.7088	0.7123	0.7157	0.7190	0.7224
0.6	0.7257	0.7291	0.7324	0.7357	0.7389	0.7422	0.7454	0.7486	0.7517	0.7549
0.7	0.7580	0.7611	0.7642	0.7673	0.7703	0.7734	0.7764	0.7794	0.7823	0.7852
0.8	0.7881	0.7910	0.7939	0.7967	0.7995	0.8023	0.8051	0.8078	0.8106	0.8133
0.9	0.8159	0.8186	0.8212	0.8238	0.8264	0.8289	0.8315	0.8340	0.8365	0.8389
1.0	0.8413	0.8438	0.8461	0.8485	0.8508	0.8531	0.8554	0.8577	0.8599	0.8621
1.1	0.8643	0.8665	0.8686	0.8708	0.8729	0.8749	0.8770	0.8790	0.8810	0.8830
1.2	0.8849	0.8869	0.8888	0.8907	0.8925	0.8944	0.8962	0.8980	0.8997	0.90147
1.3	0.90320	0.90490	0.90658	0.90824	0.90988	0.91149	0.91309	0.91466	0.91621	0.91774
1.4	0.91924	0.92073	0.92220	0.92364	0.92507	0.92647	0.92785	0.92922	0.93056	0.93189

续表

u	0.00	0.01	0.02	0.03	0.04	0.05	0.06	0.07	0.08	0.09
1.5	0.93319	0.93448	0.93574	0.93699	0.93822	0.93943	0.94062	0.94179	0.94295	0.94408
1.6	0.94520	0.94630	0.94738	0.94845	0.94950	0.95053	0.95154	0.95254	0.95352	0.95449
1.7	0.95543	0.95637	0.95728	0.95818	0.95907	0.95994	0.96080	0.96164	0.96246	0.96327
1.8	0.96407	0.96485	0.96562	0.96638	0.96712	0.96784	0.96856	0.96926	0.96995	0.97062
1.9	0.97128	0.97193	0.97257	0.97320	0.97381	0.97441	0.97500	0.97558	0.97615	0.97670
2.0	0.97725	0.97778	0.97831	0.97882	0.97932	0.97982	0.98030	0.98077	0.98124	0.98169
2.1	0.98214	0.98257	0.98300	0.98341	0.98382	0.98422	0.98461	0.98500	0.98537	0.98574
2.2	0.98610	0.98645	0.98679	0.98713	0.98745	0.98778	0.98809	0.98840	0.98870	0.98899
2.3	0.98928	0.98956	0.98983	$0.9^2 0097$	$0.9^2 0358$	$0.9^2 0613$	$0.9^2 0863$	$0.9^2 1106$	$0.9^2 1344$	$0.9^2 1576$
2.4	$0.9^2 1802$	$0.9^2 2024$	$0.9^2 2240$	$0.9^2 2451$	$0.9^2 2656$	$0.9^2 2857$	$0.9^2 3053$	$0.9^2 3244$	$0.9^2 3431$	$0.9^2 3613$
2.5	$0.9^2 3790$	$0.9^2 3963$	$0.9^2 4132$	$0.9^2 4297$	$0.9^2 4457$	$0.9^2 4614$	$0.9^2 4766$	$0.9^2 4915$	$0.9^2 5060$	$0.9^2 5201$
2.6	$0.9^2 5339$	$0.9^2 5473$	$0.9^2 5604$	$0.9^2 5731$	$0.9^2 5855$	$0.9^2 5975$	$0.9^2 6093$	$0.9^2 6207$	$0.9^2 6319$	$0.9^2 6427$
2.7	$0.9^2 6533$	$0.9^2 6636$	$0.9^2 6736$	$0.9^2 6838$	$0.9^2 6928$	$0.9^2 7020$	$0.9^2 7110$	$0.9^2 7197$	$0.9^2 7282$	$0.9^2 7365$
2.8	$0.9^2 7445$	$0.9^2 7523$	$0.9^2 7599$	$0.9^2 7673$	$0.9^2 7744$	$0.9^2 7814$	$0.9^2 7882$	$0.9^2 7948$	$0.9^2 8012$	$0.9^2 8074$
2.9	$0.9^2 8134$	$0.9^2 8193$	$0.9^2 8250$	$0.9^2 8305$	$0.9^2 8359$	$0.9^2 8411$	$0.9^2 8462$	$0.9^2 8511$	$0.9^2 8559$	$0.9^2 8605$
3.0	$0.9^2 8650$	$0.9^2 8694$	$0.9^2 8736$	$0.9^2 8777$	$0.9^2 8817$	$0.9^2 8856$	$0.9^2 8893$	$0.9^2 8930$	$0.9^2 8965$	$0.9^2 8999$
3.1	$0.9^3 0324$	$0.9^3 0646$	$0.9^3 0957$	$0.9^3 1260$	$0.9^3 1553$	$0.9^3 1836$	$0.9^3 2112$	$0.9^3 2378$	$0.9^3 2636$	$0.9^3 2886$
3.2	$0.9^3 3129$	$0.9^3 3363$	$0.9^3 3590$	$0.9^3 3810$	$0.9^3 4024$	$0.9^3 4230$	$0.9^3 4429$	$0.9^3 4623$	$0.9^3 4810$	$0.9^3 4991$
3.3	$0.9^3 5166$	$0.9^3 5335$	$0.9^3 5499$	$0.9^3 5658$	$0.9^3 5811$	$0.9^3 5959$	$0.9^3 6103$	$0.9^3 6242$	$0.9^3 6376$	$0.9^3 6505$
3.4	$0.9^3 6631$	$0.9^3 6752$	$0.9^3 6869$	$0.9^3 6982$	$0.9^3 7091$	$0.9^3 7197$	$0.9^3 7299$	$0.9^3 7398$	$0.9^3 7493$	$0.9^3 7585$

附表 5　χ^2 分布的上 α 分位点 $\chi^2_\alpha(n)$

$P\{\chi^2>\chi^2_\alpha(n)\}=\alpha$

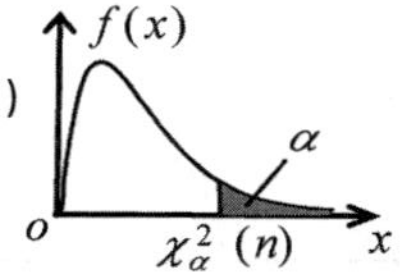

n \ α	0.995	0.99	0.975	0.95	0.90	0.80	0.20	0.10	0.05	0.025	0.01	0.001
1	—	0.0^3157	0.001	0.0^2393	0.0158	0.0642	1.642	2.706	3.841	5.024	6.635	10.828
2	0.010	0.0201	0.051	0.103	0.211	0.446	3.219	4.605	5.991	7.378	9.210	13.816
3	0.072	0.115	0.216	0.352	0.584	1.005	4.642	6.251	7.815	9.348	11.345	16.266
4	0.207	0.297	0.484	0.711	1.064	1.649	5.989	7.779	9.488	11.143	12.277	18.467
5	0.412	0.554	0.831	1.145	1.610	2.343	7.289	9.236	11.070	12.833	13.068	20.515
6	0.676	0.0872	1.237	1.635	2.204	3.070	8.558	10.645	11.592	14.449	16.812	22.458
7	0.989	1.239	1.690	2.167	2.833	3.822	9.803	12.017	14.067	16.013	18.475	24.322
8	1.344	1.646	2.180	2.733	3.490	4.594	11.030	13.362	15.507	17.535	20.090	26.125
9	1.735	2.088	2.700	3.325	4.168	5.380	12.242	14.684	16.919	19.023	21.666	27.877
10	2.156	2.558	3.247	3.940	4.865	6.179	13.442	15.987	18.307	24.483	23.209	29.588
11	2.603	3.053	3.816	4.575	5.578	6.989	14.631	17.275	19.675	21.920	24.725	31.264
12	3.074	3.571	4.404	5.226	6.304	7.807	15.812	18.549	21.026	23.337	26.217	32.909
13	3.565	4.107	5.009	5.892	7.042	8.634	16.985	19.812	22.362	24.736	27.688	34.528
14	4.075	4.660	5.629	6.571	7.790	9.467	18.151	21.064	23.685	26.119	29.141	36.123
15	4.601	5.229	6.262	7.261	8.547	10.307	19.311	22.307	24.996	27.488	30.578	37.697

续表

α\n	0.995	0.99	0.975	0.95	0.90	0.80	0.20	0.10	0.05	0.025	0.01	0.001
16	5.142	5.812	6.908	7.962	9.312	11.152	20.465	23.542	26.296	28.845	32.000	39.252
17	5.697	6.408	7.564	8.672	10.085	12.002	21.615	24.769	27.587	30.191	33.409	40.790
18	6.265	7.015	8.231	9.390	10.865	12.857	22.760	25.989	28.869	31.526	34.805	42.312
19	6.844	7.633	8.907	10.117	11.651	13.716	23.900	27.204	30.144	32.852	36.191	43.820
20	7.434	8.260	9.591	10.851	12.443	14.578	25.038	28.412	31.410	34.170	37.566	45.315
21	8.034	8.897	10.283	11.591	13.240	15.445	26.171	29.615	32.671	36.479	38.932	46.797
22	8.643	9.542	10.982	12.338	14.041	16.314	27.301	30.813	33.924	36.781	40.289	48.268
23	9.260	10.196	11.689	13.091	14.848	17.187	28.429	32.007	35.172	38.076	41.638	49.728
24	9.886	10.856	12.401	13.848	15.659	18.062	29.553	33.196	36.415	39.364	42.980	51.179
25	10.520	11.524	13.120	14.611	16.473	18.940	30.675	34.382	37.652	40.646	44.314	52.618
26	11.160	12.198	13.844	15.379	17.292	19.820	31.795	35.563	38.885	41.923	45.642	54.052
27	11.808	12.879	14.573	16.151	18.114	20.703	32.912	36.741	40.113	43.194	46.963	55.476
28	12.460	13.565	15.308	16.928	18.939	21.588	34.027	37.916	41.337	44.461	48.278	56.893
29	13.121	14.256	16.047	17.708	19.768	22.475	35.139	39.087	42.557	45.722	49.588	58.301
30	13.787	14.953	16.791	18.493	20.599	23.364	36.250	40.256	43.773	46.979	50.892	59.703

附表 6　t 分布的上 α 分位点 $t_\alpha(n)$

$$P\{t > t_\alpha(n)\} = \alpha$$

n \ α	0.45	0.4	0.35	0.3	0.25	0.2	0.15	0.1	0.05	0.025	0.01	0.005	0.0005
1	0.158	0.325	0.510	0.727	1.000	1.376	1.963	3.078	6.314	12.706	31.821	63.657	636.619
2	0.142	0.289	0.445	0.617	0.816	1.061	1.386	1.886	2.920	4.303	6.965	9.925	31.689
3	0.137	0.277	0.424	0.584	0.765	0.978	1.250	1.638	2.353	3.182	4.541	5.841	12.924
4	0.134	0.271	0.414	0.569	0.741	0.941	1.190	1.533	2.132	2.776	3.747	4.604	8.610
5	0.132	0.267	0.408	0.559	0.727	0.920	1.156	1.476	2.015	2.571	3.365	4.032	6.859
6	0.131	0.265	0.404	0.553	0.718	0.906	1.134	1.440	1.943	2.447	3.143	3.707	5.959
7	0.130	0.263	0.402	0.549	0.711	0.896	1.119	1.415	1.895	2.365	2.998	3.499	5.405
8	0.130	0.262	0.399	0.546	0.706	0.889	1.108	1.397	1.860	2.306	2.896	3.355	5.041
9	0.129	0.261	0.398	0.543	0.703	0.883	1.100	1.383	1.833	2.262	2.821	3.250	4.781
10	0.129	0.260	0.397	0.542	0.700	0.879	1.093	1.372	1.812	2.228	2.764	3.169	4.587
11	0.129	0.260	0.396	0.540	0.697	0.876	1.088	1.363	1.796	2.201	2.718	3.106	4.437
12	0.128	0.259	0.395	0.539	0.695	0.873	1.083	1.356	1.782	2.179	2.681	3.055	4.318
13	0.128	0.259	0.394	0.538	0.694	0.870	1.079	1.350	1.771	2.160	2.650	3.012	4.221
14	0.128	0.258	0.393	0.537	0.692	0.868	1.076	1.345	1.761	2.145	2.624	2.977	4.140
15	0.128	0.258	0.393	0.536	0.691	0.866	1.074	1.341	1.753	2.131	2.602	2.947	4.073

续表

n＼α	0.45	0.4	0.35	0.3	0.25	0.2	0.15	0.1	0.05	0.025	0.01	0.005	0.0005
16	0.128	0.258	0.392	0.535	0.690	0.865	1.071	1.337	1.746	2.120	2.583	2.921	4.015
17	0.128	0.257	0.392	0.534	0.689	0.863	1.069	1.333	1.740	2.110	2.567	2.898	3.965
18	0.127	0.257	0.392	0.534	0.688	0.862	1.067	1.330	1.734	2.101	2.552	2.878	3.922
19	0.127	0.257	0.391	0.533	0.688	0.861	1.066	1.328	1.729	2.093	2.539	2.861	3.883
20	0.127	0.257	0.391	0.533	0.687	0.860	1.064	1.325	1.725	2.086	2.528	2.845	3.850
21	0.127	0.257	0.391	0.532	0.686	0.859	1.063	1.323	1.721	2.080	2.518	2.881	3.819
22	0.127	0.256	0.390	0.532	0.686	0.858	1.061	1.321	1.717	2.074	2.508	2.819	3.792
23	0.127	0.256	0.390	0.532	0.685	0.858	1.060	1.319	1.714	2.069	2.500	2.807	3.767
24	0.127	0.256	0.390	0.531	0.685	0.857	1.059	1.318	1.711	2.064	2.492	2.797	3.745
25	0.127	0.256	0.390	0.531	0.684	0.856	1.058	1.316	1.708	2.060	2.485	2.787	3.725
26	0.127	0.256	0.390	0.531	0.684	0.856	1.058	1.315	1.706	2.056	2.479	2.779	3.707
27	0.127	0.256	0.389	0.531	0.684	0.855	1.057	1.314	1.703	2.052	2.473	2.771	3.690
28	0.127	0.256	0.389	0.530	0.683	0.855	1.056	1.313	1.701	2.048	2.467	2.763	3.674
29	0.127	0.256	0.389	0.530	0.683	0.854	1.055	1.311	1.699	2.045	2.462	2.756	3.659
30	0.127	0.256	0.389	0.530	0.683	0.854	1.055	1.310	1.697	2.042	2.457	2.750	3.646
40	0.126	0.255	0.388	0.529	0.681	0.851	1.050	1.303	1.684	2.021	2.423	2.704	3.551
60	0.126	0.254	0.387	0.527	0.679	0.848	1.046	1.296	1.671	2.000	2.390	2.660	3.460
120	0.126	0.254	0.386	0.526	0.677	0.845	1.041	1.289	1.658	1.980	2.358	2.617	3.373
∞	0.126	0.253	0.385	0.524	0.674	0.842	1.036	1.282	1.645	1.960	2.326	2.576	3.291

附表 7　F 分布的上 α 分位点 $F_\alpha(n_1, n_2)$

$$P\{F > F_\alpha(n_1, n_2)\} = \alpha$$

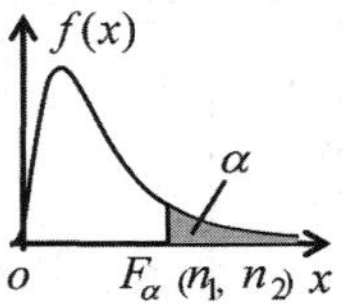

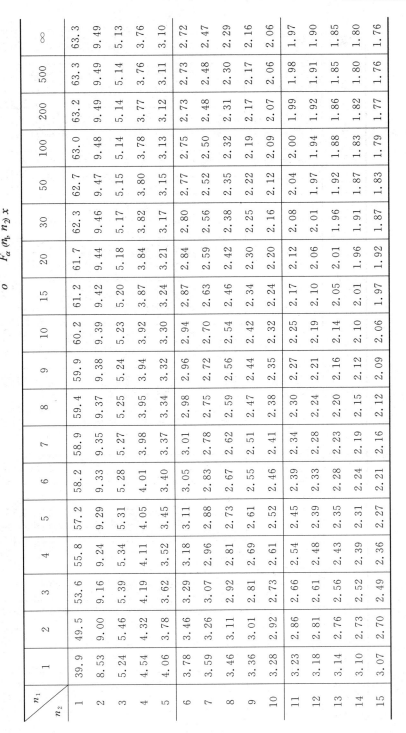

n_2 \ n_1	1	2	3	4	5	6	7	8	9	10	15	20	30	50	100	200	500	∞
1	39.9	49.5	53.6	55.8	57.2	58.2	58.9	59.4	59.9	60.2	61.2	61.7	62.3	62.7	63.0	63.2	63.3	63.3
2	8.53	9.00	9.16	9.24	9.29	9.33	9.35	9.37	9.38	9.39	9.42	9.44	9.46	9.47	9.48	9.49	9.49	9.49
3	5.24	5.46	5.39	5.34	5.31	5.28	5.27	5.25	5.24	5.23	5.20	5.18	5.17	5.15	5.14	5.14	5.14	5.13
4	4.54	4.32	4.19	4.11	4.05	4.01	3.98	3.95	3.94	3.92	3.87	3.84	3.82	3.80	3.78	3.77	3.76	3.76
5	4.06	3.78	3.62	3.52	3.45	3.40	3.37	3.34	3.32	3.30	3.24	3.21	3.17	3.15	3.13	3.12	3.11	3.10
6	3.78	3.46	3.29	3.18	3.11	3.05	3.01	2.98	2.96	2.94	2.87	2.84	2.80	2.77	2.75	2.73	2.73	2.72
7	3.59	3.26	3.07	2.96	2.88	2.83	2.78	2.75	2.72	2.70	2.63	2.59	2.56	2.52	2.50	2.48	2.48	2.47
8	3.46	3.11	2.92	2.81	2.73	2.67	2.62	2.59	2.56	2.54	2.46	2.42	2.38	2.35	2.32	2.31	2.30	2.29
9	3.36	3.01	2.81	2.69	2.61	2.55	2.51	2.47	2.44	2.42	2.34	2.30	2.25	2.22	2.19	2.17	2.17	2.16
10	3.28	2.92	2.73	2.61	2.52	2.46	2.41	2.38	2.35	2.32	2.24	2.20	2.16	2.12	2.09	2.07	2.06	2.06
11	3.23	2.86	2.66	2.54	2.45	2.39	2.34	2.30	2.27	2.25	2.17	2.12	2.08	2.04	2.00	1.99	1.98	1.97
12	3.18	2.81	2.61	2.48	2.39	2.33	2.28	2.24	2.21	2.19	2.10	2.06	2.01	1.97	1.94	1.92	1.91	1.90
13	3.14	2.76	2.56	2.43	2.35	2.28	2.23	2.20	2.16	2.14	2.05	2.01	1.96	1.92	1.88	1.86	1.85	1.85
14	3.10	2.73	2.52	2.39	2.31	2.24	2.19	2.15	2.12	2.10	2.01	1.96	1.91	1.87	1.83	1.82	1.80	1.80
15	3.07	2.70	2.49	2.36	2.27	2.21	2.16	2.12	2.09	2.06	1.97	1.92	1.87	1.83	1.79	1.77	1.76	1.76

续表 1

$\alpha = 0.05$

n_2 \ n_1	1	2	3	4	5	6	7	8	9	10	12	14	16	18	20
1	161	200	216	225	230	234	237	239	241	242	244	246	246	247	248
2	18.5	19.0	19.2	19.2	19.3	19.3	19.4	19.4	19.4	19.4	19.4	19.4	19.4	19.4	19.4
3	10.1	9.55	9.28	9.12	9.01	8.94	8.89	8.85	8.81	8.79	8.74	8.71	8.69	8.67	8.66
4	7.71	6.94	6.59	6.39	6.26	6.16	6.09	6.04	6.00	5.96	5.91	5.87	5.84	5.82	5.80
5	6.61	5.79	5.41	5.19	5.05	4.95	4.88	4.82	4.77	4.74	4.68	4.64	4.60	4.58	4.56
6	5.99	5.14	4.76	4.53	4.39	4.28	4.21	4.15	4.10	4.06	4.00	3.96	3.92	3.90	3.87
7	5.59	4.74	4.35	4.12	3.97	3.87	3.79	3.73	3.68	3.64	3.57	3.53	3.49	3.47	3.44
8	5.32	4.46	4.07	3.84	3.69	3.58	3.50	3.44	3.39	3.35	3.28	3.24	3.20	3.17	3.15
9	5.12	4.26	3.86	3.63	3.48	3.37	3.29	3.23	3.18	3.14	3.07	3.03	2.99	2.96	2.94
10	4.96	4.10	3.71	3.48	3.33	3.22	3.14	3.07	3.02	2.98	2.90	2.86	2.83	2.80	2.77
11	4.84	3.98	3.59	3.26	3.20	3.09	3.01	2.95	2.90	2.85	2.79	2.74	2.70	2.67	2.65
12	4.75	3.89	3.49	3.26	3.11	3.00	2.91	2.85	2.80	2.75	2.69	2.64	2.60	2.57	2.54
13	4.67	3.81	3.41	3.18	3.03	3.92	2.83	2.77	2.71	2.67	2.60	2.55	2.51	2.48	2.46
14	4.60	3.74	3.34	3.11	2.96	2.85	2.76	2.70	2.65	2.60	2.53	2.48	2.44	2.41	2.39
15	4.54	3.68	3.29	3.06	2.90	2.79	2.71	2.64	2.59	2.54	2.48	2.42	2.38	2.35	2.33
16	4.49	3.63	3.24	3.01	2.85	2.74	2.66	2.59	2.54	2.49	2.42	2.37	2.33	2.30	2.28
17	4.45	3.59	3.20	2.96	2.81	2.70	2.61	2.55	2.49	2.45	2.38	2.33	2.29	2.26	2.23
18	4.41	3.55	3.16	2.93	2.77	2.66	2.58	2.51	2.46	2.41	2.34	2.29	2.25	2.22	2.19
19	4.38	3.52	3.13	2.90	2.74	2.63	2.54	2.48	2.42	2.88	2.31	2.26	2.21	2.18	2.06
20	4.35	3.49	3.10	2.87	2.71	2.60	2.51	2.45	2.39	2.35	2.28	2.22	2.18	2.15	2.12
21	4.32	3.47	3.07	2.84	2.68	2.57	2.49	2.42	2.37	2.32	2.25	2.20	2.16	2.12	2.10
22	4.30	3.44	3.05	2.82	2.66	2.55	2.46	2.40	2.34	2.30	2.23	2.17	2.13	2.10	2.07
23	4.28	3.42	3.03	2.80	2.64	2.53	2.44	2.37	2.32	2.27	2.20	2.15	2.11	2.107	2.05
24	4.26	3.40	3.01	2.78	2.62	2.51	2.42	2.36	2.30	2.25	2.18	2.13	2.09	2.05	2.03
25	4.24	3.39	2.99	2.76	2.60	2.49	2.40	2.34	2.28	2.24	2.16	2.11	2.07	2.04	2.01

续表2

$\alpha = 0.025$

n_2 \ n_1	1	2	3	4	5	6	7	8	9	10	12	15	20	24	30	40	60	120	∞
1	647.8	799.5	864.2	899.6	921.8	937.1	948.2	956.7	963.3	368.3	976.7	984.9	993.1	997.2	1001	1006	1010	1014	1018
2	38.51	39.00	39.17	39.25	39.30	39.33	39.36	39.37	39.39	39.40	39.41	39.43	39.45	39.46	39.43	39.47	39.48	30.49	39.50
3	17.44	16.04	15.44	15.10	14.88	14.73	14.62	14.54	14.47	14.42	14.34	14.25	14.17	14.12	14.08	14.04	13.99	13.95	13.90
4	12.22	10.65	9.98	9.60	9.36	9.20	9.07	8.98	8.90	8.84	8.75	8.66	8.56	8.51	8.46	8.41	8.36	8.31	8.26
5	10.01	8.43	7.76	7.39	7.15	6.98	6.85	6.76	6.68	6.62	6.52	6.43	6.33	6.28	6.23	6.18	6.12	6.07	6.02
6	8.81	7.26	6.60	6.23	5.99	5.82	5.70	5.60	5.52	5.46	5.37	5.27	5.17	5.12	5.07	5.01	4.96	4.90	4.85
7	8.07	6.54	5.89	5.52	5.29	5.12	4.99	4.90	4.82	4.76	4.67	4.57	4.47	4.42	4.36	4.31	4.25	4.20	4.14
8	7.57	6.06	5.42	5.05	4.82	4.65	4.53	4.43	4.36	4.30	4.20	4.10	4.00	3.95	3.89	3.84	3.78	3.73	3.67
9	7.21	5.71	5.08	4.72	4.48	4.23	4.20	4.10	4.03	3.96	3.87	3.77	3.67	3.61	3.56	3.51	3.45	3.39	3.33
10	6.94	5.46	4.83	4.47	4.24	4.07	3.95	3.85	3.78	3.72	3.62	3.52	3.42	3.37	3.31	3.26	3.20	3.14	3.08
11	6.72	5.26	4.63	4.28	4.04	3.88	3.76	3.66	3.59	3.53	3.43	3.33	3.23	3.17	3.12	3.06	3.00	2.94	2.88
12	6.55	5.10	4.47	4.12	3.89	3.73	3.61	3.51	3.44	3.37	3.28	3.18	3.07	3.02	2.96	2.91	2.85	2.79	2.72
13	6.41	4.97	4.35	4.00	3.77	3.60	3.48	3.39	3.31	3.25	3.15	3.05	2.95	2.89	2.84	2.78	2.72	2.66	2.60
14	6.30	4.86	4.24	3.89	3.66	3.50	3.38	3.29	3.21	3.15	3.05	2.95	2.84	2.79	2.73	2.67	2.61	2.55	2.49
15	6.20	4.77	4.15	3.80	3.58	3.41	3.29	3.20	3.12	3.06	2.96	2.86	2.76	2.70	2.64	2.59	2.52	2.46	2.40
16	6.12	4.69	4.08	3.73	3.50	3.34	3.22	3.12	3.05	2.99	2.89	2.79	2.68	2.63	2.57	2.51	2.45	2.38	2.32
17	6.04	4.62	4.01	3.66	3.44	3.28	3.16	3.06	2.98	2.92	2.82	2.72	2.62	2.56	2.50	2.44	2.38	2.32	2.25
18	5.98	4.56	3.95	3.61	3.38	3.22	3.10	3.01	2.93	2.87	2.77	2.67	2.56	2.50	2.44	2.38	2.32	2.26	2.19
19	5.92	4.51	3.90	3.56	3.33	3.17	3.05	2.96	2.88	2.82	2.72	2.62	2.51	2.45	2.39	2.33	2.27	2.20	2.13

续表 3

$\alpha = 0.01$

n_2 \ n_1	1	2	3	4	5	6	7	8	9	10	12	14	16	18	20
2	98.5	99.0	99.2	99.2	99.3	99.3	99.4	99.4	99.4	99.4	99.4	99.4	99.4	99.4	99.4
3	34.1	30.8	29.5	28.7	28.2	27.9	27.7	27.5	27.3	27.2	27.1	26.9	26.8	26.8	26.7
4	21.2	18.0	16.7	16.0	15.5	15.2	15.0	14.8	14.7	14.5	14.4	14.2	14.2	14.1	14.0
5	16.3	13.3	12.1	11.4	11.0	10.7	10.5	10.3	10.2	10.1	9.89	9.77	9.68	9.61	9.55
6	13.7	10.9	9.78	9.15	8.75	8.47	8.26	8.10	7.98	7.87	7.72	7.60	7.52	7.45	7.40
7	12.2	9.55	8.45	7.85	7.46	7.19	6.99	6.84	6.72	6.62	6.47	6.36	6.27	6.21	6.16
8	11.3	8.65	7.59	7.01	6.63	6.37	6.18	6.03	5.91	5.81	5.67	5.56	5.48	5.41	5.36
9	10.6	8.02	6.99	6.42	6.06	5.80	5.61	5.47	5.35	5.26	5.11	5.00	4.92	4.86	4.81
10	10.0	7.56	6.55	5.99	5.64	5.39	5.20	5.06	4.94	4.85	4.71	4.60	4.52	4.46	4.41
11	9.65	7.21	6.22	5.67	5.32	5.07	4.89	4.74	4.63	4.54	4.40	4.29	4.21	4.15	4.10
12	9.33	6.93	5.95	5.41	5.06	4.82	4.64	4.50	4.39	4.30	4.16	4.05	3.97	3.91	3.86
13	9.07	6.70	5.74	5.21	4.86	4.62	4.44	4.30	4.19	4.10	3.96	3.86	3.78	3.71	3.66
14	8.86	6.51	5.56	5.04	4.70	4.46	4.28	4.14	4.03	3.94	3.80	3.70	3.62	3.56	3.51
15	8.68	6.36	5.42	4.89	4.56	4.32	4.14	4.00	3.89	3.80	3.67	3.56	3.49	3.42	3.37
16	8.53	6.23	5.29	4.77	4.44	4.20	4.03	3.89	3.78	3.69	3.55	3.45	3.37	3.31	3.26
17	8.40	6.11	5.18	4.67	4.34	4.10	3.93	3.79	3.68	3.59	3.46	3.35	3.27	3.21	3.16
18	8.29	6.01	5.09	4.58	4.25	4.01	3.84	3.71	3.60	3.51	3.37	3.27	3.19	3.13	3.08
19	8.18	5.93	5.01	4.50	4.17	3.94	3.77	3.63	3.52	3.43	3.30	3.19	3.12	3.05	3.00
20	8.10	5.85	4.94	4.43	4.10	3.87	3.70	3.56	3.46	3.37	3.23	3.13	3.05	2.99	2.94
21	8.02	5.78	4.87	4.37	4.04	3.81	3.64	3.51	3.40	3.31	3.17	3.07	2.99	2.93	2.88
22	7.95	5.72	4.82	4.31	3.99	3.76	3.59	3.45	3.35	3.26	3.12	3.02	2.94	2.88	2.83
23	7.88	5.66	4.76	4.26	3.94	3.71	3.54	3.41	3.30	3.21	3.07	2.97	2.89	2.83	2.78
24	7.82	5.61	4.72	4.22	3.90	3.67	3.50	3.36	3.26	3.17	3.03	2.93	2.85	2.79	2.74
25	7.77	5.57	4.68	4.18	3.86	3.63	3.46	3.32	3.22	3.13	2.99	2.89	2.81	2.75	2.70

附表 8　Dunnett-t 界值表

df_e		k=2	3	4	5	6	7	8	9	10	11	12	13	双侧 P
2		9.9296	12.394	13.832	14.831	15.589	16.196	16.699	17.129	17.502	17.831	18.125	18.391	0.01
		4.3031	5.4184	6.0655	6.5135	6.8529	7.1242	7.3492	7.5409	7.7079	7.8541	7.9853	8.1037	0.05
3		5.8419	6.9739	7.6386	8.1042	8.4595	8.7457	8.9848	9.1885	9.3666	9.5242	9.6654	9.7933	0.01
		3.1825	3.8666	4.2626	4.5383	4.7479	4.9163	5.0564	5.1760	5.2801	5.3724	5.4548	5.5293	0.05
4		4.6058	5.3657	5.8107	6.1231	6.3626	6.5559	6.7175	6.8561	6.9770	7.0844	7.1807	7.2680	0.01
		2.7767	3.3106	3.6179	3.8318	3.9947	4.1257	4.2349	4.3283	4.4097	4.4818	4.5464	4.6049	0.05
5		4.0334	4.6286	4.9759	5.2197	5.4067	5.5579	5.6844	5.7931	5.8881	5.9724	6.0481	6.1168	0.01
		2.5708	3.0305	3.2933	3.4761	3.6153	3.7273	3.8207	3.9006	3.9703	4.0321	4.0875	4.1376	0.05
6		3.7086	4.2135	4.5067	4.7126	4.8703	4.9980	5.1049	5.1967	5.2770	5.3484	5.4125	5.4705	0.01
		2.4472	2.8629	3.0995	3.2636	3.3885	3.4891	3.5729	3.6446	3.7072	3.7627	3.8124	3.8575	0.05
7		3.5005	3.9490	4.2085	4.3903	4.5304	4.6424	4.7368	4.8179	4.8888	4.9519	5.0086	5.0600	0.01
		2.3648	2.7519	2.9710	3.1228	3.2382	3.3311	3.4085	3.4748	3.5326	3.5839	3.6298	3.6715	0.05
8		3.3564	3.7666	4.0031	4.1686	4.2953	4.3979	4.4837	4.5574	4.6220	4.6793	4.7309	4.7777	0.01
		2.3061	2.6730	2.8798	3.0228	3.1316	3.2190	3.2918	3.3542	3.4086	3.4568	3.5000	3.5391	0.05
9		3.2508	3.6335	3.8534	4.0070	4.1247	4.2198	4.2995	4.3679	4.4277	4.4808	4.5286	4.5720	0.01
		2.2623	2.6141	2.8118	2.9483	3.0520	3.1353	3.2047	3.2641	3.3160	3.3619	3.4031	3.4404	0.05
10		3.1700	3.5318	3.7393	3.8840	3.9946	4.0841	4.1590	4.2234	4.2797	4.3297	4.3746	4.4154	0.01
		2.2283	2.5684	2.7591	2.8905	2.9904	3.0705	3.1373	3.1944	3.2442	3.2883	3.3279	3.3637	0.05
11		3.1065	3.4523	3.6497	3.7876	3.8930	3.9781	4.0493	4.1105	4.1640	4.2113	4.2541	4.2928	0.01
		2.2011	2.5321	2.7172	2.8446	2.9413	3.0189	3.0835	3.1388	3.1871	3.2298	3.2681	3.3027	0.05

附表 9　q 界值表

df_e	2	3	4	5	6	7	8	9	10	11	12	13	双侧 P
4	7.9137	9.8101	11.057	11.988	12.731	13.346	13.871	14.327	14.730	15.091	15.417	15.714	0.01
	4.9429	6.2432	7.0877	7.7149	8.2127	8.6244	8.9746	9.2787	9.5471	9.7870	10.004	10.201	0.05
5	6.7505	8.1953	9.1401	9.8461	10.409	10.877	11.276	11.624	11.932	12.208	12.458	12.686	0.01
	4.4737	5.5580	6.2567	6.7748	7.1861	7.5264	7.8162	8.0681	8.2907	8.4898	8.6697	8.8338	0.05
6	6.1052	7.3066	8.0876	8.6704	9.1354	9.5220	9.8522	10.140	10.395	10.624	10.831	11.020	0.01
	4.1984	5.1580	5.7718	6.2258	6.5860	6.8841	7.1380	7.3588	7.5540	7.7287	7.8867	8.0308	0.05
7	5.6986	6.7498	7.4293	7.9353	8.3389	8.6744	8.9611	9.2113	9.4330	9.6319	9.8122	9.9770	0.01
	4.0182	4.8970	5.4555	5.8675	6.1941	6.4642	6.6944	6.8945	7.0715	7.2299	7.3733	7.5040	0.05
8	5.4202	6.3703	6.9810	7.4349	7.7966	8.0972	8.3541	8.5783	8.7771	8.9555	9.1172	9.2650	0.01
	3.8913	4.7138	5.2334	5.6159	5.9186	6.1689	6.3821	6.5675	6.7314	6.8782	7.0110	7.1322	0.05
9	5.2182	6.0958	6.6571	7.0734	7.4048	7.6800	7.9153	8.1206	8.3026	8.4660	8.6142	8.7496	0.01
	3.7972	4.5782	5.0691	5.4296	5.7146	5.9501	6.1505	6.3249	6.4790	6.6170	6.7419	6.8559	0.05
10	5.0651	5.8883	6.4125	6.8005	7.1089	7.3650	7.5839	7.7748	7.9440	8.0960	8.2338	8.3597	0.01
	3.7247	4.4740	4.9428	5.2863	5.5576	5.7816	5.9722	6.1379	6.2843	6.4155	6.5342	6.6425	0.05
11	4.9451	5.7262	6.2215	6.5873	6.8779	7.1190	7.3250	7.5046	7.6638	7.8067	7.9363	8.0549	0.01
	3.6672	4.3914	4.8427	5.1727	5.4330	5.6478	5.8305	5.9893	6.1297	6.2553	6.3690	6.4728	0.05
12	4.8487	5.5961	6.0684	6.4165	6.6927	6.9218	7.1173	7.2878	7.4389	7.5746	7.6976	7.8101	0.01
	3.6205	4.3243	4.7614	5.0805	5.3319	5.5392	5.7154	5.8685	6.0038	6.1250	6.2345	6.3345	0.05
13	4.7695	5.4896	5.9429	6.2766	6.5410	6.7601	6.9471	7.1102	7.2546	7.3842	7.5018	7.6093	0.01
	3.5817	4.2688	4.6941	5.0041	5.2481	5.4492	5.6200	5.7684	5.8995	6.0168	6.1230	6.2198	0.05
14	4.7034	5.4006	5.8383	6.1599	6.4145	6.6254	6.8052	6.9620	7.1008	7.2254	7.3384	7.4417	0.01
	3.5491	4.2221	4.6376	4.9399	5.1776	5.3734	5.5396	5.6840	5.8115	5.9256	6.0289	6.1230	0.05
15	4.6473	5.3253	5.7497	6.0611	6.3075	6.5113	6.6851	6.8365	6.9706	7.0909	7.2000	7.2997	0.01
	3.5212	4.1822	4.5893	4.8851	5.1174	5.3087	5.4710	5.6120	5.7364	5.8478	5.9485	6.0403	0.05
16	4.5991	5.2607	5.6738	5.9765	6.2157	6.4135	6.5821	6.7289	6.8590	6.9756	7.0813	7.1779	0.01
	3.4972	4.1478	4.5477	4.8378	5.0655	5.2528	5.4118	5.5497	5.6715	5.7805	5.8790	5.9688	0.05

m

附表 10 相关系数 r 界值表

$$P(|r| > r_{\frac{\alpha}{2}}) = \alpha$$

f	0.10	0.05	0.02	0.01	0.001
1	0.98769	0.99692	0.999507	0.999877	0.9999988
2	0.90000	0.95000	0.98000	0.99000	0.99900
3	0.8054	0.8783	0.93433	0.95873	0.99116
4	0.7293	0.8114	0.8822	0.91720	0.97406
5	0.6694	0.7545	0.8329	0.8745	0.95074
6	0.6215	0.7067	0.7887	0.8343	0.92493
7	0.5822	0.6664	0.7498	0.7977	0.8982
8	0.5494	0.6319	0.7155	0.7646	0.8721
9	0.5214	0.6021	0.6851	0.7348	0.8471
10	0.4973	0.5760	0.6581	0.7079	0.8233
11	0.4762	0.5529	0.6339	0.6835	0.8010
12	0.4575	0.5324	0.6120	0.6614	0.7800
13	0.4409	0.5139	0.5923	0.6411	0.7603
14	0.4259	0.4973	0.5742	0.6226	0.7420
15	0.4124	0.4821	0.5577	0.6055	0.7246
16	0.4000	0.4683	0.5425	0.5897	0.7084
17	0.3887	0.4555	0.5285	0.5751	0.6932
18	0.3783	0.4438	0.5155	0.5614	0.6787
19	0.3687	0.4329	0.5034	0.5487	0.6652
20	0.3598	0.4227	0.4921	0.5368	0.6524
25	0.3233	0.3809	0.4451	0.4869	0.5974
30	0.2960	0.3494	0.4093	0.4487	0.5541
35	0.2746	0.3246	0.3810	0.4182	0.5189
40	0.2573	0.3044	0.3578	0.3932	0.4896
45	0.2428	0.2875	0.3384	0.3721	0.4648
50	0.2306	0.2732	0.3218	0.3541	0.4433
60	0.2108	0.2500	0.2948	0.3248	0.4078
70	0.1954	0.2319	0.2737	0.3017	0.3799
80	0.1829	0.2172	0.2565	0.2830	0.3568
90	0.1726	0.2050	0.2422	0.2673	0.3375
100	0.1638	0.1946	0.2301	0.2540	0.3211

附表 11　常用正交表

(1) 2 水平表

$L_4(2^3)$

试验	列号		
	1	2	3
1	1	1	1
2	1	2	2
3	2	1	2
4	2	2	1

任二列间交互作用出现于另一列

$L_8(2^7)$

试验	列号						
	1	2	3	4	5	6	7
1	1	1	1	1	1	1	1
2	1	1	1	2	2	2	2
3	1	2	2	1	1	2	2
4	1	2	2	2	2	1	1
5	2	1	2	1	2	1	2
6	2	1	2	2	1	2	1
7	2	2	1	1	2	2	1
8	2	2	1	2	1	1	2

$L_8(2^7)$ 交互作用表

列号	列号					
	2	3	4	5	6	7
1	3	2	5	4	7	6
2		1	6	7	4	5
3			7	6	5	4
4				1	2	3
5					3	2
6						1

$L_{12}(2^{11})$

试验	列号										
	1	2	3	4	5	6	7	8	9	10	11
1	1	1	1	1	1	1	1	1	1	1	1
2	1	1	1	1	1	2	2	2	2	2	2
3	1	1	2	2	2	1	1	1	2	2	2
4	1	2	1	2	2	1	2	2	1	1	2
5	1	2	2	1	2	2	1	2	1	2	1
6	1	2	2	2	1	2	2	1	2	1	1
7	2	1	2	2	1	1	2	2	1	2	1
8	2	1	2	1	2	2	2	1	1	1	2
9	2	1	1	2	2	2	1	2	2	1	1
10	2	2	2	1	1	1	1	2	2	1	2
11	2	2	1	2	1	2	1	1	1	2	2
12	2	2	1	1	2	1	2	1	2	2	1

$L_{16}(2^{15})$

试验	列号														
	1	2	3	4	5	6	7	8	9	10	11	12	13	14	15
1	1	1	1	1	1	1	1	1	1	1	1	1	1	1	1
2	1	1	1	1	1	1	1	2	2	2	2	2	2	2	2
3	1	1	1	2	2	2	2	1	1	1	1	2	2	2	2
4	1	1	1	2	2	2	2	2	2	2	2	1	1	1	1
5	1	2	2	1	1	2	2	1	1	2	2	1	1	2	2
6	1	2	2	1	1	2	2	2	2	1	1	2	2	1	1
7	1	2	2	2	2	1	1	1	1	2	2	2	2	1	1
8	1	2	2	2	2	1	1	2	2	1	1	1	1	2	2
9	2	1	2	1	2	1	2	1	2	1	2	1	2	1	2
10	2	1	2	1	2	1	2	2	1	2	1	2	1	2	1
11	2	1	2	2	1	2	1	1	2	1	2	2	1	2	1
12	2	1	2	2	1	2	1	2	1	2	1	1	2	1	2
13	2	2	1	1	2	2	1	1	2	2	1	1	2	2	1
14	2	2	1	1	2	2	1	2	1	1	2	2	1	1	2
15	2	2	1	2	1	1	2	1	2	2	1	2	1	1	2
16	2	2	1	2	1	1	2	2	1	1	2	1	2	2	1

$L_{16}(2^{15})$ 交互作用表

列号	列号													
	2	3	4	5	6	7	8	9	10	11	12	13	14	15
1	3	2	5	4	7	6	9	8	11	10	13	12	15	14
2		1	6	7	4	5	10	11	8	9	14	15	12	13
3			7	6	5	4	11	10	9	8	15	14	13	12
4				1	2	3	12	13	14	15	8	9	10	11
5					3	2	13	12	15	14	9	8	11	10
6						1	14	15	12	13	10	11	8	9
7							15	14	13	12	11	10	9	8
8								1	2	3	4	5	6	7
9									3	2	5	4	7	6
10										1	6	7	4	5
11											7	6	5	4
12												1	2	3
13													3	2
14														1

$L_{18}(3^7)$

试验	列号						
	1	2	3	4	5	6	7
1	1	1	1	1	1	1	1
2	1	2	2	2	2	2	2
3	1	3	3	3	3	3	3
4	2	1	1	2	2	3	3
5	2	2	2	3	3	1	1
6	2	3	3	1	1	2	2
7	3	1	2	1	3	2	3
8	3	2	3	2	1	3	1
9	3	3	1	3	2	1	2
10	1	1	3	3	2	2	1
11	1	2	1	1	3	3	2
12	1	3	2	2	1	1	3
13	2	1	2	3	1	3	2
14	2	2	3	1	2	1	3
15	2	3	1	2	3	2	1
16	3	1	3	2	3	1	2
17	3	2	1	3	1	2	3
18	3	3	2	1	2	3	1

（2）3水平表

$L_9(3^4)$

试验	列号			
	1	2	3	4
1	1	1	1	1
2	1	2	2	2
3	1	3	3	3
4	2	1	2	3
5	2	2	3	1
6	2	3	1	2
7	3	1	3	2
8	3	2	1	3
9	3	3	2	1

任意两列的交互作用出现于另外二列

$$L_{27}(3^{13})$$

试验	列号												
	1	2	3	4	5	6	7	8	9	10	11	12	13
1	1	1	1	1	1	1	1	1	1	1	1	1	1
2	1	1	1	1	2	2	2	2	2	2	2	2	2
3	1	1	1	1	3	3	3	3	3	3	3	3	3
4	1	2	2	2	1	1	1	2	2	2	3	3	3
5	1	2	2	2	2	2	2	3	3	3	1	1	1
6	1	2	2	2	3	3	3	1	1	1	2	2	2
7	1	3	3	3	1	1	1	3	3	3	2	2	2
8	1	3	3	3	2	2	2	1	1	1	3	3	3
9	1	3	3	3	3	3	3	2	2	2	1	1	1
10	2	1	2	3	1	2	3	1	2	3	1	2	3
11	2	1	2	3	2	3	1	2	3	1	2	3	1
12	2	1	2	3	3	1	2	3	1	2	3	1	2
13	2	2	3	1	1	2	3	2	3	1	3	1	2
14	2	2	3	1	2	3	1	3	1	2	1	2	3
15	2	2	3	1	3	1	2	1	2	3	2	3	1
16	2	3	1	2	1	2	3	3	1	2	2	3	1
17	2	3	1	2	2	3	1	1	2	3	3	1	2
18	2	3	1	2	3	1	2	2	3	1	1	2	3
19	3	1	3	2	1	3	2	1	3	2	1	3	2
20	3	1	3	2	2	1	3	2	1	3	2	1	3
21	3	1	3	2	3	2	1	3	2	1	3	2	1
22	3	2	1	3	1	3	2	2	1	3	3	2	1
23	3	2	1	3	2	1	3	3	2	1	1	3	2
24	3	2	1	3	3	2	1	1	3	2	2	1	3
25	3	3	2	1	1	3	2	3	2	1	2	1	3
26	3	3	2	1	2	1	3	1	3	2	3	2	1
27	3	3	2	1	3	2	1	2	1	3	1	3	2

$L_{27}(3^{13})$ 交互作用表

列号	2	3	4	5	6	7	8	9	10	11	12	13
1	3 4	2 4	2 3	6 7	5 7	5 6	9 10	8 10	8 9	12 13	11 13	11 12
2		1 4	1 3	8 11	9 13	10 12	5 11	6 13	7 12	5 8	7 10	6 9
3			1 2	9 12	10 11	8 13	7 13	5 12	6 11	6 10	5 9	7 8
4				10 13	8 12	9 11	6 12	7 11	5 13	7 9	6 8	5 10
5					1 7	1 6	2 11	3 12	4 13	2 8	3 9	4 10
6						1 5	4 12	2 13	3 11	3 10	4 8	2 9
7							3 13	4 11	2 12	4 9	2 10	3 8
8								1 10	1 9	2 5	4 6	3 7
9									1 8	4 7	3 5	2 6
10										3 6	2 7	4 5
11											1 13	1 12
12												1 11

列号

(3)混合水平表

$L_8(4 \times 2^4)$

试验	列号				
	1	2	3	4	5
1	1	1	1	1	1
2	1	2	2	2	2
3	2	1	1	2	2
4	2	2	2	1	1
5	3	1	2	1	2
6	3	2	1	2	1
7	4	1	2	2	1
8	4	2	1	1	2

$L_{16}(4 \times 2^{12})$

试验	列号												
	1	2	3	4	5	6	7	8	9	10	11	12	13
	(1,2,3)	4	5	6	7	8	9	10	11	12	13	14	15)
1	1	1	1	1	1	1	1	1	1	1	1	1	1
2	1	1	1	1	1	2	2	2	2	2	2	2	2
3	1	2	2	2	2	1	1	1	1	2	2	2	2
4	1	2	2	2	2	2	2	2	2	1	1	1	1
5	2	1	1	2	2	1	1	2	2	1	1	2	2
6	2	1	1	2	2	2	2	1	1	2	2	1	1
7	2	2	2	1	1	1	1	2	2	2	2	1	1
8	2	2	2	1	1	2	2	1	1	1	1	2	2
9	3	1	2	1	2	1	2	1	2	1	2	1	2
10	3	1	2	1	2	2	1	2	1	2	1	2	1
11	3	2	1	2	1	1	2	1	2	2	1	2	1
12	3	2	1	2	1	2	1	2	1	1	2	1	2
13	4	1	2	2	1	1	2	2	1	1	2	2	1
14	4	1	2	2	1	2	1	1	2	2	1	1	2
15	4	2	1	1	2	1	2	2	1	2	1	1	2
16	4	2	1	1	2	2	1	1	2	1	2	2	1

括号内的数字表示 $L_{16}(2^{15})$ 的列号

$$L_{12}(3 \times 2^4)$$

试验	列号				
	1	2	3	4	5
1	1	1	1	1	1
2	1	1	1	2	2
3	1	2	2	1	2
4	1	2	2	2	1
5	2	1	2	1	1
6	2	1	2	2	2
7	2	2	1	1	1
8	2	2	1	2	2
9	3	1	2	1	2
10	3	1	1	2	1
11	3	2	1	1	2
12	3	2	2	2	1

$$L_{18}(2 \times 3^7)$$

试验	列号							
	1	2	3	4	5	6	7	8
1	1	1	1	1	1	1	1	1
2	1	1	2	2	2	2	2	2
3	1	1	3	3	3	3	3	3
4	1	2	1	1	2	2	3	3
5	1	2	2	2	3	3	1	1
6	1	2	3	3	1	1	2	2
7	1	3	1	2	1	3	2	3
8	1	3	2	3	2	1	3	1
9	1	3	3	1	3	2	1	2
10	2	1	1	3	3	2	2	1
11	2	1	2	1	1	3	3	2
12	2	1	3	2	2	1	1	3
13	2	2	1	2	3	1	3	2
14	2	2	2	3	1	2	1	3
15	2	2	3	1	2	3	2	1
16	2	3	1	3	2	3	1	2
17	2	3	2	1	3	1	2	3
18	2	3	3	2	1	2	3	1

附表 12　常用均匀表

$U_5(5^2)$

试验	列号	
	1	2
1	1	2
2	2	5
3	4	1
4	5	4
5	3	3

$U_5(5^3)$

试验	列号		
	1	2	3
1	5	3	3
2	4	4	5
3	3	1	1
4	2	5	2
5	1	2	4

$U_5(5^4)$

试验	列号			
	1	2	3	4
1	3	3	1	4
2	4	5	3	5
3	1	4	4	1
4	5	2	5	3
5	2	1	2	2

$U_6(6^2)$

试验	列号	
	1	2
1	5	5
2	4	1
3	2	2
4	3	6
5	1	4
6	6	3

$U_6(6^3)$

试验	列号		
	1	2	3
1	2	4	6
2	3	6	2
3	6	5	4
4	1	2	3
5	5	3	1
6	4	1	5

$U_6(6^4)$

试验	列号			
	1	2	3	4
1	5	4	6	2
2	4	6	4	6
3	3	1	3	1
4	6	3	1	4
5	1	5	2	5
6	2	2	5	3

$U_7(7^2)$

试验	列号	
	1	2
1	4	4
2	3	7
3	5	1
4	2	2
5	1	5
6	7	3
7	6	6

$U_7(7^3)$

试验	列号		
	1	2	3
1	7	4	3
2	1	5	4
3	6	1	5
4	2	2	2
5	4	3	7
6	5	6	1
7	3	7	6

$U_7(7^4)$

试验	列号			
	1	2	3	4
1	7	7	3	4
2	5	3	5	2
3	4	1	2	6
4	3	4	7	5
5	1	5	4	1
6	2	2	1	3
7	6	6	6	7

部分习题参考答案

习题 1

1. (1) $\Omega = \{(1,1),(1,2),(1,3),(1,4),(1,5),(1,6)$
$(2,1),(2,2),(2,3),(2,4),(2,5),(2,6)$
$(3,1),(3,2),(3,3),(3,4),(3,5),(3,6)$
$(4,1),(4,2),(4,3),(4,4),(4,5),(4,6)$
$(5,1),(5,2),(5,3),(5,4),(5,5),(5,6)$
$(6,1),(6,2),(6,3),(6,4),(6,5),(6,6)\}$

$A = \{(4,6),(5,5),(6,4)\}$

$B = \{(3,1),(4,2),(5,3),(6,4)\}$

(2) $\Omega = \{(1,2),(1,3),(1,4),(1,5),(2,3),(2,4)$
$(2,5),(3,4),(3,5),(4,5)\}$

$A = \{(1,2),(1,3),(1,4),(1,5)\}$

(3) $\Omega = \{0,1,2,\cdots\}, A = \{0,1,2,3,4\}, B = \{3,4,\cdots\}$

4. $\dfrac{C_{10}^5}{C_{100}^5}, \dfrac{C_{10}^2 C_{90}^3}{C_{100}^5}$

5. $\dfrac{C_5^1 C_{95}^3}{C_{100}^4}, \dfrac{C_5^2 C_{95}^2}{C_{100}^4}, \dfrac{C_5^4}{C_{100}^4}$

6. 0.8

7. $\dfrac{1}{2}, \dfrac{2}{9}$

8. $0.2745, 0.9996$

9. 0.00025

10. $n > 5.026$,至少需要 6 人,才能以 0.99 以上的概率击中目标。

习题 2

1. $C_5^3 p^3 (1-p)^2$

2. (1) 0.9^5

3. (1) 0.8648;(2) 0.3233

4. 0.0861

5. (1) 0.9938;(2) 0.7745;(3) 0.00135

6. (1) $a = \dfrac{1}{12}$

   (2)

Y	-2	-1	2
P	0.25	0.25	0.5

7. $E(X) = \dfrac{n+1}{2}, D(X) = \dfrac{n^2-1}{12}$

8. (1)7200;(2)买这个保险;(3)保险金收的太少。

习题 3

3. $26.217, 3.571, 2.681, -2.681, 4.30, 0.21$

4. (1)0.8904;(2) $n \approx 96$

习题 4

4. (1)(2.121, 2.129);(2)(2.118, 2.133)

5. (1.4670,1.5330)

6. (1.4725,1.5275)

7. (117.9899,121.2501)

8. (1)(7.736, 9.664);(2)(1.621, 6.153)

9. (7.429, 21.072)

习题 5

4. $t = 0.3430 < 2.7764$(即 $P > 0.05$),所以在水平 $\alpha = 0.05$ 下,不能拒绝 H_0,差异无统计学意义,不能认为这批大黄流浸膏不合格。

5. $t = 1.6263 < 2.7764$(即 $P > 0.05$),所以在水平 $\alpha = 0.05$ 下,不能拒绝 H_0,差异无统计学意义,还不能认为改进配方后有效期提高。

6. $U = 2.01 > 1.645$(即 $P < 0.05$),所以在水平 $\alpha = 0.05$ 下,拒绝 H_0,差异有统计学意义,认为该地区成年男子平均每分钟脉搏的次数较正常人高。

7. $U = -2.5 < -1.645$(即 $P < 0.05$),所以在水平 $\alpha = 0.05$ 下,拒绝 H_0,差异有统计学意义,认为这批元件不合格。

8. $\chi^2 = 15.68 > 15.507$(即 $P < 0.05$),所以在水平 $\alpha = 0.05$ 下,拒绝 H_0,差异有统计学意义,认为这批导线的标准差偏大。

以下各题可以通过 SPSS 软件实现。仿照例题给出结果解释。

9. 不能认为甘草与炙甘草中甘草酸的含量不同。

10. 不能认为该减肥药有效。

11. 该中药有改变兔脑血流图的作用。

12. 这两批电子器件的电阻相同。

习题 6

本章习题可以通过 SPSS 软件实现。仿照例题给出结果解释。

2. 乙醇浓度对提取浸膏量有影响。

3. 机器对铝合金薄板的生产有影响。

4. 可以认为四种不同工艺生产的产品长度有差异。

5. 认为浓度有影响;温度影响不大;浓度和温度的交互作用对结果影响不明显。

习题 7

本章习题可以通过 SPSS 软件实现。仿照例题给出结果解释。

3. 认为内科治疗对急性期的治疗效果优于慢性期的治疗效果。

4. 据此资料尚不能认为两疗法的病死率有差别。

5. 尚不能认为两组新生儿的 HBV 感染率有差别。

6. 4 种镇痛方法的效果有差异。

习题 8

本章习题可以通过 SPSS 软件实现。仿照例题给出结果解释。

5. (1)$r=0.962$,有正向直线相关关系。

(2)$\hat{Y}=2.040+0.280X$ 有统计学意义,$R^2=0.925>0.75$,回归效果不错。

6. (1)$r=0.998$,两变量有较好的直线相关关系。

(2)$r=0.998$,回归方程 $\hat{Y}=-2.739+0.483X$ 有统计学意义。由 $R^2=0.996>0.75$,回归效果还不错。

7. $r=0.501$,甘草用量 X 与干姜用量 Y 有线性关系。

8. $r=0.987$,回归方程 $\hat{Y}=6.438-1.575X$ 有统计学意义,由 $R^2=0.974>0.75$,可以认为方程拟合较好。

9. $r=0.909$,回归方程 $\hat{Y}=77.364-1.818X$ 有统计学意义。$R^2=0.826>0.75$,回归方程拟合效果还可以。

10. $r=0.985$,回归方程 $\hat{Y}=25.862+5.705X$ 有统计学意义,$R^2=0.970>$

0.75,回归方程拟合效果较好。

习题 9

1. (1) $L_8(2^7)$

A	B	$A \times B$	C	$A \times C$	$B \times C$	D
1	2	3	4	5	6	7

(2)对结果影响最大的是反应时间;

最佳试验方案:原料配比为 1.2:1,反应温度为 70℃,反应时间为 3h,PH 值为 10。

2. 对药效影响最大的药味是药味 4;

选择最优组合:药味 1 取偏高剂量,药味 2 取偏高剂量,药味 3 取偏低剂量,药味 4 取偏高剂量。

3. 对结果影响最大的药味是乙醇浓度;

最佳试验方案:提取温度采用回流方式,乙醇浓度采用工业醇,提取 3 次。

主要参考文献

[1] 盛骤,谢式千,潘承毅.概率论与数理统计[M].4版.北京:高等教育出版社,2008.

[2] 徐勇勇,孙振球,颜虹.医学统计学[M].北京:高等教育出版社,2004.

[3] 周仁郁.中医药统计学[M].北京:中国中医药出版社,2008.

[4] 张春华,严云良.医药数理统计[M].北京:科学出版社,2001.

[5] 张雅文,李晓莉.概率论与数理统计[M].北京:中国农业出版社,2009.

[6] 李春喜,姜丽娜,邵云,等.生物统计学[M].北京:科学出版社,2005.

[7] 何雁,马志庆.医药数理统计[M].北京:科学出版社,2009.

[8] 陈家鼎,刘宛如,汪仁官.概率统计讲义[M].北京:高等教育出版社,2004.

[9] 龚有容.统计学[M].北京:机械工业出版社,2006.

[10] 吴喜之,程博,柳林旭,等.统计学基本概念和方法[M].北京:高等教育出版社,2000.

[11] 刘定远.医药数理统计方法[M].北京:人民卫生出版社,1999.

[12] 袁荫棠.概率论与数理统计[M].北京:中国人民大学出版社,2006.

[13] 刘明芝,周仁郁.中医药统计学与软件应用[M].北京:中国中医药出版社,2007.

[14] 史周华,张雪飞.中医药统计学[M].北京:科学出版社,2009.

[15] 黄良文,陈仁恩.统计学原理[M].北京:中央广播电视大学出版社,2002.

[16] 申杰.中医统计学[M].北京:人民军医出版社,2005.

[17] 梁之舜,邓集贤,杨维权,等.概率论及数理统计[M].北京:高等教育出版社,1998.

[18] 茆诗松,程依明,濮晓龙.概率论与数理统计教程[M].北京:高等教育出版社,2004.

[19] 陈希孺.数理统计学简史[M].湖南教育出版社,2002.

[20] 孙振球,徐勇勇.医学统计学[M].4版.北京:人民卫生出版社,2016.

[21] 何雁.中医药统计学[M].北京:中国中医药出版社,2016.

[22] 郭秀花.医学统计学与SPSS软件实现方法[M].北京:科学出版社,2017.

[23] 高祖新.医药数理统计方法[M].北京:人民卫生出版社,2016.

[24] 李寿昌.医药数理统计[M].北京:人民卫生出版社,2016.

[25] 韩明.概率论与数理统计[M].上海:同济大学出版社,2019.

[26] (美)萨尔斯伯格(David Salsburg).邱东,等译.女士品茶:20世纪统计怎样变革了科学[M].北京:中国统计出版社,2004.